H
Lenôtre-platz
Inf.-Kaserne
Kranken-haus
Illring
Orangerie
Haupt Restaurant
Kloster zum guten Hirten
Villengelände
Fünfzehnwörth
Richard-Wagner-Str.
Universität
Goethestraße
Nikolausring
St. Nikolauskaserne
Zeughaus
Artillerie-werkstatt
Militär-lazarett
Festungs-bauhof
Esplanade
Kais. Friedr.-Kas.
Pionier-kaserne
Kais. Wilh. Kaserne
Citadelle
Citadellenstraße
Citadellentor
Octroi
Train-kaserne
Kehler Tor
Kehler Platz
Militärgelände
Umleitungskanal
Zufahrtskanal
Verbindungskanal
Kleiner Rhein
Kehler Straße
Mörschhauser Str.
Antwerpener Ring
G
H
I
K
L
M
2
3
4
5
6
7

HANS-OTTO MEISSNER

Straßburg o Straßburg

Hans-Otto Meissner

Straßburg o Straßburg

Eine Familiengeschichte

Bechtle

Umschlaggestaltung: Christel Aumann, München
Satz: Uhl + Massopust GmbH, Aalen
Gesetzt aus der 10/11.50 Punkt ITC-Garamond, System 4
Druck: Jos. C. Huber, Diessen
Binden: R. Oldenbourg, München
Printed in Germany
ISBN: 3-7628-0448-6

INHALT

Vorwort

VON PIERRE PFLIMLIN

EHEMALIGER BÜRGERMEISTER VON STRASSBURG

PRÄSIDENT DES EUROPÄISCHEN PARLAMENTS

Der Name *Meissner* hat im Elsaß, besonders bei denen, die die Geschichte des zweiten Weltkrieges kennen, einen guten Klang. Otto Meissner, der Vater des Verfassers dieses Buches, hat als Chef der Präsidialkanzlei vielen Elsässern das Leben gerettet. Für einundzwanzig im Jahre 1943 vom Reichskriegsgericht zum Tode verurteilte elsässische Widerstandskämpfer konnte Otto Meissner die Exekution verhindern. Unter den Geretteten befand sich mein früherer Kollege und Mitarbeiter Robert Heitz, der jene Geschehnisse in einem Buch geschildert hat und mir noch kurz vor seinem Tode geraten hat, dieses Vorwort zu schreiben. Die Beweggründe Otto Meissners waren seine christliche Gesinnung und seine Anhänglichkeit an das Elsaß; seine Mutter war Elsässerin, und er hatte selbst einen großen Teil seines Lebens im Elsaß verbracht. Diese Anhänglichkeit hat sein Sohn Dr. Hans-Otto Meissner von ihm geerbt. Sie findet in diesem Buche einen Ausdruck, der mich aufs tiefste berührt.

Man liest hier zunächst Kindeserinnerungen, die den meinigen ähnlich sind, obwohl ich in einer französisch gesinnten Familie aufgewachsen bin, Hans-Otto Meissner in einer überwiegend deutschen. Aber dieses Werk offenbart auch eine Welt, die ich nicht kannte: eine in »Schubladen« geschichtete Straßburger Gesellschaft zu Beginn des Jahrhunderts, eine »schöne Zeit« – in Paris sagte man »belle époque« – schön, weil die damalige Jugend und auch die ältere Generation das Herannahen des Krieges nicht fühlten.

Den Rahmen für dieses lebensfrohe gesellschaftliche Treiben bildete die Straßburger Neustadt, die nach der Annektion von 1871 entstanden war und die heute noch Fachleute das »deutsche

Viertel« nennen. Kennzeichen dieses ausgedehnten Stadtteils ist der »Jugendstil«. Vor einigen Jahrzehnten mißachtet, ist er jetzt hoch geschätzt. Viele Jugendstilhäuser, die ich bei meinen Spaziergängen bewundere, sind auf Antrag unserer Stadtverwaltung in den letzten Jahren unter Denkmalschutz gestellt worden. Von den Zerstörungen des Zweiten Weltkrieges sind sie glücklicherweise verschont geblieben.

Nicht nur über fröhliche Erlebnisse wird hier berichtet. Die Ausweisung der Deutschen nach Ende des Ersten Weltkrieges erfolgte in einer Weise, die man nicht billigen kann. Man könnte zum Vergleich die Ausweisung von Tausenden von Elsässern durch die Nazi-Behörden in den Jahren 1940–1941 schildern. In der wechselvollen, oft tragischen Geschichte des Elsaß ist oft Unrecht geschehen, Leid zugefügt worden, für die abwechselnd die einen und die anderen verantwortlich gemacht werden können. Wichtig ist, daß verständliche Ressentiments überwunden worden sind.

Von Ressentiments ist in diesem Buche nichts zu spüren, und dafür bin ich dem Autor besonders dankbar. Es freut mich, daß er sich in seiner früheren, wieder französisch gewordenen Heimat wohl fühlt. Die zwischen dieser Heimat und Deutschland noch bestehende Grenze – so berichtet er – ist kaum noch bemerkbar.

Dem Ausklang dieses schönen, reichhaltigen Buches stimme ich von Herzen zu: »Endlich sind wir beisammen, Gott sei es gedankt, wir Deutschen und die Franzosen«. Die Aussöhnung, die immer enger werdende Zusammenarbeit, ja man kann wahrheitsgetreu sagen, die Freundschaft zwischen Frankreich und Deutschland, haben die in den fünfziger Jahren unternommene Einigung Europas möglich gemacht. Der Frieden am Rhein ist nun gesichert. Aus dem früher oft gespannten Nebeneinander ist ein Miteinander geworden. Der verständnisvolle, edelmütige Geist, in dem uns Hans-Otto Meissner die von ihm erlebte Vergangenheit schildert, gestattet uns einen hoffnungsvollen Ausblick auf die Zukunft.

Straßburg

Unter Karls des Großen Herrschaft gab es keinen Gegensatz zwischen germanischen und fränkischen Völkern, zwischen Deutschen und Franzosen. Alle gehörten zum gleichen Großreich, waren Untertanen eines Herrschers.
Als im Jahre 842 zwischen den Nachfolgern Kaiser Karls in den sogenannten »Straßburger Eiden« gewisse Streitigkeiten geschlichtet wurden, hat man zum ersten Mal zwei verschiedene Sprachen benutzt, in Schriftform sogar, nämlich das »Romanische« und »Tudeske«, beide germanischen Ursprungs. Aber das Romanische war infolge der halbtausendjährigen römischen Herrschaft über Gallien (Frankreich) stark latinisiert. Dagegen enthielt »Tudesk« nicht jene erdrückende Menge von Fremdwörtern wie sie das Französische noch heute aufweist. Erst bei der (höchst unglücklicherweise) im Jahr 870 erfolgten Reichsteilung, nämlich im Vertrag von Mersen, ist das eigentliche Frankreich entstanden. Zuvor waren wir vereint, unter der gleichen Krone im Großen Reich, das heißt alle Vorfahren der Deutschen und Franzosen. Man vergißt es oft, aber tatsächlich ist die Trennung beider Völker keine natürliche, keine stammesgeschichtliche gewesen, sondern eine künstliche, gewissermaßen eine Familienangelegenheit der Karolinger. Erst mit der Erbteilung von 870 trennten sich die bis dahin zusammengehörenden Teile. Dabei fielen Elsaß und Lothringen an Kaiser Ludwig den Deutschen und wurden damit für 800 Jahre ein Bestandteil, sogar ein Kernland des Heiligen Reichs Deutscher Nation.
Lothringen, damals Lotharingum, wurde im Vertrag von Verdun (849) einem Sohn Ludwigs des Frommen zugesprochen, dem Herzog Lothar, woher denn auch des Landes Name stammt. Seine

Grenzen haben sich im Verlauf der Geschichte oft verändert, aber über tausend Jahre lang blieb Lothringen ein deutsches Herzogtum im Heiligen Römischen Reich.

Beherrscher der Stadt Straßburg, und zwar absoluter Herrscher während der folgenden drei Jahrhunderte, war der Bischof von Straßburg. Gegen dessen harte Herrschaft erhoben sich Adel, Bürgerschaft und die Zünfte. In der blutigen Schlacht von Oberhausbergen, 1262, wurden die Ritter und mit ihnen die Söldner des geistlichen Herrn geschlagen. So verlor der Bischof all seine weltliche Macht. Von Stund an wurde Straßburg von den Bürgern selbst regiert. Wie meist in solchen Fällen gelang es aber im Lauf der Zeit dem Stadtadel und den Patriziergeschlechtern, so gut wie alle maßgebenden Positionen zu besetzen. Eine neue Empörung, die vom Jahr 1332, brach auch deren Vorherrschaft. Wirklich regierten von nun an die Bürger, und keinen anderen hatten sie über sich als den fernen Kaiser des Deutschen Reichs. In diesem weitgespannten, oft nur locker zusammengehaltenen Rahmen des Reichs, war die »Freie Reichsstadt Straßburg« in politischer wie praktischer Hinsicht eine sich selber regierende *Republik*.

Schon 1518, nur ein Jahr nach Wittenberg, wurden die Thesen des Martin Luther am Portal des Straßburger Münsters angeschlagen. Elf Jahre später entschieden sich alle dreihundert Abgeordnete der Bürgerschaft für Luthers Reformation. Damit wurden Straßburgs Kirchen, sogar das Münster, protestantische Gotteshäuser. Zeitweise sollen gerade noch zwei katholische Familien in der Stadt gelebt haben. Aus dem ehemaligen Jesuitenkolleg entstand 1621 eine protestantische Universität, berühmt in ganz Europa wegen so mancher großer und berühmter Geister, die dort als Lehrkräfte wirkten.

Die Freie Stadt blühte und gedieh, beherrschte weithin den Handel, damit auch die Schiffahrt auf dem Rhein und seinen Nebenflüssen. Frei war das Wort, nahezu frei die Werke der Schriftsteller. Gutenberg erfand und praktizierte in Straßburg die Buchdruckerkunst. Werke von Weltruf wurden in unserer Stadt verfaßt, weit reichten die Einflüsse und Anregungen, die von Straßburg ausgingen. Nur nebenbei sei bemerkt, daß auch der Weihnachtsbaum, wie man ihn heute schmückt und mit Lichtern

Das Straßburger Münster von Westen.

beleuchtet, von Straßburg aus seinen Weg durchs ganze Reich, letzten Endes um die Welt angetreten hat.
Unser Münster, die für Straßburger Begriffe wunderbarste Kathedrale der Christenheit, bis noch ins 19. Jahrhundert mit 120 Metern das höchste Gotteshaus der Welt, war schon um das Jahr 1015 vom Bischof Wernher, einem Habsburger, überaus großzügig geplant worden. Er selber, ein Verwandter des späteren Kaiserhauses, legte den Grundstein. Auf Resten von früheren, viel kleineren Kirchen und über kaum noch erkennbaren Spuren heidnischer Tempel wuchsen allmählich die Mauern empor. Aber dieser Neubau wurde, als gerade erst das Langhaus fertiggestellt war, 1176 ein Raub der Flammen. Die alles umgebenden Baugerüste waren daran schuld, daß in der Höllenglut auch die Steine zersprangen. Erst 100 Jahre später begann auf rauchgeschwärzten Ruinen der zweite Anlauf zum gewaltigen Werk.
Bedenkt man die damalige Einwohnerzahl von Straßburg, nach ungewissen Schätzungen kaum 12000 Menschen, bedenkt man weiter die seinerzeit nur beschränkten technischen Möglichkeiten, ergibt sich allein schon aus den Plänen Erwin von Steinbachs (von der Bürgerschaft ohne Abstrich genehmigt), daß man ein Unternehmen begann, dessen Bauzeit einige Jahrhunderte in Anspruch nehmen würde. Buntsandstein aus den Vogesen sollte für den Fliesenbau verwendet werden. Nicht vorstellbar ist für unsere Begriffe der Aufwand an Material und Kosten, an Transportmitteln und erst recht an Menschen. Es mußte ja, um nur ein Beispiel zu nennen, jeder Baustein mittels menschlicher Muskelkraft bis über hundert Meter hochgehoben werden. Ochsenkarren, die halbmetertief im Boden versanken, schafften aus den Vogesensteinbrüchen die Lasten herbei.
Jedem damaligen Straßburger war klar, daß es keinem von ihnen vergönnt sein würde, jemals das fertige Münster zu sehen, auch keinem der Enkel oder Urenkel. Dennoch gelang ein wahres Wunder. Allen pessimistischen Erwartungen zum Trotz, wurde im Verlauf von nur 150 Jahren im großen und ganzen das unermeßliche Werk vollendet. Allerdings nur mit einem Turm, weil die Aufrichtung des zweiten Turms aus statischen Gründen nicht mehr möglich erschien. Die herrliche »Rosette« über dem Hauptportal,

ein nie mehr wiederholtes Wunderwerk aus Steinfiligran und farbigem Glas, hätte, so wurde befürchtet, dem Druck eines zweiten Turmes nicht standgehalten.
Als nach dem Dreißigjährigen Krieg das »Heilige Römische Reich Deutscher Nation« ausgeblutet war, und das verwüstete Elsaß mehr als die Hälfte seiner Menschen verloren hatte, konnte sich die Straßburger Bürgerschaft der zahlreichen Überfälle und Raubzüge kaum noch erwehren. Das gesamte Elsaß und Lothringen lagen mehr oder minder wehrlos vor den begehrlichen Blicken Ludwigs XIV. Seine geschickte Diplomatie, begleitet von massiven Drohungen, auch von verheerenden Raubzügen französischer Truppen, führte 1681 zum bitteren Ende. Aus der Freien Stadt des Deutschen Reiches, aus einer echten Republik seiner Bewohner, wurde die »Ville Libre Royal« des Königs von Frankreich.
Gewiß ein Raubzug, wie er im Buche steht, eine Erpressung eingeschüchterter Bürger durch den Aufmarsch gewaltiger Streitkräfte. Wollten die Straßburger nicht ihre Tore öffnen und tiefergeben Ludwig XIV. huldigen, sollten Tod und Verderben die Stadt mit all ihren Menschen heimsuchen.
So steht es im Buch der Geschichte. Dort aber liest man noch vieles von etwa der gleichen Art und Weise. Raubzüge und Raubkriege gab es stets, und wenn man sich umsieht in der Welt, gibt es sie noch heute. Wer sich dank günstiger Umstände stark genug fühlt gegenüber einem schwachen, vielleicht gar hilflos gewordenen Nachbarn, der holt sich von ihm was zu holen ist. Der Ausreden gibt es viele, wobei kaum jemand damit rechnet, daß sie geglaubt werden. Ebensowenig wie im 20. Jahrhundert hat man sich früher um Recht und Menschenrechte gekümmert. Vom »Horror vacui« hat gehört, wer noch in eine richtige Schule ging, das heißt vom Widerwillen der Natur gegen leere Räume. Das betrifft vor allem die Machtpolitik. Wo die Kräfte eines Staates oder Herrschers erlahmen, wo die Verteidigung unmöglich ist, entsteht ein Vakuum, ein machtleerer Raum. Den übernimmt (es scheint ganz selbstverständlich), wer in der Umgebung die dafür notwendige Kraft besitzt. Das hat Ludwig XIV. 1681 getan und damit nichts anderes getan, als zu seiner Zeit allgemein üblich war.
Demzufolge regierten in Straßburg bis auf weiteres französische

Präfekten, vom Pariser Ludwig dazu ernannt. Eine französische Garnison gab ihnen den notwendigen Rückhalt, und aus Paris kamen die Richtlinien der großen Politik. Sebastian de Vauban, zu seiner Zeit der größte und genialste Festungsbaumeister in Europa, umgab die alte Römerstadt mit einem Gürtel mächtiger Mauern, mit starken Türmen, tiefen Gräben und hohen Wällen. Für damalige Verhältnisse war Straßburg uneinnehmbar, die stärkste Festung gegenüber den östlichen Nachbarn. Der Nachteil war nur, daß sich Straßburg nicht mehr ausbreiten, nicht weiter entwickeln konnte. Deshalb ging während der folgenden Jahrzehnte die Bevölkerungszahl um etwa ein Drittel zurück. Auch noch 200 Jahre später, das heißt im deutsch-französischen Krieg 1870/71, waren die Werke des Vauban stark genug, um die Preußen relativ lange aufzuhalten.

Auf der anderen Seite muß man zugeben, daß unter Frankreichs Krone ein weitgehend freies Regiment in Straßburg herrschte. Die innere Verwaltung wie auch die deutsche Sprache blieben erhalten. Die alte, bis heute unverbrauchte Kunst der Franzosen, das »laissez faire... laissez aller...« (sinngemäß: »gehen lassen am langen Zügel«), bewährte sich auch in diesem Fall. Sogar eine neue Blüte erlebte die von Festungswerken eingeschnürte Stadt. Im 18. Jahrhundert gediehen in Straßburg Kultur und Kunst in beneidenswerter Vielfalt, vornehmlich die Baukunst. Auch in geistiger Hinsicht entfaltete sich die »Steinerne Blume« wie kaum eine andere Stadt links und rechts vom Rhein.

Wirklich war damals Straßburg ein sogenannter Schmelztiegel, eine wohlgelungene Mischung des sich gleichermaßen in Frankreich wie in Deutschland entfaltenden, nach Aufklärung drängenden Geistes. Es hat ähnliches vorher und später nicht gegeben.

Viele der prächtigen und geschmackvollen, im französischen Stil der Zeit errichteten öffentlichen Bauten wie auch der privaten Paläste sind damals entstanden. Davon zeugt unter anderem der Broglieplatz, das Rohanpalais, die Aubette und eine Anzahl von Patrizierhäusern.

Bis zur Französischen Revolution, bis zu den Jahren um 1790, konnten die Straßburger mit ihrer Fremdherrschaft relativ zufrieden sein. Dann jedoch begann der tiefgreifende Wandel, brachen

die schrecklichen Begleiterscheinungen der Großen Revolution auch über das Elsaß und Lothringen herein. Ähnlich wie in Paris, teilweise schlimmer noch, wurde in Straßburg geplündert, wurden Menschen vertrieben und verhaftet. Aus Paris kam mit unbegrenzten Vollmachten der gnadenlose Saint Just und versorgte die Guillotine mit immer neuen Opfern.
Die bisher freie, recht zufriedene Stadt verlor alle ihre Privilegien. Absolut sollten nun die Verhältnisse dem übrigen, dem revolutionären Frankreich angepaßt werden. Die neuen Machthaber verboten den Gebrauch der deutschen Sprache, obwohl nur wenige Elsässer das Französische beherrschten. In einer Zeit, da fast alle Landbewohner ihre angestammte Tracht trugen (bei Festlichkeiten ohne Ausnahme), wurde ihnen auch das untersagt, bei Androhung schwerster Strafe. Aus dem Münster machten die Radikalen einen »Tempel der Vernunft«, zerstörten viele der mittelalterlichen Skulpturen. Allen Ernstes wollten sie den Turm abbrechen, weil er sich »einem König gleich« über sämtliche Hausdächer erhob. Nur weil ihm seine Beschützer rasch eine aus Blech gefertigte Jakobinermütze aufsetzten (die symbolische Kopfbedeckung für besonders tüchtige Revolutionäre), konnte mit knapper Not die Schandtat vermieden werden. Während der Schreckenszeit, in der Nacht vom 24. zum 25. April 1792, erklang im Hause des damaligen Bürgermeisters von Dietrich zum ersten Mal die Marseillaise, die heutige Nationalhymne der Franzosen. Ein Offizier des in Straßburg stehenden, aus Marseille stammenden Pionierregiments, Rouget de Lisle mit Namen, hatte den nach Feindesblut lechzenden Text geschrieben. Auch die mitreißende Melodie stammte von ihm, wobei er allerdings, wie man sagt, zeitgenössische Weisen benutzte. Auch von Dietrich selbst, der Straßburger Bürgermeister, hat begeistert mitgesungen, wurde dennoch wenige Monate später durchs Fallbeil hingerichtet.
Vom Siebziger Krieg, der unter anderem die Heimkehr von Elsaß-Lothringen ins Deutsche Reich zur Folge hatte, mit Straßburg als der selbstverständlichen Hauptstadt, von diesem vergleichsweise kurzen, wenn auch heftigen Krieg hat mir mein Vater weniger erzählt als von der ferner liegenden Zeit. Vielleicht meinte er, ich könnte vorerst die Zusammenhänge nicht verstehen. Ebenso mag

In der Nacht vom 24. zum 25. April 1792 hat in Straßburg der französische Pionieroffizier, Rouget de Lisle, die Marseillaise gedichtet, komponiert und im Haus des Bürgermeisters de Dietrich vorgetragen.

sein, daß er mich vor Überforderung der noch kindlichen Urteilskraft bewahren wollte.

Wie Vater selber dachte und fühlte – so recht habe ich das nie erfahren. Mir scheint, daß er im Grunde nicht fähig war, exklusiv Partei zu ergreifen, gleich um welche Streitfrage es sich handelte. Weder damals in Straßburg noch später in der Berliner Wilhelmstraße konnte und wollte er Recht und Gerechtigkeit nur auf der einen Seite sehen. Das altrömische Prinzip aller verantwortungsbewußten Juristen: »audiatur et altera pars« (man höre auch die andere Seite) galt ihm nicht für juristische Streitfragen allein, sondern ebenso auch für historische und politische Probleme, bestimmte überhaupt sein persönliches Urteil in so gut wie fast allen Lebenslagen.

»Die meisten können nicht anders, als die Sache im eigenen Licht, gemäß der eigenen Interessen zu betrachten, so ist nun mal die Welt geschaffen«, hat mir Vater oft erklärt. »Deswegen sind jene Wenigen mit der Fähigkeit, objektiv zu sein, nicht besser dran, sondern eher schlechter als die Einseitigen. Viele gehen daran zugrunde ...«

Fast wäre er im Zweiten Weltkrieg »Reichsprotektor« des (für vier Jahre wiedergewonnenen) Reichslandes geworden. Von damals höchsten einflußreichen Elsässern wurde dieses Verlangen dem Führer und Reichskanzler Hitler nahegebracht, erregte jedoch das Mißfallen der meisten Gauleiter. Zum Glück für Vater, darf man im Licht späterer Erkenntnis wohl sagen, denn sicher wäre er an dem unheilvollen Dilemma, am Zwiespalt zwischen eigenem Wollen und den Weisungen aus Berlin, zugrunde gegangen.

Eine Episode, die er mir vom Siebziger Krieg, vom damaligen Kampf um Straßburg, erzählte, habe ich fast wortgetreu im Gedächtnis behalten: »Ganz bis oben, bis zur äußeren Spitze des Kreuzes auf dem Münster, war ein französischer Hauptmann geklettert, als im September 1870 die Festung Straßburg von deutschen Truppen belagert und beschossen wurde ... ein unglaublich mutiger Mann muß es gewesen sein ... ganz bewußt hat er sein Leben geopfert für Frankreich, sein Vaterland!«

Nur von dieser Höhe aus konnte ein Artilleriebeobachter hinter die deutschen Linien schauen. Wo sonst die französischen Verteidiger standen, war es ihnen nirgendwo möglich, die Stellung der deutschen Geschütze zu erkennen. Die aber feuerten aus allen Rohren in die bereits veralteten Bastionen und Batterien der Belagerten. Die französischen Kanonen konnten gegen die Preußen, Württemberger, Badenser und so weiter nur dann etwas ausrichten, wenn ihr Feuer gelenkt wurde, das heißt wenn sie erfuhren, wo die Einschläge lagen. Deshalb kletterte der todestapfere Capitain auf die Spitze des Münsterturms. Er sah im Fernglas, wo die Granaten seiner Landsleute einschlugen. Durch knappe klare Flaggensignale, wie sie damals jeder gediente Mann verstand, konnte er melden, ob die Treffer zu kurz... zu hoch... zu weit links oder rechts lagen. Sich danach richtend, gelang es den französischen Artilleristen, einige der deutschen Batterien außer Gefecht zu setzen.

»Der Mann auf dem Münster mußte wissen, daß man ihn früher oder später treffen würde... daß er verloren war«, sagte mein Vater mit Blick zum 142 Meter hohen Turm. »Alle Scharfschützen auf deutscher Seite bemühten sich darum... auch weittragende Geschütze mit Schrapnells zielten dorthin. Trotzdem machte der Tapfere weiter, so lange es ging...«

Aber sein Ende war sicher. Eine Kugel, ein Schrapnellsplitter, traf. Also stürzte er vom Kreuz des Münsterturmes auf die Steinplatten davor. Sehr bedauerte mein Vater, daß es kein Denkmal für ihn gab, nicht mal eine Gedenktafel irgendwo in der Nähe.

»Im Wirbel der Ereignisse hat sich niemand den Namen gemerkt.«

Die Geschichte fällt mir immer wieder ein, wenn ich, sei es auch nur von ferne, den hohen Turm erblicke.

Über die Schäden in der Stadt, damals im Siebziger Krieg, über die leider ausgebrannte, wertvolle Straßburger Bibliothek, über die damals in Schutt gefallenen wissenschaftlichen Institute, über die 448 zerstörten Häuser und die 208 Todesopfer wurde viel geklagt. Lange noch war der aus Paris geschürte Haßgesang über die deutschen Schandtaten in aller Welt zu hören. Verglichen mit den Bombardierungen Straßburgs seitens der Alliierten im Zweiten Weltkrieg, verglichen mit all den Schrecken, Verlusten und Greueltaten, die wir in fünf Jahren des bisher letzten Krieges erlebt haben, war der 1870er Kampf um Straßburg kein gar so schlimmes

Ereignis. 46 Tage lang hat die Belagerung gedauert, 183 000 Schuß wurden von der Artillerie auf beiden Seiten abgefeuert. Am 27. September, 5 Uhr nachmittags, wurde sodann auf dem Münster die weiße Flagge gehißt. 17 000 Mann streckten die Waffen, 1200 Kanonen mit nur noch 1800 Pferden fielen in deutsche Hand.

Verschwundene Welt

Am 4.Juni 1909 zu Straßburg im Elsaß, Vogesenstraße 21, im Parterre ganz links, gegen sechs Uhr früh, verließ ich meine Mutter und kam auf die Welt. In eine Welt, die es heute nicht mehr gibt. Es sei, meinten wir Elsässer damals, eine heile und wohlgeordnete Welt. Fast alle glaubten, sie würde so bleiben, ja noch besser werden, von Jahr zu Jahr. Gab es doch sichtbare Fortschritte allenthalben, die man in gleicher Weise für die kommende Zeit erwartete.

Meinen Eltern ging es gut, ebenso den Großeltern. Sie waren mit sich zufrieden, mit ihrem Einkommen, mit den Verwandten und mit ihrer gesellschaftlichen Stellung. Sie fühlten sich wohl in ihrer Genügsamkeit. Offenbar stimmte alles, bescheidene Lebensführung schien selbstverständlich. Allzeit korrektes Auftreten gehörte sich, desgleichen Bürodienst von acht Uhr früh bis sieben Uhr abends, mit nur kurzer Mittagspause, den Samstag eingeschlossen. Zwei Wochen Ferien pro Jahr, mehr gab es nicht, und das war bedeutend mehr als die älteren Generationen gehabt hatten.

Vater war Beamter. Sein Vater war Beamter gewesen, auch dessen Vater und alle Vorväter, soweit man von ihnen wußte, hatten ihrem König oder Kurfürsten als Soldat, Feldarzt, Lehrer oder Gemeindeschreiber gedient. Bei Mutter ganz ähnlich: ihr Vater war Beamter, dessen Vater und seine Vorväter waren allesamt im Staatsdienst, die meisten als Lehrer. Nur eines war anders, ganz anders bei meinem Vater und beiden Großvätern. Als Beamte in Elsaß-Lothringen waren sie *kaiserlich*.

Was heute nichts bedeutet, man muß es erst erklären. Als nämlich Elsaß und Lothringen »heimkehrten« in das von Bismarck neugeschaffene Deutsche Reich, nach dem siegreichen Krieg 1870/71, da

Zur Erinnerung

Gerschel aîné
Strassburg

an die Tauf-Feier

von Hans Otto Meissner

Strassburg i. Els. 9. November 1909.

Kleber Platz in Straßburg 1909.

wollte man die »Heimkehrer« nicht den Königen von Preußen, Bayern, Württemberg oder anderen deutschen Fürsten anschließen, sondern mit allen Bundesländern zusammenfügen, mit anderen Worten, dem ganzen Deutschen Reich einverleiben. Eben deshalb war Elsaß-Lothringen von 1871 bis 1919 »Reichsland«.
Sein Landesherr war kein gewöhnlicher Potentat, deren es im damaligen Reich so viele gab, sondern der Kaiser selbst, in Straßburg vertreten durch den Reichsstatthalter. Dieser, sowie alle Beamten bis hinunter zum Postboten und Schutzmann an der Ecke, waren deshalb »kaiserlich« und sie dünkten sich besser als nur preußisch, bayerisch, oldenburgisch oder schwarzburg-rudolstädtisch.
Denke ich an meinen Großvater Gustav Meissner, den Kaiserlichen Hauptpostsekretär, ebenso an meinen Großvater Roos, den Kaiserlichen Oberzollrevisor: Wenn sie sonntags zur Kirche gingen, besser gesagt, zur Kirche schritten, wobei man Dienstuniform anzulegen beliebte, so trugen sie auf stolz erhobener Brust das

Uf em neie Marik – auf dem Neumarkt
Straßburg 1900.

Kaiserwappen. Und wenn gewöhnliche Augen nicht imstande waren, es auch bei anderen Gelegenheiten zu sehen, zu spüren war es doch!

Wandere ich durch die Straßen, über die Plätze und durch die Anlagen jener Gegend, wo ich damals mit Vater und Mutter, mit den zahlreichen Verwandten und dem großen Freundeskreis gelebt habe, so scheint mir: Die Häuser und Fassaden haben sich kaum verändert. Dieselben Brunnen, Baumgruppen und Litfaßsäulen. Gewiß, die Lampen strahlen elektrisch, nicht mehr mit Gas, das alle Tage bei Anbruch der Dunkelheit erst mit Hilfe eines langen Hakenstabes entzündet wurde. Diese Arbeitsplätze hat man längst schon »wegrationalisiert«, die Lampen sehen aber noch genauso aus wie vor siebzig und mehr Jahren.

Wenn ich die Augen schließe, sehe ich alles, wie es seinerzeit gewesen ist. Da sind die Pferdedroschken, blaugekleidete Schutzmänner mit Pickelhaube und Schleppsäbel, ich sehe Kinder, die mit Reifen spielen, und sehe im sonnenbeschienenen Park der

Der Illfluß in Straßburg mit der Evangelischen Kirche, ehemals Garnisonskirche.

Orangerie die Elsässer Ammen mit der berühmten Flügelhaube. Alles kehrt in meine Vorstellung zurück, weil sich der Rahmen nicht geändert hat, weil Ecken und Häuser, die Entrées, selbst die Steinplatten in den Trottoirs, so geblieben sind, wie ich es gewohnt bin. Da ist die Rutschbahn am Musikpavillon des Contatt, die Fußgängerbrücke an der Ill und der Abtritt am Laband Staden.
Das Fenster, hinter dem ich mit einem Zangengriff gezwungen wurde, auf die Welt zu kommen, ist frisch gestrichen, es ist aber noch der gleiche Rahmen. Mir scheint es so vertraut, als würde meine Mutter hinter dem Fenster stehen und die Gardinen bewegen. Ich höre meines Vaters raschen Schritt bei der Heimkehr aus dem Büro. Unsere Anna, mit weißer Schürze über dunklem Kleid, trägt gerade ihren Wäschekorb durch den »Eingang für Dienstboten«. Ihr fester Freund, Karli genannt, zur Zeit beim Kommiß im 136er Regiment, hat beim Bügeln die Mangel gedrcht. Heute abend wird ihm dafür die Anna ein Bier spendieren. Das kann er sich selbst vom kärglichen Sold nicht leisten, aber seine Anna kann es, mit fünfundzwanzig Mark Salär im Monat.
»Neustadt« wird unsere Wohngegend von den alten Straßburgern, den »Steckelburgern« genannt. Noch deutlicher sagen es die »Franzosenköpp«, die gegen alles sind, was von rechts des Rheins kommt, ganz gleich, ob es wirklich von dort ist oder nicht. »Ville Nouvelle«, sogar »Quartier Bosch« (boche), heißt unser Stadtviertel bei denen. In Wahrheit reden sie nur dann Französisch, wenn Fremde in der Nähe sind.
Dieses Viertel hat man geplant, als die Stadt wieder ans Reich gefallen war. Der elsässische Architekt Conrath, von der deutschen Verwaltung in sein auf ein Jahrhundertprogramm ausgerichtetes Amt berufen, war verantwortlich für die Ausdehnung Straßburgs nach allen Seiten, besonders nach Nordwesten. Weil man Vaubans veraltete Festungsanlagen, die so lange Straßburg wie eine Zwangsjacke eingeschnürt hatten, während der nächsten Jahre und Jahrzehnte abtrug, gab es Platz. Von 1871 bis 1914 hat sich die Einwohnerzahl mehr als verdoppelt, die bebaute Fläche Straßburgs gut und gerne verdreifacht.
Die gesamte Region im Nordosten, Norden und nordwestlich der Ill, hinter dem Theater und Statthalterpalais (Palais de la Préfec-

ture) und was sich heute weit und breit um den Kaiserplatz (Place de la République) ausdehnt bis jenseits der Orangerie und dem Hagenauplatz, all das und noch mehr gehört zur »Neustadt« oder »Ville Allemande«. Noch zu Lebzeiten von Conrath ist das meiste davon entstanden. Tatsächlich wirkt aber der ebenso geniale wie fleißige Mann weiter bis zum heutigen Tag, hat er doch auf hundert Jahre im voraus geplant. Stillschweigend ist die französische Verwaltung den deutschen Entwürfen gefolgt.

Unlängst hat man in Straßburg eine Jugendstil-Ausstellung veranstaltet, verbunden mit einer Schau der für die nächsten zehn Jahre geplanten Bauvorhaben. Da sah man deutlich, wie weit der hochgeschätzte Conrath gekommen war. Erst am Ende seiner hundertjährigen Weitsicht schließen sich im Jahr 1983 seine Nachfolger an.

Conrath hat die Straßen so weit und die Trottoirs (Bürgersteige) so breit angelegt, daß sie noch heute und für lange Zeit dem modernen Verkehr genügen. In der engen Altstadt bleibt man bei Stoßzeiten stecken, aber durch die Neustadt rollt man flott und flüssig. Alle Hauptstraßen der Ville Allemande sind so gerichtet, daß man stadteinwärts freien Blick aufs Münster hat.

Erfreulicherweise haben während der letzten Jahre nicht wenige elsässische und französische Autoren so manchen Leistungen der deutschen Verwaltung anerkennende Worte gewidmet. So lese ich in einem Werk über Strasbourg von Marie-Christine Revillon, die hauptberuflich mit Denkmalpflege beschäftigt ist, folgende Feststellung:

»Wie es der Zeit entsprach, jener Epoche um die Jahrhundertwende, wurde bei sehr vielen Entwürfen der elsässischen – wie auch binnendeutschen Architekten der Jugendstil bevorzugt. Auch *art déco, modern art, new stile* wird die Kunstrichtung genannt, je nachdem wo sich der *Jugendstil* gezeigt hat. Er war die letzte, in sich geschlossene Kunstform überhaupt. Leider aber war der Jugendstil nur von kurzer Dauer. Mehr als rund fünfzehn Jahre waren ihm nicht vergönnt, von ungefähr 1895 bis allenfalls 1910. Ein Stil wie kein anderer davor und danach ist der *new stile* gewesen. Mit eigenem Dekor beschränkt auf relativ wenige symbolische Elemente und Ornamente. Dennoch griff er auf ungefähr

alles über, was sich nur künstlerisch formen ließ. Warenhäuser und vierstöckige Wohnhäuser entstanden, innen und außen im Jugendstil. Desgleichen die Möbel, die Teppiche, Gardinen und Tischdekken. Auch die Blumenvasen, Tischlampen, Eßgeschirre, Bestecke und selbst teurer Schmuck waren unverkennbar vom Jugendstil geprägt, nicht zu vergessen die Kleider und Hüte, selbst die Frisuren. Wer zu jener Zeit wirklich stilgerecht eingerichtet war, lebte und bewegte sich nahezu hundertprozentig im Jugendstil. (Wer davon noch einiges übrig hat, kann heutigentages von Sammlern die höchsten Preise erwarten.)
Viele der Ideen und Formen kamen aus Lothringen, aus dem französisch gebliebenen Teil von Lothringen, besonders aus Nancy. Weil im wesentlichen Teil die Straßburger Neustadt während der Blütezeit jenes kurzlebigen Stils entstanden ist, erlebt man heute gerade in Straßburg die reinste, umfangreichste und besterhaltene Sammlung des Jugendstils in der Welt. Nichts davon verfällt dem Abriß, auch Verfremdung durch unpassende Zutaten darf nicht sein. Gerade in diesem Jahr wurden weitere zweiundzwanzig Gebäude unter Denkmalschutz gestellt, womit es insgesamt neunundachtzig sind, die für hoffentlich alle Zeiten ihren Jugendstil bewahren.«
Wir haben mitten darin gelebt, ohne uns der Besonderheit bewußt zu sein. Meine für damalige Vorstellungen sehr modernen, fortschrittlichen Eltern hatten sich ganz im Jugendstil eingerichtet. Ich kann mich keines Gegenstandes im Hause, keines Kleides, überhaupt keines Details erinnern, das nicht dem Stil entsprach.
Die Großeltern, die Tanten und Onkels schätzten das nicht. Sie waren mehr fürs Gediegene, fürs Altväterliche. Bei ihnen regierten noch der rote Plüsch, die samtenen Vorhänge mit Troddeln und die schweren, dunkelgetönten Möbel. Pfauenfedern in meterhohen Vasen gab es bei ihnen, Häkeldeckchen und Nippes auf den Kommoden. Nicht zu vergessen die beherrschenden Bilder des Kaisers und der Kaiserin überm Sofa in der guten Stube. Wie prachtvolle Gemälde sahen sie aus, es waren aber nur Buntdrucke.
Man wird es kaum glauben, aber bis vor wenigen Jahren noch, bis circa 1975, befand sich draußen am Entrée (Haupteingang) unseres ehemaligen Hauses noch ein blankgeputztes Messingschild:

Aufgang nur für Herrschaften. Übrigens nach wie vor in deutscher Sprache. Im lichtlosen Hof existiert noch immer die Teppichstange, wo seinerzeit die geplagten Dienstboten die staubig gewordenen Teppiche und sonstige Bodenbeläge ausgeklopft haben. Ein Krach war das, und bis hinauf zum vierten Stock schwebte die schmutzige Wolke! Aber nur an Donnerstagen und Samstagen war das Teppichklopfen zu bestimmten Stunden erlaubt, die Mietparteien mußten sich darüber einigen.

Alteingesessene Straßburger, liest man in Berichten aus alter Zeit, zogen nicht in jene Gegend, nicht in die Ville Allemande, weil sie die »Schwowe«, die Leute vom anderen Ufer des Rheins, nicht leiden konnten. Ob die wirklich aus Schwaben stammten, darauf kam es nicht an. Schwowe waren sie alle. Die Gebildeteren sprachen statt dessen von »Binnendeutschen«, auch wenn diese schon im Elsaß geboren waren. Ihnen hing noch an, daß ihre Eltern von drüben stammten. Ganz entschiedene Deutschenfresser nannten das damalige Reich einfach »Boscherie«.

Mit den »Schwowe« gemeint waren vor allem die ins Reichsland versetzten Beamten, Offiziere, Oberlehrer, Professoren und so weiter. Für sie war die Ville Allemande gebaut und dort gehörten sie hin. Diese und auch zahlreiche Geschäftsleute, freie Berufe und nicht wenige Bankiers, denen die rasche Entwicklung im Reichsland ein gutes Fortkommen zu versprechen schien, sie konnten es sich leisten, für eine herrschaftliche Wohnung bis nahe an siebzig Mark zu bezahlen, monatlich selbstverständlich.

Gewiß haben sich die Steckelburger in ihren spitzgiebligen Häusern in der Gegend um das Münster herum recht wohl gefühlt. Sie waren an winklige Gassen, ans enge Zusammenleben mit der Nachbarschaft, an ihre festgefügte Gemeinschaft gewöhnt. Aber ganz so exklusiv deutsch (schwowisch), wie behauptet wurde, war die Neustadt nicht. In unserem Haus, das weiß ich noch genau, haben zwei oder drei aus der Altstadt zugezogene Familien gewohnt, außerdem ein Ehepaar, bodenständige Elsässer aus Mühlhausen. Es war nicht so, wie hartnäckige »Schwowefresser« immer behauptet haben.

Nach deren Meinung gehörten auch wir nicht in die Neustadt, wir waren dort falsch plaziert. Denn mein Vater war 1880 in Bischwei-

General Johann Baptiste Kleber, Stellvertreter und Nachfolger Napoleons in Ägypten.

ler (Oberelsaß) zur Welt gekommen, meine Mutter 1889 im lothringischen Bolchen (Boulay). Ich selber bin, wie gesagt, ein Straßburger Kind, ein echter »Wackes«, ein richtiger »Knäckes«, wie man dort die einheimischen Knaben nennt. Demgemäß waren wir, zumindest was die Abstammung betrifft, in der Ville Allemande falsch plaziert. Meine beiden Großmütter entstammten altelsässischen Familien, mit deutschen Namen versteht sich, wie nahezu alle Elsässer von echtem Schrot und Korn.

Die Großväter allerdings, es läßt sich nicht leugnen, waren von der anderen Seite des Rheins gekommen. Beide waren sie verdiente, zudem verwundete Soldaten des Königs von Preußen. Als solche hatte man sie im wiedergewonnenen Reichsland mit Beamtenstellen der mittleren Laufbahn versorgt. Adolf Roos, Vater meiner Mutter, war gebürtig aus Rhaunen im Hunsrück, Gustav Meissner dagegen war im fernen Westpreußen beheimatet. Konnten gutwillige Leute den Opa Roos noch als Rheinländer gelten lassen, als Nachbarn sozusagen, so klang Ötscher in Westpreußen nicht gut in den Ohren erdverbundener Elsässer, erst recht konnten die eingefleischten Franzosenköpp solche Leute nicht leiden.

Aber angesichts von Gustav Meissners zweiter Frau, der herzensguten Oma Mieze, mußten alle deutschfeindlichen Kritiker schweigen. Gewiß war sie nur als eine schlichte Leibrock geboren, aber ihre Mutter war eine echte Kleber gewesen, eine Urgroßnichte des napoleonischen Generals Johann B. Kleber, von den Franzosen Jean Baptiste Kléber geschrieben. Der war, wie man weiß, einer der großen französischen Nationalhelden und Steckelburger obendrein. Sein Denkmal erhebt sich inmitten der Stadt auf dem nach ihm genannten Kleber-Platz (Place Kléber). Auch in Paris gibt es den Boulevard Kléber, überhaupt tragen in vielen französischen Städten wichtige Straßen, weite Plätze und breite Boulevards seinen hochberühmten Namen.

Großvater stürmt die Spicherer Höhen

Otto hieß mein Vater, nach Bismarck, wie das während der Amtszeit des Eisernen Kanzlers vielen Kindern geschah. Daniel hatte man ihn nach dem Vater seines Vaters genannt, und als dritten Vornamen gab man ihm Leberecht, gewiß in der Hoffnung, daß er dies tun werde.

Wenn auch Gustav Meissner, der Vater des Otto Daniel Leberecht, durch seine zweite Frau mit der Familie des französischen Nationalhelden Kleber versippt war, so hatte er seiner Meinung nach doch dem Hause Hohenzollern weit mehr zu verdanken. Demgemäß war er kaisertreu bis aufs Mark, wie er noch immer betonte, als in Berlin schon längst ein Reichspräsident amtierte.

Angefangen mit der Meissnerschen Familientreue zum Herrscherhause hatte es schon im Jahre 1684. Da nämlich wurden unsere Vorfahren, denen insgesamt achthundert Protestanten gefolgt sind, vom Salzburger Erzbischof aus ihrer angestammten Heimat in Osttirol vertrieben. Dieser Gottesmann mit der harten Hand und dem eiskalten Herzen amtierte seinerzeit nicht nur als geistliches Oberhaupt, sondern auch als weltlicher Herrscher über das Salzburger Land und die angrenzenden Provinzen. Als es ihm trotz aller Bemühungen nicht gelang, die Ketzer zu bekehren, mußten sie verschwinden. Zu den ersten Gruppen, so scheint es, gehörte unter anderem die Meissner-Sippe. Es war der Große Kurfürst, der ihnen die Grenzen seines Landes öffnete. Nicht nur, daß er einem großen Teil der Vertriebenen Asyl gewährte, er beschenkte sie auch mit Grund und half beim Aufbau ihrer bäuerlichen Anwesen. In viel größerem Maß half später, im Jahr 1731, sein Nachfolger, Friedrich Wilhelm I., besser bekannt als Soldatenkönig und Vater Friedrichs des Großen, den Salzburger Protestanten.

Urgroßvater Johann Leberecht Meissner, Sergeant und Schuhmacher, geboren 1807 in Westpreußen, gestorben 1890 in Straßburg.

Nicht nur aus christlicher Nächstenliebe handelten die Könige von Preußen, für ihren Großmut gab es vorwiegend praktische Gründe. Infolge des verheerenden Dreißigjährigen Krieges, von großen Überschwemmungen, vielen Feldzügen und anhaltender Pestilenz heimgesucht, nicht zu vergessen die himmelschreiende Mißwirtschaft mancher Grundherren, waren große Teile von West- und Ostpreußen verödet. Man brauchte frische Kräfte und fleißige Leute, um das Land aufs neue zu bevölkern und die Versorgung des Königreichs zu verbessern. Die aus ihrer Heimat vertriebenen Tiroler und Salzburger taten, was von ihnen erwartet wurde. Sie legten Sümpfe trocken, bebauten die brachliegende Scholle und sorgten für Ordnung in den verwüsteten Wäldern. Damit nicht genug, schickten sie ihre überzähligen Söhne zu den Soldaten.

Was meine Vorväter betraf, waren auch sie mit Sack und Pack ins menschenleere Westpreußen gezogen. Zusammen mit anderen Gruppen hat man sie zuerst nach Ötscher dirigiert, ein Dorf bei Küstrin, dann ging es weiter gen Nordosten. Als man im Dritten Reich den sogenannten »Ahnenpaß« brauchte, besonders die Beamten und Angehörigen einer Behörde, sah sich auch mein Vater veranlaßt, entsprechende Forschungen zu betreiben. Das Ergebnis konnte sich sehen lassen, jedenfalls im Sinne der Forderungen des »Tausendjährigen Reiches«. Alle männlichen Vorfahren, sofern sie nicht als Erstgeborene den Hof übernommen haben, dienten in des Königs Armee. Besonders gern gesehen, scheint es, waren sie im Lossowschen Husarenregiment Nr. 5, den Totenkopfhusaren. Das nämlich erscheint wieder und wieder im Ahnenpaß, und zwar immer dort, wo der Beruf des Betroffenen zu benennen ist: Reiter, Korporal, Sergeant im Lossowschen Regiment. So geht das durch mehrere Generationen. Als ersten Meissner, der als Militär nachweisbar ist, haben wir sogar eine relativ hohe Charge, den Feldscher Georg Meissner. »Feldscher« kommt von Feldchirurg, was sich mit dem heutigen Begriff des Feldarztes vergleichen läßt, obwohl natürlich seine Methoden vor bald dreihundert Jahren kümmerlich, vor allem überaus schmerzhaft waren. Vermutlich hatte dieser Georg kein wirkliches Studium ärztlicher Kunst absolviert, sondern war bestenfalls seinem Vorgänger ein paar Jahre lang hilfreich zur Hand gegangen. Nach Ende ihrer Dienstzeit oder wenn sie wegen Verwundung vorzeitig ausschieden, wurden bewährte Soldaten, sofern sie etwas intelligent waren, als Lehrer der benachbarten Dorfschule zugeteilt: eine im sparsamen Preußen übliche Methode, brave Soldaten zu versorgen.

Der wirtschaftliche Aufschwung, besser gesagt, die ersten Schritte nach oben, begannen mit dem Großvater meines Vaters, mit Johann Meissner, der gemäß Eintragung im Kirchenbuch 1807 geboren wurde. Über den Rang des Korporals stieg er dank seines handwerklichen Könnens auf zum Meisterschuster des Regiments. So fest und haltbar müssen die Stiefel des Johann gewesen sein, daß sein guter Ruf übers eigene Regiment hinausdrang. Er machte sich selbständig, so daß er auch andere Einheiten versorgen konnte. Sein Glück waren (für viele andere ein großes Unglück) die Kriege von 1864, von 1866 und schließlich von 1870/71, gegen Frankreich. Der Bedarf an Soldatenstiefeln stieg in bisher nie gekannte Höhen. Schließlich beschäftigte der tüchtige Meister zwanzig Gehilfen und besaß ein paar Maschinen, die für damalige Zeiten die modernsten waren. Manche Gewährsleute gingen so weit, ihn einen »Fabrikant« zu nennen, aber gerade das wollte er nicht hören.

Sein Sohn, mein Großvater Gustav Meissner, zog als Zweiundzwanzigjähriger, aber so jung schon Unteroffizier geworden, in den Siebziger Krieg gegen die Franzosen.

Was sich bei der Erstürmung der Spicherer Höhen ereignet hat, am 6. August 1870, wurde von berufenen Händen im vielbändigen Generalstabswerk über den siegreichen Feldzug aufgezeichnet.

Dreimal schon waren die Preußen beim verlustreichen Versuch, die Höhe zu gewinnen, abgeschlagen worden. Eine feindliche Batterie, hinter der Friedhofsmauer in Stellung gebracht, feuerte von der Flanke her und erzielte verheerende Wirkung in den Reihen der Angreifer. Da soll nun der Unteroffizier Gustav Meissner mit nur wenigen Kameraden die französische Batterie im Handstreich genommen haben, was wesentlich zur Wende im Schlachtgetümmel beigetragen hat. Dabei verlor Großvater den linken Fuß, erhielt einen ungewöhnlich hohen Orden und wurde im Sprungverfahren zum Offizier befördert, angeblich auf direkte

Anweisung König Wilhelms I. von Preußen, der bald danach Deutscher Kaiser wurde.
In meiner Wohnung in München hängt ein Foto des Großvaters Meissner als Korporal, aufgenommen vermutlich am Beginn des Siebziger Krieges und gedacht als Erinnerung für die Eltern, falls er nicht heimkehren sollte. Daneben, auf einem zweiten Bild, zusammen mit Oma Mieze, sieht man Gustav Meissner als Hauptmann, angetan mit Schleppsäbel, breitem Ordensband und allen sonstigen Zutaten der Ausgehuniform jener Jahre. Zu seiner Silberhochzeit verlieh man ihm noch den Rang eines Reservemajors.*
Als einer der Tapfersten wurde Großvater Gustav noch bis ins hohe Alter angesehen, noch bis in jene Straßburger Jahre, an die ich eine klare Erinnerung habe. Wenn er sonntags zur Kirche schritt, und zwar in Uniform, fiel der Fuß besonders auf. Schon möglich, daß er bei passender Gelegenheit damit »knirschen« konnte, besonders, wenn er Soldaten oder alten Kameraden begegnete. Die nahmen dann gleich Haltung an und grüßten.
Weil er für den aktiven Dienst nicht mehr tauglich war, wählte man für seine Zivilversorgung die Post, und zwar die Kaiserliche Post in Elsaß-Lothringen. Des Opas erste Verwendung als selbständiger Beamter führte ihn nach Bischweiler, etwa dreißig Kilometer nördlich von Straßburg. Dort also, vor mehr als hundert Jahren, amtierte Großvater als Poststellenleiter und wohnte im Haus der Familie Hetzel, Schloßstraße Nr. 8. Ein ansehnliches, großbürgerlich wirkendes Haus mit weitem Torbogen und geräumigem Innenhof. Unlängst bin ich dort gewesen. Es hat sich dem äußeren Anschein nach nichts oder nicht viel verändert.

* Zur Sache erhielt ich vom Wehrgeschichtlichen Museum, Schloß Rastatt, am 20. September 1984, unterzeichnet vom stellvertr. Museumsleiter Major von Prittwitz und Gaffron eine Auskunft, worin unter anderem gesagt wird: »Richtig ist die Annahme, daß es sich um eine besondere militärische Tat gehandelt hat, weil es unüblich war, daß Unteroffiziersgrade in den Offiziersstand aufsteigen konnten. Das von ihnen erwähnte Verhalten Ihres Großvaters, selber zu seiner militärischen Tat nichts zu sagen, entsprach der damaligen Erziehung.«
Bei seiner Verabschiedung wurde Gustav Meissner durch besondere Verfügung erlaubt, die bisherige Uniform weiter zu tragen. Auch diese Anordnung befindet sich noch heute im Wehrgeschichtlichen Museum, Rastatt.

Die Erstürmung der Spicherer Höhen am 5. August 1870 im Deutsch-Französischen Krieg. Großvater Gustav Meissner hat daran teilgenommen und den linken Fuß verloren.

Das Ehepaar Hetzel besaß eine Tochter, Albertine mit Vornamen. Die noch vorhandenen Fotos verraten ebenso Anmut wie Sanftheit. Also konnte kaum ausbleiben, daß übers Jahr der hinkende Postbeamte Meissner die Albertine Hetzel zur Frau nahm.

Albertine war, wie man so sagt, eine vorbildliche Hausfrau, eine herzensgute Mutter und die treusorgende Gattin ihres Mannes. Ihm schenkte sie in rascher Folge fünf Kinder. Mein Vater war der einzige Sohn, geboren am 13. März 1880. Obwohl das ein Freitag und demgemäß ein Unglückstag sondergleichen war, hat gerade dieses Datum für meinen Vater besonderes Glück bedeutet. Was sich an großen und guten Dingen in seinem Leben ereignet hat, es fiel auf den 13. März.

Im Alter von einunddreißig Jahren starb die liebenswerte Frau. Mit letzter Kraft bat sie ihren Mann, er möge den verwaisten Kindern

Gustav Meissner, Oberpostsekretär und Hauptmann der Reserve, Vater von fünf Kindern, heiratet in zweiter Ehe Maria Leibrock, eine Urgroß-nichte Klebers.

Schloß-Strasse 8, Bischweiler im Elsaß, das Geburtshaus von Albertine Hetzel, der ersten Frau von Gustav Meissner.

Großmutter Albertine Hetzel, die erste Frau von Gustav Meissner, im Alter von 15 Jahren.

eine neue Mutter geben. Nicht leicht für einen Witwer mit fünf Kindern zwischen zwei und neun Jahren! Doch am 20. Mai 1890 war Hochzeit. So kam Opa Meissner zu Oma Mieze, wie sie Zeit ihres Lebens von allen genannt wurde. Eine schwere Aufgabe hatte sie übernommen. Den schon vorhandenen fünf Kindern fügte sie ein sechstes hinzu, meinen Onkel Erich. Er wurde ein erfolgreicher Arzt, desgleichen sein Sohn und auch dessen Sohn. Und ein Mitbringsel der Oma Mieze, eine Mitgift ganz außerordentlicher Art, war »Onkel Kleber«.

Der gute Onkel Kleber

Früher hat man Kindern viel erzählt, nicht nur Märchen, sondern ganz einfach Geschichten, wahre wie unwahre, je nachdem. Hauptsache sie hörten sich gut an. Wurden solche Geschichten mit Gemüt und Phantasie ausgeschmückt, um so besser. Sie wurden von Tanten und Verwandten erzählt, von Großeltern mehr noch als von den eigenen Eltern. Zeit hatten die Leute, vor allem die älteren Leute, und oft war ihr Vorrat an Geschichten unerschöpflich. Gruselige wie tieftraurige Geschichten hörten wir Kinder von den Dienstboten, den eigenen wie anderen. Diese Küchenmädchen und Kinderfrauen stammten meist vom Lande, nur dürftig war ihre Schulbildung, Lesen und Schreiben fiel ihnen schwer. Aber sie steckten voller Geschichten, auch unsere Anna und die Martha von Sonnemanns, ebenso das Lenchen vom Pfarrer Streckenbach. Sie hatten sichtbare Freude, wenn wir ihnen mit geröteten Wangen und geweiteten Augen zuhörten.

Da ging vieles durcheinander, und Personen, die wirklich gelebt hatten, erschienen in ganz anderem Zusammenhang. Mich aber hat es nie gestört, wenn bei unserer Anna der erste und der dritte Napoleon ein und derselbe waren. Echte Tränen standen ihr in den Augen, wenn sie von der unglücklichen Kaiserin Eugenie sprach, der ein hartherziger Parkwächter verboten hatte, in der Orangerie Blumen fürs Grab des geliebten Gatten zu pflücken. Und das, obwohl Eugenie den Park angelegt und für alle Menschen geöffnet hatte. Vom Schatz der Nibelungen war die Rede, bei der Martha aus der dritten Etage. All das herrliche Gold hatte die Königin Marie Antoinette, bevor sie geköpft wurde, im Rhein versenkt, damit es nicht den Blutmenschen der Revolution in die Hände fiel. Was hatte nicht der arme Napoleon, von einfachen Menschen »Nappel«

Unsere Anna (Köchin und Kindermädchen) mit dem Verfasser, ca. 1912.

genannt, auf der Insel Elba erleiden müssen, bevor es seinen treuen Elsässern, den Generalen Rapp, Ney, Kleber und Kellermann gelang, ihn aus dem dunklen Keller zu befreien!
Johann Baptiste Kleber, Oma Miezes unvergeßlicher Onkel, der sollte leuchtendes Vorbild für mich und andere Kinder sein. Ein durch und durch edler Charakter, wieder und immer wieder hatte er sein Leben riskiert, um anderen das Leben zu retten. Gerade wir Meissners sollten uns nach ihm richten. Schließlich war ja Kleber unser leibhaftiger Onkel!
Alle Besucher von Straßburg können ihn bis zum heutigen Tag

betrachten. In Erz gegossen, überlebensgroß und den kühnen Blick geradeaus gerichtet, steht der unüberwindliche Held auf hohem Sockel inmitten jenes Platzes, der nach ihm Kleber-Platz genannt ist, Place Kléber für die Franzosen.

Aber bleiben wir bei der Wahrheit! Es führt von mir kein Weg zu Kleber. Nur um ein halbdutzend Ecken herum besteht eine gewisse Verwandtschaft. Allein der guten Oma Mieze, deren Mutter eine geborene Kleber war, ist in etwa die Beziehung zwischen dem großen Mann und meinen Eltern zu verdanken. Nur ihr Sohn Erich aus Großvater Meissners zweiter Ehe und seine Nachkommen hängen an einem echten Kleber-Faden. Klebers Vorfahren stammen aus Unterfranken. Deren Kinder und Kindeskinder lebten lange in Württemberg, meist im Städtchen Saulgau. Erst Nikolaus Kleber, Meister der Müllerei, begab sich gegen Ende des 17. Jahrhunderts nach Straßburg. Überliefert ist seine Beschwerde betreffend den abschreckend hohen Brückenzoll bei Kehl am Rhein. Volle sechs Pfennige mußte er zahlen für sich, seine Frau und seinen Ochsenkarren. Heute sind stattdessen die Behörden großzügig und schonen die Bürger. Nichts, absolut gar nichts verlangt man fürs Überschreiten der Rheinbrücke. Ein Enkel dieses Kleber, der mit drei Jahren den Vater verlor, fiel dem Kardinal Rohan auf. Er kam dem jungen Jean Baptiste zu Hilfe. Nicht allein mit dem Segen der Kirche, auch mit barem Geld an die Mutter, mit Privatlehrern für den Jungen, später mit Stipendien für sein Studium der Architektur, unter anderem in Paris.

Wenn später so viele junge Menschen, darunter auch ich, beständig ermahnt wurden, dem Beispiel Jean Baptistes zu folgen, dann geschah das in grober Unkenntnis seines bedenklichen Verhaltens, besonders während seiner Jugendjahre. Für den Unfug, den Jean Baptiste damals trieb, muß ein Beispiel genügen. Dort, wo sich heute die buntgescheckte Baumasse des Europa-Parlaments ausbreitet, in einem damals feuchten Wiesengelände, befand sich die Gänsezucht des Marschall Contades. Weil er zuvor Militärgouverneur in der Provinz Périgord gewesen war, woher bekanntlich die besten Trüffeln stammen und wo man schon lange gelernt hatte, den Gänsen eine Fettleber anzumästen – von dort hatte Contades eine Anzahl solcher Gänse nach Straßburg mitgebracht und sie nahe der heutigen Orangerie ausgesetzt, umgeben von einem meterhohen Zaun. Seinerzeit gehörte es zur Bestrafung von frechen Jungen, daß man sie für einige Tage, vielleicht für Wochen als Gänsehüter anstellte. Das geschah des öfteren auch dem jungen Kleber, paßte ihm aber ganz und gar nicht. Weshalb er bei nachtschlafender Zeit die Zäune einriß und die Gänse in den Rheinwald entweichen ließ. Marschall Contades hatte das Nachsehen und beschwerte sich beim Kardinal. Dieser, selber ein Filou ersten Ranges (falls man so respektlos von einem Kirchenfürsten sprechen darf), ließ den Knaben kommen, der des Marschalls Gänse in die Wälder am Rhein entlassen hatte. Kein gewaltiges Donnerwetter entlud sich über Jean Baptiste, ganz im Gegenteil, der Kardinal nahm den bösen Buben in seinen Hofstaat auf.

Besseres konnte dem Jungen nicht geschehen. Kaum sechzehn Jahre alt, erhielt er Unterricht im Reiten, Fechten, Tanzen und Flötenspiel. Weil er gut zu zeichnen verstand, bewilligte ihm Rohan auch dafür eine Lehrkraft. Als sein künftiger Beruf war Architekt vorgesehen. Erst bei diesen Gelegenheiten erlernte Frankreichs künftiger Nationalheld die französische Sprache. Die beherrschte er später allerdings mit all ihren Nuancen, als sei er von Geburt an Franzose gewesen.

Johann Baptiste Kleber muß ein Bild männlicher Schönheit gewesen sein: Sehr groß, mit schlanken Hüften und breiten Schultern, zudem von gewaltiger Muskelkraft. Hellblondes Haar, von Natur gelockt, fiel ihm auf die Schultern. Seine Augen blitzten so blau, als brenne dahinter lebendiges Feuer.

Erotische Abenteuer, Skandale und Affären konnten nicht ausbleiben. Dazu noch sein aufbrausendes Temperament – all das verwickelte den Studiosus Kleber in zahlreiche Duelle. Wobei es der glänzende Fechter, der sichere Pistolenschütze stets darauf anlegte, den Gegner nur leicht zu verwunden, denn es war üblich, schon beim geringsten Blutverlust den Kampf einzustellen. Leider gelang ihm die Absicht in zwei Fällen nicht, da verloren seine Gegner das Leben. Kleber wurde nach geltendem Recht verhaftet und fürs erste in die Festung gebracht. Aber der Kardinal holte ihn bald wieder heraus.

Seine bescheidene Wohnung nahe dem Münster, schräg gegen-

über dem Rohan-Palais, lag gleich neben einer »Möhring« genannten Weinstube, später bekannt als das erste Kaffeehaus in Straßburg. Ein gemütliches Lokal, wo viel studentisches Volk verkehrte. Mit einem der jungen Leute, ebenfalls Studiosus, hat sich Jean Baptiste oft getroffen. Dieser junge Mensch verfaßte Gedichte, und Kleber entwarf dazu passende Zeichnungen. Aber ein Bruder Leichtfuß war dieser angehende Jurist, er vergaß öfter die mit Jean Baptiste getroffenen Verabredungen. Statt dessen ritt er hinaus nach Sesenheim zu einer gewissen Friederike Brion. Goethe hieß er, Wolfgang mit Vornamen.
Das Jahr 1773 verbrachte Kleber in Paris, beim Studium der Architektur. Leider hatte er in Straßburg derart hohe Schulden hinterlassen, daß er sich dort nicht sicher fühlte. So begab sich Kleber von Paris nach Belfort, um sich in dieser ebenfalls elsässischen Stadt mit einem schon bekannten Architekten zu assoziieren. Doch wieder kam es zu einem Duell mit tödlichem Ausgang für den Gegner. Wieder wurde Jean Baptiste verhaftet, und wieder holten ihn einflußreiche Freunde aus der Festung. Kleber, ob er wollte oder nicht, mußte zurück nach Straßburg. Eine nicht mehr ganz junge, dafür kapitalstarke Witwe nahm sich seiner an und bezahlte sämtliche Schulden.
Wie es die Vorsehung fügte, konnte der nun schuldenfreie Kleber zwei altadeligen Studenten aus dem Bayernland behilflich sein, die auf unbeleuchteter Gasse von Räubern überfallen wurden. Dank seiner gewaltigen Körperkraft hieb er die Gauner aufs Pflaster. Zwei Freunde hatte Kleber damit gewonnen. Sie überredeten den angehenden Architekten zum Eintritt in die bayerische Armee, wo der spätere Waffengefährte Napoleons seine militärische Laufbahn begann: ein Liebling der besten Gesellschaft im damaligen München. Seine Lebensführung kann nicht immer als Vorbild dienen, dafür sein Studienfleiß.
Dem jungen Mann selber stiegen die Erfolge zu Kopf. Als François de Cuvilliés, kurfürstlich bayerischer Hofbaumeister, das Zeitliche segnete, bewarb sich der knapp vierundzwanzigjährige Fahnenjunkter direkt beim Kriegsminister um den frei gewordenen Posten. Mit vierzehn Tagen verschärftem Arrest wurde seine »Unverschämtheit« bestraft.

Doch als in diesen Tagen der österreichische General Wenzel von Kaunitz, Sohn des vormaligen Staatskanzlers der Kaiserin Maria Theresia, in München weilte, um Befestigungsanlagen zu studieren, wußte man für ihn keinen besseren Begleiter als den gerade aus strenger Haft entlassenen Fahnenjunker. Der nutzte mit Geschick die günstige Gelegenheit, um dem hohen Besucher seine Entwürfe vorzulegen. Alsbald holte Kaunitz den jungen Mann nach Wien und stellte ihn Joseph III. vor, dem Kaiser von Österreich. Ohne viel Umstände wurde Kleber als Leutnant ins 33. k.u.k. Infanterieregiment aufgenommen. Kaunitz selbst war dessen Kommandeur und ebnete dem Straßburger alle Wege in die Wiener Gesellschaft. Als bald danach die Österreicher in den Bayerischen Erbfolgekrieg hineingezogen wurden, erhielt auch Klebers Regiment den Marschbefehl. Die Kaunitzer marschierten, marschierten und marschierten jeden Tag, kamen aber bei keiner Gelegenheit ins feindliche Feuer.
Dennoch trat dabei die vielleicht größte Begabung des jungen Offiziers in Erscheinung, nämlich sein Organisationstalent. Nichts war auch nur halbwegs vorbereitet worden. Die Transportmittel und Zugtiere, die Kanonen mit Bespannung und Munition, der gesamte Nachschub, alles war während der langen Friedenszeit verschlampt. Eben deswegen stieg in wenigen Wochen der Leutnant Kleber zum Regimentsadjutanten auf. Dank seiner Tatkraft, Weitsicht und Energie soll er wahre Wunder vollbracht haben.
Weil aber Kleber so gern »einen richtigen Krieg« erleben wollte, nahm er 1785 seinen Abschied. Man hatte ihn rasch noch zum Oberleutnant befördert, bot ihm gleich danach eine Hauptmannsstelle an und ließ weitere Beförderungen vor seinen Augen glitzern. Aber langweiliger Garnisonsdienst konnte den quecksilbrigen Mann nicht locken. Zunächst begab er sich wieder nach Straßburg und hatte dort Gelegenheit, im Gefolge des neuen Kardinals Rohan, eines Neffen seines verstorbenen Wohltäters, jene überaus verschwenderischen Festlichkeiten mitzumachen, die Straßburg zur Begrüßung der künftigen Königin Marie Antoinette, gerade erst siebzehn Jahre alt, Tochter der Kaiserin Maria Theresia, veranstaltete.
Kleber, indessen einunddreißig Jahre alt, der keine Offiziersstelle

Jean B. Kleber, General, geboren 1753 in Straßburg, 1800 ermordet in Kairo, Urgroßonkel der zweiten Frau von Gustav Meissner.

in einem kriegsbereiten Heer finden konnte, mußte wohl oder übel seinem eigentlichen Beruf nachgehen, dem Beruf des Architekten. Sein Stiefbruder Martin Bürger verschaffte ihm dazu die Möglichkeit, wieder in Belfort. Es war für Kleber die ruhigste und angenehmste Zeit überhaupt. Seine Schaffenskraft bewährte sich auch im zivilen Beruf. Das neue Rathaus in Belfort stammt von ihm, desgleichen das Hospital, ein Palais für den Prinzen Condé sowie öffentliche Bauten in Thann. Unter seiner Leitung entstanden die Kirchen von Chevremont und Lareviѐre, auch das Damenstift in Marsmünster. In den Archiven von Montbélard liegen bis auf den heutigen Tag zweiundsechzig baufertige Entwürfe von Klebers Hand, die wegen der Französischen Revolution Papier geblieben sind.

Mit dem »Sturm auf die Bastille«, am 14. Juli 1789, beginnt die Französische Revolution. Die totale Umwandlung aller bisherigen Ordnung erleben die Franzosen und Europa in den folgenden Jahren und Jahrzehnten.

Der tüchtige, bisweilen auch leichtsinnige Kleber im provinziellen Belfort läßt sich vorerst nicht stören. Doch dann wird Frankreich von Konfiskationen, Verhaftungen, Vertreibungen und Hinrichtungen heimgesucht. Auch in Straßburg bilden sich Tribunale. Etwa hundertvierzig Köpfe angesehener Bürger rollen übers Schafott. Allenthalben wird eine Nationalgarde aufgestellt, um einigermaßen Ordnung zu halten. Seine Freunde drängen den Architekten Johann Kleber, sich der Nationalgarde anzuschließen. Er hat soldatische Erfahrung. Er muß jetzt mitmachen!

Der Vorsicht halber, um nicht als ehemaliger Offizier im Dienst fremder Fürsten aufzufallen, meldet sich Kleber als einfacher Soldat. Aber so geht das nicht, seine Fähigkeiten werden schon in den ersten Tagen bemerkt. Kleber muß organisieren. Aber wie er das macht, wie es ihm gelingt, aus leeren Kassen die Magazine zu füllen, können seine Untergebenen nicht fassen, seine Vorgesetzten nicht begreifen. Binnen kurzem schafft Kleber alles heran, erst die Pferde, dann die Fuhrwerke, gleich hinterher die Verpflegung, Bekleidung und natürlich alle notwendigen Waffen mit Munition. Vom Grenadier wird er gleich zum Leutnant befördert. Nur ein paar Wochen, da ist Johann B. Kleber schon Oberstleutnant.

Kein Wort aus Paris rührt Kleber. Da kommen nämlich vom Revolutionsrat Befehle zur politischen Säuberung der Nationalgarde. Jeder Division wird ein Politkommissar mit unbeschränkter Vollmacht zugeteilt. Fahrbare Guillotinen rollen heran, um die Todesurteile gleich zu vollstrecken.
Aber nicht, wenn es Kleber verhindern kann. Er warnt gefährdete Leute, verhilft ihnen zur Flucht über die nahe Grenze. Als sein Bataillon für mehrere Monate in Rappoltsweiler stationiert ist, versteckt er die beiden Priester in seinem Quartier. Zwei Kommissare werden eigens zur Beseitigung des »widerspenstigen Offiziers« von Paris nach Rappoltsweiler geschickt. Auf die Guillotine mit Kleber, lautet ihre Anweisung! Seine Freunde warnen ihn, aber Kleber rührt sich nicht vom Fleck. Wie eine Mauer umstehen seine Männer das Quartier ihres Chefs, mit geladenen Gewehren im Anschlag.
Die Kommissare ziehen ab und berichten dem Pariser Obertribunal. Von diesem Tage an steht sein Name auf der Abschußliste, oder wie man es damals ausdrückte: »Kleber ist mit der Guillotine verheiratet.«
Am 24. September 1792 beginnt der Krieg, beginnt jene Folge von Feldzügen, die während der kommenden dreiundzwanzig Jahre nur für relativ kurze Zeit von Waffenstillständen und Friedensverträgen unterbrochen werden.
Es kam so, wie oft bei gewaltsamen Umwälzungen, am Ende fraß die Revolution ihre Kinder. Die jeweiligen Machthaber verurteilten sich gegenseitig zur Guillotine. Nur Johann Baptist Kleber, rasch General geworden, konnte es sich leisten, die Politkommissare und Blutrichter »en canaille« zu behandeln. Er nennt sie vor seinen Soldaten »Schmutzfinken, Rattenschwänze, Galgenvögel, menschlicher Abschaum«.
Jean Baptiste Kléber (um von nun an Frankreichs Nationalhelden so zu schreiben, wie es die Franzosen tun), eilt von einem Sieg zum anderen. Doch Rückschläge bleiben nicht aus. Das Pariser Direktorium macht in jedem Fall die Kommandeure dafür verantwortlich. General Jourdan, General Coustin, dann Kléber selbst werden nach Paris befohlen, als Feiglinge beschimpft und peinlich verhört. Das Todesurteil scheint ihnen sicher, aber ihre Truppen stehen

ganz und gar auf seiten der Angeklagten. Von ihnen droht Meuterei, womöglich der Marsch auf Paris. So werden denn Jourdan, Coustin und Kléber freigesprochen. Kaum jedoch hat sich die Empörung beruhigt, greift man blitzschnell nach Coustin. Bevor sich Widerstand rühren kann, fällt sein Kopf in den Korb.

Als sich die Verhältnisse an der Rhein-Front immer schlechter entwickeln, bleibt dem Direktorium nichts anderes übrig, als ausgerechnet Kléber den Oberbefehl anzubieten. Nur er kann, so glauben die Pariser Machthaber, die Lage noch retten. Er lehnt ab mit einer Begründung, die an Stolz und offenem Spott kaum zu übertreffen ist: »Für ein so hohes Kommando fehlen mir alle Eigenschaften, die dafür notwendig sind. Ich bin nur Soldat. Für diese höchst verantwortliche Aufgabe wird persönliche Größe verlangt und ein von der Natur bevorzugter Mann.«

Ein Wunder geschieht, das vermutlich Frankreich rettet, aber auch das Schreckensregiment um einige Jahre verlängert. Das Wunder geschieht jenseits der Alpen, in Norditalien, und heißt Napoleon Bonaparte.

Frankreichs jüngster General hat in einer Reihe blitzschneller Schlachten die Österreicher so vernichtend besiegt, daß die Wiener Regierung in aller Eile ihre besten Truppen aus dem Rheinland an die wankende Front in Oberitalien verlegt. Klébers Front wird dadurch entlastet. Von dort marschieren kampferprobte Truppen in die Vendée. Als Chef einer Division schickt man auch Kléber gegen die unerschütterlichen Rebellen.

Jean Baptiste Kléber, widerwillig vom Pariser Konvent als Divisionsgeneral in die Vendée geschickt, weil man ohne sein schon sagenhaftes Organisationstalent nicht auskommt, hat fast nur solche Truppen unter sich, die schon früher, im Elsaß und im Rheinland, unter seinem Befehl gestanden haben. Er kann daher Menschlichkeit in diesem schrecklichen Bürgerkrieg durchsetzen. Bei Todesstrafe verbietet er das Plündern, Brennen und Vertreiben der Menschen aus eroberten Ortschaften. Was zur Folge hat, daß auch die Rebellen schonend mit Klébers Leuten verfahren, die sie gefangen nehmen oder verwundet auf einem Schlachtfeld entdekken. Kléber tut das Gegenteil dessen, was ihm aus Paris befohlen wird.

Am 3. September erscheinen gleich drei »Volksrepräsentanten« aus Paris. Sie haben Befehl, Kléber sofort zu verurteilen und zu enthaupten. Seine Pariser Freunde haben ihn gewarnt, aber Kléber denkt nicht an Flucht, an die relativ einfache Flucht über See nach England. Statt dessen stürmt der General ins Quartier der Blutrichter, brüllt sie an und hat dann Mühe, sie vor dem Zorn seiner Soldaten zu bewahren. Alsdann verlangt er seine Entlassung aus dem Militärdienst. Die Machthaber können sich die Hinrichtung eines so beliebten Mannes nicht mehr leisten. Aber statt ihn freizugeben, wie Kléber verlangt hat, schickt man ihn an die Rhein-Front. Weil es dort relativ ruhig ist, organisiert er das Fernmeldewesen. Für diesen Zweck gibt es bei Tage Signalmasten mit beweglichen Armen und bei Nacht Feuerzeichen an den gleichen Masten.
Indessen fügt Napoleon in Oberitalien einen Sieg der französischen Waffen an den anderen. Für die damalige Zeit wird er zum Schlachtengott. So kann er beim Konvent durchsetzen, daß sein phantastischer Plan, nämlich die Aufstellung einer Orientarmee zur Eroberung Ägyptens, genehmigt wird. Kléber wird sein Stellvertreter, zweiter Mann des Unternehmens. Ohne diesen Organisator kann das Unternehmen kaum gelingen. Kléber aber will sich darauf nicht einlassen. Was Napoleon vorhat, ist nicht nur gewaltig, sondern nahezu wahnsinnig. Von einer fehlerfreien Organisation, die lückenlos ineinandergreift, hängt alles ab. Kléber glaubt nicht, daß er dafür die Garantie übernehmen kann. Doch Bonaparte weiß, daß kein anderer Befehlshaber bei den französischen Truppen so beliebt ist wie eben dieser Straßburger. Abgesehen von dessen Organisationstalent, das Napoleon dringend braucht, will er Kléber aus Frankreich entfernen, um den populären Truppenführer unter seiner Aufsicht zu haben. Ohne daß Kléber es ahnt, ist er Bonapartes schärfster Konkurrent. Sollte das ägyptische Abenteuer scheitern, dürfte er Bonapartes Nachfolger werden. Aber nichts dergleichen kann geschehen, solange sich auch Kléber fern der Heimat befindet, unter Bonapartes Kommando.
Es ist unglaublich, was Kléber unter damaligen Verhältnissen vollbracht hat. Geheimhaltung ist zwingendes Gebot. Raffiniert werden feindliche Agenten getäuscht und Transporte auf halbem

Wege umgeleitet. Kléber sorgt für Vorauszahlung der Löhne, für den Unterhalt der Familien. Er stellt einen Stab von Dolmetschern für die arabische, türkische, englische und andere Sprachen zusammen. Er verpflichtet rund siebzig Ägyptologen und andere Gelehrte, die sich in den orientalischen Verhältnissen, in der islamischen Welt auskennen.

Klébers eigene Division besteht aus 4800 Mann, 250 Offizieren, 540 Unteroffizieren und 19 Wäscherinnen. Weiter verfügt er über 800 Pferde und vierzig Geschütze. Insgesamt werden als Streitmacht der Orient-Armee in Toulon und Genua 54 000 Soldaten aller Rangstufen und Waffengattungen, inklusive der Schiffsbesatzung und Seesoldaten auf 363 Schiffe verladen. Nicht weniger als 55 Kriegsschiffe begleiten die Transportflotte. Sie befördert 757 Fahrzeuge über See, insgesamt 171 Kanonen mit 10 000 Pfund Pulver. Außerdem noch die gesamte Verpflegung für 18 Monate. Von ärztlichen Instrumenten und Medikamenten bis hin zum Briefpapier und kleinen Geschenken für die Haremsdamen hat Kléber an alles Wichtige und jede Kleinigkeit gedacht.

Am 1. Juli 1798, mitten im glühend heißen Sommer, ankern die 363 Schiffe der Orient-Armee mit den sie beschützenden 55 Kriegsschiffen im relativ flachen Wasser vor Alexandria, nahe der Mündung des Nils.

Diese rasch gelandeten Truppen nehmen Alexandria, damals wie heute die größte Hafenstadt Ägyptens. Am Sturm ist auch Kléber beteiligt und wird an der Stirn verwundet. Trotz starker Schmerzen organisiert er von Alexandria aus den Nachschub für Napoleon. Fast die gesamte Versorgung wird auf Kamelen befördert, die Kléber auf wunderbare Weise in nur wenigen Tagen beschafft hat. Obwohl die Orient-Armee alle nur denkbare Not leidet, erreicht sie schon am 21. Juli 1798 Kairo und gewinnt die Schlacht bei den Pyramiden. Damit fällt der volkreichste und fruchtbarste Teil Ägyptens in die Hand der Franzosen, bald auch die Meerenge von Suez.

Mit Windeseile fliegt die Nachricht vom Triumph der französischen Waffen, vom großen Sieg der Ungläubigen über die Gläubigen durch alle Länder am Rande Afrikas. Im gesamten Nahen Osten ist die Erschütterung zu spüren.

Aber wenige Tage danach erscheint vor Alexandria eine britische Flotte, angeführt von Admiral Horatio Nelson. So vollständig wie Bonaparte gerade zu Lande gesiegt hat, so total wird in der Seeschlacht von Abukir die französische Flotte vernichtet. Damit ist die Orient-Armee von der Heimat abgeschnitten.

Also muß sich die Armee aus dem Land versorgen, und wie kaum anders zu erwarten, überläßt der Obergeneral Bonaparte diese Aufgabe allein seinem Stellvertreter. Er selber führt die Masse der Truppen nach Syrien und Palästina, weil ihm nun große Gefahr von den Türken droht. Zwar erringt Bonaparte einen Sieg nach dem anderen, jedoch übertreffen die Strapazen alle Vorstellungen. An wasserlosen Brunnen brechen auch die Kamele zusammen, die Transportkarren versinken im Sand. Auf einen wütenden Brief Napoleons, der ihm harte Vorwürfe macht, antwortet der Stellvertreter mit nur wenigen Worten: »General, beim Diktieren Ihres Briefes haben Sie vergessen, daß er an Kléber gerichtet war...«

Die Lage der Orient-Armee wird schlechter von Tag zu Tag. Bonaparte muß zurück, besiegt von der gnadenlosen Natur. Als fast zur gleichen Zeit aus Frankreich die Nachricht eintrifft, daß der Konvent in verschiedene Fraktionen zerfällt, verläßt Bonaparte seine Armee. Auf einem kleinen, schnellen Schiff eilt der Obergeneral zurück nach Frankreich. Er macht sich aus dem Staube, ohne vorher seinen Stellvertreter zu verständigen. Mit wenigen Worten überträgt er ihm das Kommando und wünscht ihm alles Gute.

Was Bonaparte in Paris will, was er sodann mit Geschick und Gewalt durchführt, ist seine »Machtergreifung«. Nicht lange danach ist Napoleon Bonaparte Erster Konsul auf Lebenszeit und macht sich bald zum Kaiser der Franzosen. Es dürfte ihm klar gewesen sein, daß hierbei Kléber nicht mitgespielt hätte.

Doch Kléber besitzt neben seinen schon bekannten Talenten auch großes diplomatisches Geschick. Viel, so war seine Meinung, müsse den Briten daran liegen, daß die Franzosen aus Ägypten verschwänden. Je billiger das zu haben sei, desto eher seien sie zu Entgegenkommen bereit. Falls die Orient-Armee freiwillig den Nahen Osten verließe, könne das auf britischen Schiffen geschehen, war Klébers Vorschlag. Mit allen militärischen Ehren, mit Waffen und wehenden Fahnen, so gaben die Engländer tatsächlich

zu verstehen, solle die Orient-Armee das Land verlassen. Ihre Freunde und Bundesgenossen dürften sie hierbei nach Frankreich mitnehmen. Zuerst aber muß dieser Vertrag noch von der Londoner Regierung bestätigt werden, und das läßt der weiten Entfernung wegen auf sich warten. Indessen marschierten die Türken dem Nil entgegen.
Sie hatten nicht mit Klébers Klugheit im Umgang mit den Einheimischen gerechnet. Er hatte von Anfang an darauf bestanden, die Feiertage des Islam zu achten, die Moscheen zu schützen und den Mullahs höflich zu begegnen. Dieses gute Verhalten hatte ungeahnte Wirkung: Die Orient-Armee konnte sich in allen Teilen des Landes Verpflegung, Transportmittel und andere Notwendigkeiten beschaffen. Zeitweise soll General Kléber über achtzehntausend Lastkamele verfügt haben. Im übrigen hatte er binnen kurzem die völlig zerrüttete Währung des Landes reformiert. Kléber ließ Geldmünzen prägen und Papierscheine drucken. Pünktlich ließ der Obergeneral den Sold an seine Soldaten auszahlen und beglich sogleich alle Rechnungen. Mit Papiergeld, versteht sich. Aber so lange es die Menschen annahmen und ihrerseits damit bezahlen konnten, war das ganz in Ordnung.
Die Masse der türkischen Truppen kam immer näher heran, ohne auf Widerstand zu stoßen. Keiner vermochte zu begreifen, weshalb sich Kléber nicht rührte. Was niemand erwartet hatte, geschah am 20. März des Jahres 1800. Statt hinter den starken Mauern Kairos Widerstand zu leisten, verließ Kléber die Stadt und traf, wie Blitz und Donner aus heiterem Himmel, bei Heliopolis auf die dreifache Übermacht seiner Feinde. Der Gegner wurde geschlagen, danach kehrte die Orient-Armee, jeder einzelne Mann von den Bewohnern wie ein Wundertier bestaunt, in die Stadt zurück.
So erschüttert waren die Mamelucken, so betroffen war selbst der türkische Sultan, daß er dem Sieger nicht nur einen Waffenstillstand anbot, sondern ein regelrechtes Bündnis. Viel hat dazu ein bestimmtes Urteil von Murad Bay, dem obersten Führer der Mamelucken, beigetragen, der vor Kléber gestanden hatte und alsbald dem Sultan schrieb: »Ich habe den schönsten Mann der Christenheit gesehen, ein wahrer Sultan von Kopf bis Fuß.«
Als Stellvertreter Frankreichs und Freund des Sultans sollte Kléber

die Herrschaft über Ägypten ausüben, während sein bisheriger Gegner Murad Bay unter ihm über Oberägypten regieren sollte. Um Klébers Stellung deutlich zu machen, sollte er den klingenden Titel »Vizekönig« führen. Selbstverständlich konnten alle Franzosen im Land bleiben, mußten aber gegenüber den Briten strikte Neutralität bewahren.

Während Kléber nicht so recht weiß, was man in Paris dazu sagen wird, hüllt sich die Londoner Regierung in Schweigen. Aus Frankreich hört man nur, daß Napoleon Bonaparte immer größeren Einfluß gewonnen hat. Sein Konkurrent als »Vizekönig« in Ägypten, das kann Bonaparte nicht gefallen. Wie dem auch sei, Kléber erklärt gelegentlich eines Festbanketts, an dem auch die führenden Mamelucken teilnehmen: »Wir sind hier, um zu bleiben.«

Um das Jahr 1800, als General Kléber Vizekönig von Ägypten ist, herrschen so sichere Verhältnisse wie selten zuvor und später für lange Zeit nicht mehr. Handel und Verkehr blühen. Keine Überfälle auf Handelswege, reibungslos der Verkehr auf dem Nil. Französische Soldaten promenieren unbelästigt mit ägyptischen Damen, auch gemischte Heiraten finden statt und lebhaft ist der gesellige Verkehr. Griechische Freiwillige, syrische Christen und desertierte Matrosen fremder Handelsschiffe, insgesamt etwa fünftausend Mann, in »besonderen Legionen« zusammengefaßt, verstärken Klébers Streitkräfte. Seine großenteils aus Kamelen bestehenden Transportkolonnen befördern alle Tage bis zu sechzig Tonnen Versorgungsgüter.

»Welch schönes Königreich«, ruft er eines Tages bei Tisch, »welch herrlicher Fluß, welch fruchtbares Land!« Bei anderer Gelegenheit führt er weiter aus: »Wenn wir erst die trägen Bewohner zu fleißigem Schaffen erweckt haben, wenn die verschlammten Kanäle wieder glatt passierbar sind, welche Wohltat wird es sein für alle hier lebenden Menschen... also auch für uns! Was sollen wir jetzt in Europa? Hier in Ägypten werden sich Morgenland und Abendland die Hände reichen, wozu wir, die Avantgarde Europas, die Orient-Armee des stolzen Frankreich, den wichtigsten Beitrag leisten!«

Das heutige Shepherd-Hotel, ein vielstöckiger Betonkasten am linken Nil-Ufer, hat trotz seines weltberühmten, fast schon legendären Namens mit dem alten, vor weit mehr als hundert Jahren eröffneten »Shepherd« nichts zu tun. Das erste und auch älteste Nobelhotel des Landes erhob sich, besser gesagt, breitete sich am Esbekije-Platz aus, umgeben von einem blumenreichen Park mit schattigen Fußwegen. Erst nach dem Zweiten Weltkrieg wurde es abgerissen, leider, und an ganz anderer Stelle, wenn auch mit gleichem Namen, ist der Neubau entstanden. Ich habe in beiden Häusern gewohnt, im Frühjahr 1939 in dem alten, so stilvollen, wenn auch leicht angestaubten Hotel. In dessen Garten gab es einen uralten, von Eisenstangen gestützten Olivenbaum, den sogenannten Kléber-Baum. Ich habe ihn noch gesehen und mit Bewegung betrachtet, weil er ja nach meinem Onkel Kléber benannt war.

Während der »französischen Jahre« befand sich nahe dem Esbekije-Platz das Quartier des Obergenerals. Nach einem ausgedehnten Mittagessen schritt er hinüber ins künftige Hauptquartier. Keine Wache, auch kein Adjutant ging vor oder hinter ihm.

Ein dürftig gekleideter Mann näherte sich dem Vizekönig in gebückter Haltung, offenbar in der Absicht, ihm eine Bittschrift zu übergeben. Im Schatten der damals schon uralten Olive geschah es dann. Kléber beugte sich zu dem Mann hinunter, er wollte ihn hochziehen, wie er das in solchen Fällen immer tat. Der aber zog blitzschnell aus seinem Ärmel ein Messer. Dreimal kurz hintereinander stieß er die scharf geschliffene Klinge in Klébers Brust.

Gar nicht lange danach entdeckte man den Mörder. Aufs grausamste wurde der Mann verhört. Dennoch war für seine Tat kein Motiv festzustellen. Doch war ihm Todesurteil und sofortige Hinrichtung sicher.

Der Nachfolger Klébers sorgte für die Einbalsamierung des Leichnams. Die sterblichen Überreste ruhten in einem Bleisarg, und eine Grabstätte nahe den Pyramiden war dafür hergerichtet. Doch einer von Klébers engsten Freunden bestand auf der Mitnahme des Sarges. Sonst würden Grabräuber die Ruhestätte öffnen und schänden. Also beförderte man den tonnenschweren Sarg auf einer von zwölf Pferden gezogenen Lafette nach Alexandria, und dort wurde er verladen.

Aber Napoleon Bonaparte hatte Kléber nicht vergessen und war selbst nach dem Tode sein Widersacher geblieben. Er verbot, den Toten aufs Festland zu bringen, erst recht nicht in seine Heimatstadt Straßburg. Statt dessen schleppte man den Sarg ins dunkle Gewölbe des Château d'If, auf jener durch Alexander Dumas' Roman »Graf von Monte Christo« berühmt gewordenen Insel vor Marseille. Dort, im Fort de la Garde, mußten die sterblichen Reste verschwinden. Immerhin gelang es Klébers Freunden, Denkmäler für ihn zu errichten, am Place de la Victoire in Paris und auf dem Straßburger Truppenübungsplatz Poligon.

Erst im Jahre 1815, nach dem Sturz Napoleons, wurde auf Wunsch der Stadt Straßburg und mit Genehmigung des Bourbonen-Königs Ludwig XVIII. der Kléber-Sarg nach Straßburg befördert. Am 7. Dezember 1818 läuten alle Glocken der alten Stadt, die Geschütze feuern Salut, und begleitet von großem militärischem Gepränge rollt die Lafette mit dem tonnenschweren Sarg zum Münster. Nach feierlichem Hochamt, vom Erzbischof zelebriert, wird, was von Kléber sterblich ist, in der Krypta der Kathedrale bestattet.

Nur für zwanzig Jahre allerdings, dann endlich hat der Bildhauer Philippe Grass das Kléber-Denkmal fertiggestellt. Auf dem bisherigen Place d'Armes, seitdem Kléber-Platz genannt, hat man dafür die Gruft bereitet, und hinein sinkt der Sarg des ehemaligen Vizekönigs von Ägypten.

Aber leider fand er dort noch immer nicht die ewige Ruhe. Zur Schande des Dritten Reiches und seiner nichtswürdigen Machthaber im Elsaß sei es gesagt: im Herbst 1941 wurde die Grabkammer geöffnet. Den weitgereisten Sarg holte man heraus und schaffte ihn wieder zum Poligon genannten Truppenübungsplatz vor den Toren Straßburgs. Dort wurde er tief eingegraben. Immerhin setzte man das ebenfalls vom Kléber-Platz entfernte Denkmal darüber. Aus dem Kléber-Platz wurde für einige Jahre der Karl-Roos-Platz.

Gleich nach dem Krieg hat man das Kléber-Denkmal und den Sarg an die für beide bestimmte Stelle zurückgebracht und natürlich den Platz wieder nach Straßburgs größtem Sohn benannt. Früher, das heißt vor den Kriegen, war der Kléber-Platz eine schöne Anlage mit Platanen, Grünfläche und Ruhebänken. Aber das Verkehrsgewühl im modernen Straßburg verlangte nach einem Parkplatz um das Kléber-Denkmal herum. Schon nach wenigen Jahren reichte auch der nicht mehr aus, eine Tiefgarage mußte her, so lang, so breit und mit so vielen Etagen wie nur möglich! Wer dort hinunterfährt, der kann einen Zementblock von etwa vier mal vier Meter Kantenlänge kaum übersehen. Er reicht hinauf bis zur Decke, denn er muß oben jenes Denkmal stützen, das sich darüber erhebt. In diesem grauweißen Block, nur wenigen Straßburgern bewußt, befindet sich noch heute der ägyptische Sarg mit den Resten des großen Generals, meines guten Onkel Kléber.*

* Der während des Dritten Reiches in Straßburg amtierende, von der deutschen Besatzung eingesetzte Bürgermeister Dr. Robert Ernst hat mir vor seinem Tode mitgeteilt, man habe bei dieser Gelegenheit, und zwar mit sehr viel Mühe, den Sarg geöffnet und zum Erstaunen aller Anwesenden, darunter auch der deutsche Stadtkommandant, war der Körper des Toten nicht zerfallen, sondern habe sich in gutem, sogar erkennbarem Zustand befunden. Er trug volle Uniform mit zweireihigen Orden, auch diese mit allem Zubehör gut erhalten. Aber so viel mir bekannt, gibt es dafür keine aktenkundige Aufzeichnung.

Das Schalottl

Wie »das Weiberl« richtig hieß, wußte keiner in der Familie. Selber schätzte die gute Seele ihre Jahre verschieden ein, wobei es auf fünf mehr oder weniger nicht ankam. Als Geburtsort könnte das Städtchen Thann im westlichen Oberelsaß ungefähr stimmen. Wenn es nicht Thann war, dann eine kleine Ortschaft nahebei im damals noch unerschlossenen Waldgebirge der Vogesen.
Das Schalottl war schon in jüngsten Jahren Waisenkind geworden, die Eltern in den Kriegswirren zugrunde gegangen. Das herumirrende Kind kam auf irgendeine Weise in die Familie Kléber. Eine mitleidige Frau hatte das halbverhungerte Kind unbestimmten Alters zu sich in die eigene Familie geholt. An mehr konnte sich das Schalottl zu keiner Zeit erinnern.
Aus dem Notbehelf wurde ein langes Leben mit den Pflegeeltern, mit deren Kindern und Kindeskindern durch drei, sogar vier Generationen hindurch. Mit der zweiten Frau meines Großvaters Meissner, deren Mutter eine Kléber gewesen war, kam das Schalottl ins Elternhaus meines Vaters, gewissermaßen als Mitgift der Kléber-Familie. Die immer fürsorgliche Frau hat in hohem Alter auch noch meinen Vater betreut. Von der schon schwerhörigen und zahnlosen Greisin hat er mir oft erzählt.
Warum man sie Schalottl nannte, wußte nach so vielen Jahren niemand mehr. Vielleicht war damals der Mutter Kléber als Vorname für das Waisenkind »Charlotte« eingefallen, und auf Elsässerdütsch sagt man Schalottl. Sein ganzes Leben lang blieb Schalottl in der gleichen Familie, gehörte ganz und gar dazu. Es besaß anscheinend keinen Familiennamen, war nie in eine Schule gegangen, konnte weder lesen noch schreiben. Als Kind wurde Schalottl wie eines der anderen Kinder gehalten, wuchs später

Das Schalottl. Aufnahme von 1880.

aber in die Rolle eines Mädchens für alles hinein. War Hilfe in der Küche, im Haus und im Garten nötig, das Schalottl fegte die Stuben, holte Wasser, machte die Wäsche, wickelte die Babies, leerte die Töpfe, säuberte die Fenster und trocknete Tränen. Das und noch vieles andere war so selbstverständlich wie irgend etwas.
Wie mein Vater glaubte, hat Schalottl niemals Lohn bekommen. Sie hätte auch nichts damit anfangen können. Geld war etwas für andere Leute. Aber das fleißige Menschenkind hatte sein täglich Brot, bekam die abgelegten Kleider der Familie und besaß den warmen Platz am Ofen. Sie hatte auch ihr eigenes Bett mit mehreren Wolldecken droben unter dem schrägen Dach. Auch sonst war der gute Hausgeist an allem beteiligt. So hart und bescheiden bis gegen Ende des vorigen Jahrhunderts die schlechte, alte Zeit gewesen ist, allemal konnte man sagen, daß Schalottl gut versorgt war. Was wir heutigentags für wenig halten, ist seinerzeit oft viel gewesen. Dazu noch Geschenke an den üblichen Feiertagen, und natürlich wurde das Schalottl zu Familientagen mitgenommen und saß im Kontatt (Park Contades) auf der Bank, wenn dort im Pavillon die Militärmusik spielte. Weil ihr Geburtstag unbekannt war, hatte irgendwann das Familienhaupt dazu die Jahresmitte, den 21. Juni, bestimmt.
Von Oma Mieze, die ums Jahr 1885 das schon hochbetagte Schalottl in die Meissner-Ehe mitbrachte, habe ich erfahren, daß die bewährte Kraft oft als »Feuerwehr« gebraucht wurde. Schalottl war gewissermaßen für die ganze Familie da, nicht nur für ihre engere Umgebung. War demnächst ein Kind zu erwarten oder ging es mit einem Angehörigen zu Ende, eilte die Gute aus eigenem Antrieb dorthin. Als die von mir sehr geliebte, in ihrer Jugend bildschöne Tante Lou an gebrochenem Herzen litt, weil sie der hochadlige Bräutigam nicht heiraten durfte, als sie dahinsiechte und gar nichts mehr essen wollte, erschien das Schalottl. Und wirklich gelang es ihr, das verlassene Mädchen zu trösten und wieder auf feste Beine zu stellen. Bei eben dieser Gelegenheit entstand das hier abgebildete Foto, für damalige Zeit ein Meisterwerk des technisch begabten Onkels Leibrock. Dem Schalottl aber war das Fotografieren gar nicht recht, sie meinte, anhand eines solchen Bildes könnten schlechte Menschen sie verhexen.

Ein großes Ereignis, sicher das allergrößte in ihrem gesamten Dasein, erlebte das Schalottl zu Anfang der achtziger Jahre, noch zur Regierungszeit des alten Kaisers Wilhelm I. Da erhielt sie für sechzig und noch mehr Jahre treuer Dienste in der gleichen Familie von Ihrer Majestät der Kaiserin eine vergoldete Silberkette mit Kreuz daran.

Wie viele alte Leute besaß das Schalottl ein Langzeitgedächtnis, das bis in die frühen Lebensjahre zurückreichte. Mein Vater und seine zwei Jahre ältere Schwester Henni haben seinerzeit manches aus der Greisin herausgefragt und einiges davon auch mir erzählt.

Da ist vom Rückzug der Großen Armee die Rede. Das Schalottl hatte noch den Durchmarsch von Napoleons »Großer Armee« nach Rußland erlebt. Nicht lange danach waren vor ihren Augen die geringen Reste dieser Armee vorbeigezogen. Ein unvergeßlich trauriges Bild. Halb verhungert, nur mit Fetzen bekleidet waren die Soldaten, viele humpelten an Krücken oder waren verwundet. Das Waisenkind von anno dazumal konnte sogar die abgetragenen Uniformen beschreiben, die Säbel der Dragoner, die Helmschweife der Kürassiere. Manche der Männer kamen nicht mehr weiter, sondern krochen in Scheunen, wo sie auf die Hilfe barmherziger Menschen hofften. Verletzte mit eiternden Wunden lagen vor der Kirche, Klosterschwestern kümmerten sich um ihre Pflege.

Schalottl war am Ende ihres Lebens 85 oder auch 90 Jahre alt. Sie wäre demnach beim Auf- und Rückmarsch der »Großen Armee« zwischen neun und vierzehn Jahre alt gewesen. Es liegt ja manches historische Ereignis gar nicht so weit zurück, wie man das oft meint. Ein Bindeglied genügt, ein hochbetagter Mensch, der jüngeren Leuten davon berichtet, um zwei, vielleicht sogar drei Generationen zu überbrücken. Als mein Vater und seine Schwester von ihr diese Geschichte aus dem Jahr 1813 vernahmen, konnte sie kaum noch ihren Ohrenstuhl am Ofen verlassen, strickte aber mit fast blinden Augen noch an Winterstrümpfen für eines der Kinder.

Eines Abends war es soweit. Als Mutter Meissner glaubte, es sei endlich Zeit fürs Schalottl, nach oben ins Bett zu gehen, und ihr den Stock reichte, ohne den das Weiberl nicht mehr die Stiege hinaufkam, da war sie schon für immer fortgegangen. Sie habe sehr gefehlt, versicherte mir mein Vater noch Jahrzehnte später. Die Lücke sei lange fühlbar geblieben, so sehr habe Schalottl zum Leben eines jeden in der Familie gehört.

Wer so anfängt, bringt's noch weit!

Vaters bester Freund war der »Buschecharles«, Charles Busch geschrieben oder besser noch Karl Busch. Der war ein sogenannter Franzekopp, weil seine Eltern und er selbst so taten, als könnten sie Französisch. Im besten Falle gelang ihnen aber nur ein Gemisch von Elsässerdütsch mit Brocken von der anderen Vogesenseite. Doch genügte es als Protest gegen alles, was aus dem Schwoweland kam. In jenen Jahren, als mein Vater und sein Freund gemeinsam allen möglichen Unfug trieben, lag die Franzosenzeit noch gar nicht lange zurück. Die meisten Altelsässer hatten sie noch frisch im Gedächtnis. Der Vater vom »Buschecharles« war unter Napoleon III. ins Feld gezogen, in den roten Hosen der französischen Infanterie. Meines Vaters Vater hingegen hatte als braver Preuße beim Sturm auf die Spicherer Höhen mitgemacht. Jedoch spielte so etwas unter Buben gleichen Alters, die gerade um die Ecke wohnten, keine Rolle. Sie hielten zusammen, das ergab sich ganz von selbst zwischen Franzekopp und Schwoweknäckes.

Davon abgesehen war der Buschecharles ein Schlimmer. Hätte der strenge Opa Meissner alles gewußt, sicher wäre seinem Sohn Otto der Umgang mit dem bösen Buben verboten worden, denn ihm war mustergültiges Verhalten vorgeschrieben. Wie die beiden, der Charles und der Otto, einem mißliebigen Jungen der Nachbarschaft heimlich ins Bier, das er seinem Vater bringen sollte, einen Pferdeapfel schoben, gehört zu den besten Geschichten aus jener lang vergangenen Zeit. Der Unschuldige hat vielleicht Keile von seinem Alten bekommen! Der war Lokomotivführer von Beruf und hatte nach harter Arbeit die Gewohnheit, sich am kühlen Bier zu erfrischen. Der Sohn mußte es ihm aus einer nahegelegenen Wirtschaft holen. Bei dieser Gelegenheit war es Otto und Charles

Das Wohnhaus der Großeltern Meissner von 1889 bis 1919 am Contades Park in Straßburg. Gemalt hat es Anton Daubner von seiner gegenüberliegenden Wohnung durchs Balkongitter. Die Meissners, mit ihren sechs Kindern und dem Schalottl, wohnten im Parterre.

gelungen, den Deckel zu lüften und den Apfel einzubringen. Wie nun der durstige Vater zu trinken begann, rollte ihm das unappetitliche Ding vor die Lippen. Im Tonkrug mit dem Deckel war ja der Roßapfel vorher nicht zu sehen gewesen. Das hatten sich Otto und Buschecharles gut überlegt. Mit Vergnügen hörten sich beide von draußen an, wie der gemeinsame Feind von seinem Vater verdroschen wurde.

Bei dunkler Nacht bestiegen die Freunde den Wasserturm an der Ringstraße und schifften von droben in den Tank. Die feine elsässische Art war es wohl nicht. Doch die schnöde Tat blieb unbemerkt, denn die Verdünnung war zu stark. Als die erste elektrische Straßenbeleuchtung der Stadt auf dem Bahnhofsplatz entflammt wurde, was damals eine Sensation gewesen ist, haben mein etwa zehnjähriger Vater und der Buschecharles mit Katapulten hineingeschossen, und klirrend fielen die Scheiben zu Boden. Das meldeten die »Straßburger Neuesten Nachrichten« mit empörtem Kommentar. Am Ende hieß es, man sei den Übeltätern auf der Spur. Nicht gering war die Angst beim Buschecharles und dem Meissner Otto. Was im Falle einer Entdeckung die Väter mit ihnen gemacht hätten, in jenen Zeiten des sausenden Rohrstockes, war kaum auszudenken.

Vom Elternhaus meines Vaters am Schiltigheimer Ring (Boulevard Clemenceau) gegenüber der Nordwestecke des Contades Parc (allgemein Kontatt genannt), besitze ich noch ein recht gutes Bild, ein um 1890 entstandenes Gemälde von Anton Daubner. Es ist deswegen originell, weil man durchs Balkongeländer des Malers schaut. Freund Daubner hat die Ansicht von seiner Wohnung aus gemalt, die meinen Großeltern schräg gegenüber lag. Man sieht auf dem Bild das heute noch stehende Eckhaus der Großeltern, die Promenade wie auch den Musikpavillon im Contades. Im Hintergrund ragt die Silhouette des Straßburger Münsters auf. Das Gemälde war ein Geschenk des Malers an meinen Großvater.

Kein Sohn hat es gern, wenn sein Vater immer und überall der Beste ist. Viele Eltern behaupten, sie seien stets prima gewesen. Pädagogische Gründe bewegen sie zu dem schamlosen Schwindel. Es gehörte in meiner Schulzeit noch zum elterlichen Repertoire. Als leuchtendes Beispiel wollten sie dem Nachwuchs erscheinen,

Im Blauen Rock: Großvater Gustav Meissner, Major d. R. der Landwehr, Leutnant Dr. Otto Meissner (rechts). Sein Bruder Erich Meissner, zur Zeit Einjährig-Freiwilliger, und (ganz in Weiß) Hans-Otto Meissner. Aufgenommen 1911.

aber nicht immer fanden sie den rechten Glauben. Doch, was meinen Vater betrifft, ist es wirklich so gewesen. Weil wir im Abstand von dreißig Jahren die gleiche Schule besuchten und noch manche Lehrer dieselben waren, bekam ich es oft genug zu hören. Als beispielhafter Alleskönner wurde mir der Vater hingestellt, als Primus in jedem Jahrgang. Der Schüler mit dem weitaus besten Gedächtnis sollte er gewesen sein, sogar Vorturner bei sämtlichen Freiübungen á la Turnvater Jahn.

Außerdem konnte er, so wurde ihm nachgerühmt, die ganze »Kaiserschnurre« herunterrasseln, ohne sich jemals zu verhaspeln. Das war die Folge sämtlicher Kaiser des Deutschen Reiches von Karl dem Großen, im Jahre 800 gekrönt, bis zu Kaiser Wilhelm II., der 1888 den Thron bestieg. Die Regierungszeit eines jeden Monarchen mußte man wissen, das Geburtsjahr natürlich auch. Wer die *Schnurre* beherrschte und zeitlebens nicht vergaß, konnte, ähnlich wie in einem Gerüst, alle wichtigen historischen Ereignisse darin aufhängen.

Sehr hilfsbereit war der Otto zu Hause, freundlich sogar zu seinen Schwestern, überdies unbezahlter Privatlehrer seines um zwölf Jahre jüngeren Bruders Erich. Gewiß war, so erschien es allen Freunden und Angehörigen, daß er mal was werden würde. Als Vater nach seinem Abitur unverzüglich den Militärdienst hinter sich gebracht hatte, erlebte Opa Meissner einen seiner größten Tage.

Da nämlich erschien sein Ältester als leibhaftiger Leutnant in der damals so kleidsamen Uniform am Mittagstisch. Der alte Herr erhob sich vor dem eigenen Sohn: »Gott segne dich, Kamerad!«, sagte er und drückte ihm die Hand.

Der Sohn des Beamten wurde Beamter, ein absolut klarer Fall. Weil sich der Vater im Mittleren Dienst befand, sollte der Sohn weiterkommen, das heißt, in die Höhere Laufbahn gelangen. Zwei bis drei Generationen waren im besten Fall erforderlich, um vom Einfachen Dienst über den Gehobenen in den Hohen zu gelangen. Der Weg dorthin führte, weit mehr als heute, über das juristische Studium, und natürlich gehörte dazu der Dr. jur.

Ein Stipendium für Begabte war damals eine Seltenheit. Alles, was zur beruflichen Ausbildung gehörte, mußte vom »Azubi« oder seinem Vater bezahlt werden. Sogar die Handwerksmeister erhielten einen bestimmten Geldbetrag für ihre Bemühungen um den Lehrling.

Das Mädchen von der Hohkönigsburg

Als meine Mutter siebzehn war, erlebte sie die bedeutendste Stunde ihrer Jugend. Es geschah in Rappoltsweiler am Rand der Vogesen, einer von Mauern umgebenen, mittelalterlichen Stadt knapp vierzig Kilometer südlich von Straßburg. Auf modernen Karten liest man Ribeauvillé, was aber nichts an der bis in die Römerzeit reichende Geschichte ändert. Die Rappoltsweiler selber sagen »Rapperschwihr« und lassen sich das von niemandem nehmen.

Dort war mein Großvater Roos Leiter des Kaiserlichen Zollamtes. Meine Großmutter Cäcilie, geborene Saas aus Altmünsterol, hatte ihm drei Töchter geschenkt, von denen der Opa nicht selten sagte, er hätte jede von ihnen gern für einen Buben getauscht. Grober Undank, denn alle waren bildhübsche Mädchen, folgsam, fleißig und wohlerzogen.

Was mit den armen Dingern alles angestellt wurde, um aus ihnen junge Damen zu machen, ist kaum zu glauben. Schon ein Bruchteil davon würde heute jedes Mädchen aus dem Elternhaus vertreiben. Auch meine Mutter hat es mit allen Details und empörten Ausrufungszeichen in Tagebüchern festgehalten. Sechs Bände sind es am Ende geworden, die vom frühen Backfisch bis zum Hochzeitstag reichen, wo sodann eine neue, nicht mehr so detaillierte Serie begann. Um aus dem ersten Band nur wenige abschreckende Beispiele zu nennen: Es wurde unter anderem das gewandte und graziöse, vor allem damenhafte Besteigen einer Kutsche geübt. Ja, man könnte sagen, es wurde exerziert wie soldatischer Drill auf dem Kasernenhof.

Weil Großvater Roos, der Chef einer langen Zollgrenze im wilden Vogesen-Wald, weite Fahrten unternehmen mußte, stand ihm ein

Großvater Adolf Roos, Oberzollinspektor mit Tochter Hildegard (14) in seinem Dienstwagen, 1904/05. Diedenhofen (Elsaß).

Ein-PS-Dienstwagen zur Verfügung, eine von einem Pferd gezogene Kutsche mit dazugehörigem Kutscher. Zum Zwecke der Ausbildung seiner Töchter ließ der treusorgende Vater die Kutsche auf den Hof stellen, ohne Pferd und Pferdepfleger, versteht sich. Alle drei Mädchen mußten antreten. Von Kopf bis Fuß so gekleidet, wie es sich für eine Ausfahrt gehörte. Die kritischen Blicke der Mutter prüften jede Einzelheit, von den blankgeputzten Stiefeletten bis zu den blaßblauen Blumen auf dem breitrandigen Hut. Auf die richtige Länge des Rockes kam es an, ebenso auf den Faltenwurf wie den passenden Sitz der hochgeknöpften Bluse. Nicht zu vergessen die langen Handschuhe sowie die lässig am linken Arm hängende Tasche, möglicherweise ersetzt durch den modischen Pompadour. Wichtig auch die geziemende Haltung des Sonnenschirms.

Auf Mutters Wink kam zuerst Cilly an die Reihe, sie war knapp drei Jahre älter als die dunkelhaarige Else. Erst zuletzt kam meine Mutter dran, die Jüngste im Dreimäderlhaus. Auf vieles mußten die Mädchen achten, und alles zur gleichen Zeit: das Zurückwerfen und leichte Anheben des Rockes, sowie die korrekte Haltung, wenn sie mit leicht geneigtem Kopf und festem Tritt ins Fahrzeug stiegen, besser gesagt, einschwebten. Wesentlich war unter anderem ein leichtes, elegantes, jedoch keinesfalls provozierendes Drehen des Sonnenschirms. Wiederholung folgte auf Wiederholung, so ging es stundenlang, zweimal, dreimal in der Woche. Jede Regung und Bewegung wurde durchgespielt. Widerspruch war unmöglich, auch nur den Ansatz dazu hätte ein Donnerwetter des gestrengen Vaters im Keime erstickt.

Eine Dame lehnt sich nicht an, bei keiner Gelegenheit, und sei sie noch so erschöpft! Weder in der Kutsche noch in der Eisenbahn, weder im Theater und im Konzert, noch bei guten Freunden am Kaffeetisch. Jede Art von Zurücklehnen galt als Verstoß gegen die guten Sitten. Dennoch haben mir alte Damen glaubhaft versichert, sie hätten sich daran gewöhnt.

Weiter wurde geübt, wie man als »höhere Tochter« einen Gruß erwidert, was ganz davon abhing, wer zu grüßen oder wiederzugrüßen war. Herr oder Dame, das Alter, Stellung und Ansehen spielte eine Rolle. Nicht zu viel Respekt, auch nicht zu wenig. Für junge Männer nur ein leichtes, knapp liebenswürdiges Lächeln, das konnte und durfte man. Hatte aber jemand einen schlechten Ruf, wurde sein Gruß ignoriert. Das Auftreten in Gesellschaft, die Begleitung der Eltern auf dem Kirchgang, der Besuch bei Freunden und Verwandten, das alles waren Unternehmen, die beizeiten einer gründlichen Ausbildung bedurften.

Dabei geht mir ein lang schon vergessenes Wort durch den Kopf, das »Dekorum« heißt. Sehr wichtig war es in vieler Hinsicht, das Dekorum zu wahren: Ein heute kaum noch zu definierender, aber seinerzeit bedeutender Begriff. Nur unvollständig läßt es sich mit gediegenem Auftreten, mit würdigem Betragen, mit honorigem Verhalten erklären. Es galt im besonderen für Staatsdiener und Soldaten, gleich welcher Rangstufe. Mehr noch von Damen als von Herren war die »Contenance« zu bewahren, in unseren Tagen noch weniger begreiflich als Dekorum. Ein Beispiel kann es erläutern: Als eine Schar junger Mädchen aus exklusivem Pensionat unter Führung der Gouvernante irgendwo ein herrliches Bild erblickte und deshalb die jungen Dinger in Rufe der Bewunderung ausbrachen, warnte die Meisterin der guten Sitten: »Contenance, meine Damen, ich bitte um Contenance!« Mit anderen Worten, man durfte der hellen Freude und Begeisterung keinen deutlichen Ausdruck geben. Das hatte nur halblaut zu geschehen, nicht über die Hörweite der eigenen Gruppe hinaus. Erst recht verpönt war es, in die Hände zu klatschen, in die Höhe zu hüpfen oder lauthals zu lachen. »Exaltiertes Benehmen« nannte man das, und besorgte Mütter warnten ihre Töchter, wenn sie sich so vorbeibenähmen, würden sie keinen Mann bekommen. Eine Warnung war das, die ihre Wirkung nicht verfehlte. Denn es galt seinerzeit als das schlimmste Schicksal eines jeden weiblichen Wesens, unverheiratet zu sein und zu bleiben.

Von allem, was die heranwachsende Jugend heute wissen darf, selbstverständlich auch wissen muß, davon sollten seinerzeit die Töchter nichts erfahren. Vielfach erfolgte die Aufklärung erst in der Hochzeitsnacht. Alle Briefe, die eine Tochter bekam oder schrieb, wurden von der Mutter oder vom Pensionat geprüft und gegebenenfalls einbehalten. Als Besucher im Haus und als Begleiter beim Ausgang waren nur solche Herren zugelassen, deren Anstand wie Herkunft die Eltern voll befriedigten. Wie peinlich, ja mitunter wie gefährlich auch für die Männer! Sie mußten stets befürchten, als Heiratskandidaten angesehen zu werden. Ein jeder von den »Zugelassenen« mußte höllisch aufpassen, daß die energische Mutter bei entsprechender Gelegenheit nicht einen »zusammenklappbaren Traualtar« aus der Tasche zog. Ich selbst denke noch an die Mutter eines reizenden Mädchens zurück, die versonnen den Mendelssohnschen Hochzeitsmarsch vor sich hinsummte, wenn ich die lächelnde Anneliese nach ausgedehntem Spaziergang wieder nach Hause brachte.

Doch auch in jener schlechten, alten Zeit hätten die jungen Mädchen und Männer nicht das Salz in der Suppe verdient, wären sie außerstande gewesen, einander heimlich zu treffen und der Briefzensur zu entgehen. So entnehme ich dem seinerzeit hermetisch verschlossenen Tagebuch meiner Mutter, daß man auch in der Nähe von Rappoltsweiler Briefkästen in hohlen Bäumen kannte, getarnte Namen von romantischem Klang führte und Redensarten von doppelter Bedeutung gebrauchte. Freundliche Angestellte leisteten Botendienste, öffneten heimlich die Haustür, wenn zu nachtschlafender Zeit jemand hinaus wollte oder wieder herein. Vor dem Aufkommen elektrischer Lampen konnten junge Leute die Straßen unerkannt passieren.

Außerdem gab es die »Briefmarkensprache«. Weil man wußte, daß Mütter, Gouvernanten und Stiftsdamen die Post kontrollierten, wurde der Inhalt so harmlos wie möglich gehalten. Was wichtig war, das besagten die Briefmarken auf dem Umschlag. Die schräg gestellte, die nach rechts oder links geneigte Marke, das allein schon ließ ein Mädchen erröten. Mit drei oder vier Marken, auf die eine oder andere Weise geklebt, konnte man sich über noch viel mehr verständigen. War oben links der kleine Zacken abgeschnitten, hieß das »bitte abziehen«. Es war nämlich unter der Marke in winzig kleinen Buchstaben ein geheimer Text verborgen.

All diese Weisheiten habe ich dem Tagebuch meiner Mutter entnommen. Noch viel mehr ergibt sich aus dem wahrhaft klugen Buch. Zum Beispiel ein paar Dutzend Kürzel, wie beispielsweise ts, qui-f, gyn, ev, tv und noch viele andere. Sie stehen für bestimmte Begriffe, die damals »in« waren. Aber nur von den ersten beiden konnte ich erfahren, was sie bedeuten: ts hieß tadellos und qui-f stand für quietschfidel.

Die drei Grazien aus dem Hause Roos, die Cilly, Else und Hildegard, waren mit dem Unterricht in der Höheren Mädchenschule von Rappoltsweiler nicht ausgelastet, jedenfalls nach Ansicht ihrer Eltern nicht. Dazu kamen ihre Ausbildung in guter Küche, die eingehende Beschäftigung mit der deutschen und französischen Kultur, nicht zu vergessen die englische Sprache. Klavierspielen war selbstverständlich, und gesungen wurde im Familienkreis. Dazu mußten sich die nimmermüden Mädchen noch mit einer Menge von Kleinkram befassen. Sie waren von früh bis spät in Bewegung, Gestaltung der Freizeit nach eigenen Wünschen kam nicht in Frage. Aber dennoch und trotz alledem haben alle drei sich gut amüsiert.

Die Hohkönigsburg bei Schlettstadt, oberhalb von Rappoltsweiler.

Sicher klingt es maßlos übertrieben, wenn ich ohne weiteres behaupte, daß Hildegard eines der schönsten Mädchen gewesen ist, das jemals im Reichsland gelebt hat. Die später beigefügten Bilder lassen es erkennen, trotz der für heutige Begriffe unmöglichen Kleider und entstellenden Frisuren.
Die Hohkönigsburg, die schon vor ungefähr tausend Jahren auf den Resten eines römischen Castells errichtet wurde, lag nahe Rappoltsweiler hoch in den Bergen. Heute ist sie die größte Sehenswürdigkeit der ganzen Gegend. Vom glanzvollen Kaisergeschlecht der Hohenstaufen gelangte das Bauwerk in die Hände übler Raubritter. Vom erbosten Volk belagert und zerstört, wurde das rauchgeschwärzte Gemäuer von den Habsburgern noch machtvoller als zuvor aufgebaut. Im Dreißigjährigen Krieg erlebte die trutzige Feste jedoch abermals Brand und Zerstörung, diesmal waren die schlimmen Schweden daran schuld. Bis zum Anfang unseres Jahrhunderts blieben die traurigen Ruinen dem Verfall überlassen. Sodann machte sich zum drittenmal ein Kaiser um den Wiederaufbau verdient. Dem Vernehmen nach erhielt Wilhelm II. die Burg von den Bürgern von Schlettstatt geschenkt. Die Rekonstruktion nach Plänen des damals besten Burgenkenners, des Professors Bodo Ebhardt, bezahlten das Reich und das Reichsland gemeinsam. Dann überließ der Kaiser die Burg mit Berg dem elsässischen Volk. Dem gehört sie auf dem Papier noch heute und steht zur Besichtigung frei.
In jenem Jahr, das so unvergeßlich für meine Mutter geworden ist, um 1905, war der Wiederaufbau noch längst nicht abgeschlossen, und die Pläne des berühmten Ebhardt waren recht umstritten. So gewaltig die Umrisse der Mauern und Türme auch wirkten, namhafte Experten meinten, daß der Neubau nicht dem Urbau entspreche. Davon wollte sich der einigermaßen kunstverständige, historisch gebildete Monarch selbst überzeugen. Immerhin waren die mächtigen Außenmauern, der hohe Bergfried und der weite Burghof schon komplett.
Den Tag des Besuches hatte Seine Majestät bereits bestimmt, konnte aber wegen anderer wichtiger Termine nur wenige Stunden bleiben. Im übrigen hat sich bei dieser wie auch bei anderer Gelegenheit die (fast) völlig freie Presse darüber beklagt, daß die

Kaiserlichen Automobile mit der lebensbedrohenden Geschwindigkeit von schätzungsweise achtzig Stundenkilometer über die Landstraße gerast sind, mit lautem Gedonner, und eine schreckliche Staubwolke hinter sich lassend.
Alles und jedes wurde von langer Hand für den hohen Besuch vorbereitet, auch der Ehrentrunk, der nach altem Brauch dem hohen Gast gereicht werden sollte. So machten Fotografien der jüngsten Tochter Roos die Runde, in Straßburg beugten sich würdige Herren über das Bild meiner Mutter. Als ganz am Ende des Instanzenweges der Reichsstatthalter, Fürst Herrmann von Hohenlohe-Langenburg, das Meisterwerk des Rappoltsweiler Fotografen Franz Tschira besah, fiel die Entscheidung. Des Zollrevisors blondgelockte Tochter war die Schönste im ganzen Land, dazu noch tugendhaft und wohlerzogen. Hildegard Roos, im Familienkreis »Huppelchen« genannt, sollte Seiner Majestät den Pokal reichen, mit Edelzwicker gefüllt, natürlich dem edelsten von allen Zwickern.
Die Aufregung im Hause Roos war grenzenlos, und tagelang wirbelten alle Familienmitglieder durcheinander, die Köchin und der Kutscher eingeschlossen. Nachbarn wußten sich vor Neid kaum zu fassen, die anderen Mädchen in der Schule überschütteten Hildegard entweder mit sprudelnden Glückwünschen oder mit tiefempfundener Mißgunst. Es fehlte nicht viel, da hätte sich der Vater eingebildet, man habe ihn um zwei Stufen hinaufbefördert.
Alles war vorbedacht, die Fahnen, Girlanden, Ehrengarden, Böllerschüsse, Trommelwirbel und Trompetenstöße. Neu für die Rapperschwihler war der Anblick eines guten Dutzends jener hochbordigen, feinlackierten, leicht schwankenden Automobile, die Seine Majestät nebst Gefolge schnaufend, puffend, ratternd, aber zuverlässig den Berg hinauf zur Burg beförderten.
Vor dem großen Portal flankierten beiderseits geharnischte Ritter die hochgetürmten Mauern. Aus dem Fundus des Straßburger Stadttheaters stammten die Rüstungen. Sie waren aus Pappmachée gefertigt. Darin steckten Studenten der kaisertreuen Verbindungen wie zum Beispiel der Burschenschaft »Germania«. Toll sah der Erstchargierte aus, ein überdurchschnittlich großer Mensch in

einer martialisch wirkenden, stahlblau gefärbten Rüstung. Ein breites Schwert, aus Holz vermutlich, hing an seiner linken Seite, in der Rechten hielt er einen langen, scheinbar scharf geschliffenen Speer. Auch der war nur ein geschickt bemaltes Bambusrohr. Weil sich der junge Mann bei allzu vieler Nachtarbeit die Augen verdorben hatte, trug er für gewöhnlich einen Kneifer. So war es Mode bei Studenten jener Zeit, besonders bei Juristen, die auch später in Amt und Würden beim sogenannten Zwicker blieben. Weil aber eine randlose Brille zum gewappneten Ritter gar nicht paßte, erst recht nicht in den Hof einer mittelalterlichen Burg, versenkte sie der Student, als man das allein dem Kaiser vorbehaltene Signal hörte, halb in die Tasche seiner falschen Rüstung. Als wenig später ein ausnehmend hübsches Mädchen erschien, ein Burgfräulein sozusagen, mit dem Ehrentrunk für den Kaiser, holte der Student seinen Kneifer wieder heraus, weil er meinte, das lohne sich.

Da krachten die Böller, schmetterten Fanfaren, und alle Kinder schwenkten schwarz-weiß-rote Fähnchen. Ehrenposten präsentierten, die Offiziere salutierten. Die Automobile rollten heran, die Türen wurden aufgerissen, die höchsten Herrschaften des Reiches stiegen aus.

Der größte Augenblick im bisherigen Leben meiner Mutter war gekommen. Des Kaisers Majestät erblickte sie, als Burgfräulein gekleidet, unmittelbar vor sich. Unzählige Male war geübt worden, was sie zu tun hatte. Der tiefe Knicks und das leuchtende Lächeln. Mit beiden Händen reichte sie Wilhelm II. den Kelch: »Willkommen auf der Hohkönigsburg, Kaiserliche und Königliche Majestät.« Wilhelm griff zu, begnügte sich jedoch, wie das üblich war, mit einem knappen Schluck, ließ sich gleich danach das Glas von irgend jemandem abnehmen und sagte: »Danke, mein Kind.« Gleich danach schaute er sich nochmals um: »Vielen Dank, mein schönes Kind.«

Wie es der Zufall mit sich brachte, waren des Kaisers nächste Worte an den schon erwähnten Studenten gerichtet: »Sieht aber komisch aus, so'n Zwicker in der Ritterrüstung!«

Dann sogleich wurden S. M. von einer Wolke wichtigtuender Würdenträger ins Labyrinth der Hohkönigsburg geführt. Vergessen, so scheint es, hatte man den Kronprinzen. Seinem Vater war er gefolgt, stand aber unversehens vor dem Burgfräulein. Wie allen Zeitgenossen bekannt, war Kronprinz Wilhelm schon in frühen Jahren ein leidenschaftlicher Freund der Frauen, je jünger, desto besser. Wie man sagt, hatte er keine Hemmung, auch eine nur flüchtige Begegnung so rasch wie möglich zu vertiefen.

Was er meiner Mutter sagte, hat sie nicht berichtet, Nie zuvor war sie einem Frauenhelden begegnet. Statt jeder Antwort ergriff sie die Flucht.

Wenige Schritte rückwärts eilend prallte sie gegen einen Ritter, und der legte gleich seinen schützenden Arm um ihre Schultern. Eine Sekunde nur, da war es schon vorbei. Die Eltern Roos liefen hinzu, rasch hinweg und hinein in Vaters Kutsche, zurück ins sichere Elternhaus. Dennoch hatte diese kurze Begegnung weitreichende Folgen. Eine geschickte Regie des Studenten machte weitere Begegnungen möglich. Was letzten Endes dazu geführt hat, daß ich vorhanden bin.

Zwanzig oder noch mehr Jahre waren seit jenem Ereignis über Rappoltsweiler vergangen, als meine Eltern wieder einmal den sogenannten Cäcilien-Ball im Berliner Hotel Esplanade besuchten. Regelmäßig erschien dort auch der ehemalige Kronprinz, da seine Gattin dieses Wohltätigkeitsfest organisierte. Da kam plötzlich der hochgewachsene, längst schon weißhaarig gewordene, aber noch immer blendend aussehende Kronprinz durch die Menge auf meine Mutter zu. Ungläubig blieb er vor ihr stehen: »Tatsächlich, das Mädchen von der Hohkönigsburg!«

Germania sei's Panier
Eine schlagende Verbindung

Zu dieser Zeit gehörte noch die Verbindung dazu! Waren auch manche der studentischen Verbindungen drei bis vier Jahrhunderte alt, so hatte das Verbindungswesen doch seine besondere Gestalt erst Anfang des vorigen Jahrhunderts gewonnen. Empfehlenswert war es damals und nützlich, daß man einer Verbindung angehörte, einem Corps, einer Burschenschaft, einer Landsmannschaft usw. Sie konnte »schlagend« sein oder »nichtschlagend«, je nachdem, ob Mensuren mit dem Schläger ausgefochten wurden oder nicht. Nach Meinung der meisten Angehörigen der oberen Schichten, vor allem der Akademiker, machten erst Schmisse den rechten Mann. Besonders waren damit sogenannte Durchzieher gemeint, die lebenslang deutlich sichtbare Spuren auf der Wange hinterließen. Sie galten als Beweis besonderer Tapferkeit. Wer da glaubt, ein bestimmtes Duell sei unglücklich verlaufen, weil offenbar der Schmißträger dabei der Unterlegene gewesen wäre, kennt nicht die Mentalität bei schlagenden Verbindungen. Denn oft haben es die Kontrahenten darauf angelegt, einen Durchzieher zu empfangen. Wer »abgestochen« wurde, stand des öfteren im vorhinein fest. Sogenannte Bestimmungsmensuren mußte jeder austragen. Darüber hinaus bot jede, auch die kleinste Kränkung willkommenen Anlaß, den anderen zu fordern. Nur mußte der »satisfaktionsfähig« sein, das heißt, selber einer schlagenden Verbindung angehören. Natürlich zählten auch alle Offiziere und Reserveoffiziere zum Kreise der Satisfaktionsfähigen, desgleichen sämtliche Akademiker, ebenso die höheren Beamten, wie überhaupt jeder gebildete Mensch, falls er bereit war, sich zu schlagen. Die Studenten schlagender Verbindungen kannten als Waffe nur den scharf geschliffenen Schläger und übten fleißig damit auf den

Die Chargierten der Straßburger Burschenschaft Germania in vollem Wichs, ganz rechts Erich Meissner.

Paukböden. Allerdings waren die Augen und Schlagadern, Hals und Herz, überhaupt alle lebenswichtigen Teile beider Duellanten geschützt. Wenn bisweilen auch schwere Verletzungen vorkamen, Todesfälle waren überaus selten. Als bevorzugte Ziele galten Kopf und Schädel, vor allem die linke Wange. Der übrige Körper war kein Ziel.

Blut durfte und sollte fließen, ohne irgendeine Verletzung ging es bei Schlägermensuren kaum. Schmisse waren erwünscht, nicht nur als bleibender Beweis persönlichen Mutes, mehr noch als Zeichen männlicher Schönheit. Dieser Ansicht waren damals auch die Frauen und Mädchen. Um Schmisse zu erhalten, hielt gar mancher dem Gegner buchstäblich die Backe hin, auch wenn danach die eine Hälfte herunterklaffte. Der stets anwesende Arzt hatte auf eine Betäubung zu verzichten. Alle notwendigen Stiche mußte der Patient in stoischer Ruhe ertragen.

Während der Behandlung standen seine Bundesbrüder um ihn herum und paßten genau auf, ob womöglich der Gequälte stöhnte oder zuckte, während ihm der Doktor lange Fäden durch die frische Wunde zog. Verhielt sich der Getroffene so, wie man es von einem rechten Mann erwarten konnte, wurden ihm zu Ehren viele Humpen gehoben, auch »Salamander gerieben«. Anderenfalls geriet er in »Verschiß« und hatte es schwer, seinen angeschlagenen Ruf zu rehabilitieren.

An die blitzschnellen Degengefechte früherer Zeiten haben die Mensuren der Verbindungen kaum erinnert. Aus dem beweglichen Zweikampf sausender, stoßender, parierender Klingen war schon lange vor Vaters Burschenherrlichkeit ein meines Erachtens kunstloses Hauen und Abwehren mit langen, geraden Schlägern geworden. Wobei sich die Kontrahenten nicht von der Stelle rührten. Was sie bewegen durften, waren lediglich Arm und Handgelenk. So aufregend wie Zweikämpfe auf der Bühne und im Film waren sie nicht.

Mein Vater hatte sich schon im ersten Semester, im Wintersemester 1898/99, zum Eintritt in eine schlagende Verbindung entschlossen. Seine Wahl traf die Burschenschaft Germania in seiner Heimatstadt. Wie schon der Name sagt, war es eine vaterländisch deutsche Verbindung mit dem idealistischen Ziel, das Elsaß und Lothringen

Seit 1880
Alte Straßburger Burschenschaft
Germania

möglichst eng mit dem Reich zu verbinden. Dennoch, der aufgeklärten Zeit entsprechend, war die Ausrichtung liberal, tolerant und, wie man heute sagt, nach allen Seiten hin offen. Studenten aus altelsässischen Familien waren dabei und solche jüdischer Abstammung. Mit vielen der Bundesbrüder blieb mein Vater bis zu seinem oder ihrem Lebensende in treuer Verbindung.

Die Räume der Burschenschaft Germania befanden sich im sogenannten »Germania-Haus«, wo sie aber nur einen relativ kleinen Teil beanspruchten. Das Haus ist noch vorhanden, aber nicht unter seinem alten Namen. Es steht am linken Ufer der Ill, dort, wo der Fischerstaden (Quai des Pêchers) die Parkanlage vor der Universität berührt. Nicht weit davon erhebt sich das Goethe-Denkmal. Obwohl der Dichterfürst ein Deutscher war, hat man es auch nach 1918 stehen lassen.

Während meiner ersten Jahre war Vaters Haltung und Auftreten, auch sein geselliger Verkehr noch weitgehend von der Burschenschaft bestimmt. Viele der Freunde waren »Germanen«, und sehr oft ging mein Vater, obwohl inaktiv, das heißt »Alter Herr«, zu den Veranstaltungen. War es eine Sache mit Damen, mußte ihn selbstverständlich meine Mutter begleiten. Daß Vater, der gerade erst die Dreißig überschritten hatte, von den aktiven Füchsen und Burschen mit »Alter Herr« angesprochen wurde, fand sie ungemein komisch. Eine Fülle von Begriffen, von Redensarten und burschenschaftlichen Bräuchen schwirrten auch bei uns daheim durch die Luft. Es war für Vater die natürlichste Sache der Welt, und Mutter gewöhnte sich daran. Was mich betraf, der immer weit die Ohren aufsperrte, wußte ich zunächst nicht, was die Ausdrücke zu bedeuten hatten. Doch allmählich wuchs ich hinein, auch wenn Vaters Verbindung zur »Germania« und den »Germanen« allmählich lockerer wurde.

Auch mein Vater war als Verbindungsstudent verpflichtet, sich durch fehlerfreies, burschenschaftliches Verhalten von Stufe zu Stufe hochzudienen. Wer sich für ein bestimmtes Corps oder eine Burschenschaft entschlossen hatte, wem bedeutet worden war, daß er eintreten dürfe, der war zunächst ein »Spefuchs«. Nach seiner Aufnahme und der feuchtfröhlichen »Fuchsentaufe« war er »Fuchs«. Ein sogenannter »Leibbursche« sorgte für seine Fortbildung im Rahmen der Verbindung, der Anfänger war dessen »Leibfuchs«. Alle Füchse zusammen unterstanden dem »Fuchsmajor«, untereinander konnten sie »Fuchskonvente« abhalten. Nach gewisser Zeit und einer bestimmten Zahl von Mensuren stieg der Fuchs zum »Burschen« auf. Als solcher konnte er während seiner letzten aktiven Jahre auf Grund freier Wahl einer von den drei »Chargierten« sein. Als »bemoostes Haupt« galt ein Bursche, der ziemlich lange schon, vielleicht allzu lang, studiert hatte.

Vor der Abschlußprüfung an der Uni wurde der bisherige Bursche inaktiv, nach der Prüfung »Alter Herr«. Auch in dieser Eigenschaft gehörte er weiterhin, und zwar lebenslänglich, zu seiner Verbindung. Dort konnte er jederzeit erscheinen und wurde vor allem zu den Stiftungsfesten eingeladen.

Manche der Trinksitten habe ich noch bei Vater und seinen Freunden miterlebt. Dies besonders bei Abenden draußen auf dem Land zum Abschluß von Ausflügen der Bundesbrüder mit ihren Familien. Besonders das »Reiben von Salamandern«, sei es, um jemanden zu ehren oder dessen Heimgang zu betrauern, blieb mir gut in Erinnerung. Ging es um einen »Trauersalamander«, wurden die vollen Gläser nicht auf dem Tisch umhergerieben, sondern darüber im Kreis geschwenkt. Abfällige Kommentare hörte ich über Leute, die im »Bierverschiß« waren, weil sie etwas falsch gemacht hatten und sich nun bemühen mußten, wieder aus dem »Verschiß« herauszukommen. Wenn man einem Abwesenden besonders übel wollte, trank man grimmig dreinschauend dessen »Pereat«. Für die entsprechende Ordnung hatten »Kneipwarte« zu sorgen. Sie sagten an, welche Art von Trunk an der Reihe war, ließen einen Burschen in die »Kanne steigen« und bestimmten, was gesungen wurde.

Zu jedem »Germanen« überhaupt zu jedem Verbindungsstudenten, gehörte der »Zirkel«. Er war das Kennzeichen seiner Verbindung, bestehend aus ineinanderverschlungenen Buchstaben, die man ohne Absetzen schreiben oder malen mußte. Auch meiner Mutter, die ja als Vaters Verlobte die hohe Ehre genoß, »Couleurdame« zu sein, blieb nicht erspart, den Zirkel zu üben. Als sie das gut konnte, schenkte ihr mein Vater einen »Zipf«. Richtig hieß das Ding »Sektzipfel«, ein etwa fingerlanges Band aus Seidenrips mit massiv silbernem Querstreifen. Herren dagegen trugen einen »Bierzipfel«, und zwar an der linken Schulter. Außerdem gibt es heute noch den »Germanenpfiff«. Er diente nicht nur als Erkennungszeichen unter Bundesbrüdern, sondern bei vielen auch in der Familie. Mit diesem weithin hallenden Pfiff meldete sich mein Vater bei der Heimkehr aus dem Büro zum Essen an, auf gleiche Weise pfiff Mutter zurück.

Sagte mein Vater von irgend jemandem, er wäre ein »Multibibus«, war absolut klar, daß es sich um einen »Schluckspecht« handelte.

Dagegen bedeutete »Landesvaterstechen« etwas völlig anderes, eine feierliche Angelegenheit, bei der sich die Burschen gegenüberstellten, um mit ihren Schlägern die eine oder andere Mütze zu durchstechen. Danach mußten Bräute oder andere Damen den Schnitt nicht etwa zunähen, sondern mit goldenen Stichen umranden. »Terz«, »Quart«, »Parade«, »Avantage« und andere Ausdrücke hatten mit dem »Paukboden« zu tun. Was die »volle Wichs« betraf, die Paradekleidung der »Chargierten«, so bestand sie aus »Barett«, »Pekesche«, »Schärpe«, »Band«, »Achselspange«, »Zipf«, »Buchs«, »Kanonenstiefel« und dem »Gehänge« mit »Paradeschläger«. Normalerweise trug der Bursch bei täglichem Ausgang, zu Vorlesungen und erst recht beim »Couleurbummel« und gesellschaftlichen Anlässen Band und Mütze. Stets war er korrekt gekleidet, nämlich mit Jacke und Krawatte. Das meist dreifarbige Band wurde über der Brust unter der Jacke getragen. Wer zwei Verbindungen angehörte, war »Zweibändermann« und trug beide Bänder.
Wer einer schlagenden Verbindung angehörte, ließ sich nichts gefallen, was im mindesten seine Ehre berührte. Was er darunter verstand, ist heute kaum zu begreifen. Es genügte schon sogenanntes »Fixieren« in einem Lokal, also überdeutliches Anstarren eines anderen Gastes, schlimmer noch, dessen weiblicher Begleitung. Schon erhob sich der Fixierte, und der Austausch von Karten war die selbstverständliche Folge. Alsdann ließ der Besuch von Sekundanten, welche die Forderung zur Mensur überbrachten, nicht lange auf sich warten. Waren beide »satisfaktionsfähig«, gab es über den weiteren Ablauf der »Contrahage« keinen Zweifel. Der Geforderte hatte das Recht, die Waffe zu bestimmen, meist auch den Ort, wo das Rencontre stattfinden sollte. Weil besonders die Mitglieder schlagender Verbindungen das Schläger-Fechten gut beherrschten, hielten es die Nichtkorporierten für besser, Pistole oder Degen zu wählen. Im übrigen konnte man immer ein Ehrengericht anrufen, das bei unzureichendem Grund gegen die Forderung entschied. Ging es lediglich um eine Mensur zwischen Studenten, wobei ja nie das Leben auf dem Spiel stand und bleibende Folgen nicht zu befürchten waren, brauchte man kein Ehrengericht.
Das Verbindungswesen war nicht nur eine Welt für sich, es besaß

weitgehend auch seine eigene Sprache, die sogenannte Burschensprache. Davon sind eine Reihe von Ausdrücken in die Umgangssprache übergegangen. Doch weiß kaum einer von uns, daß früher die gleichen Begriffe exklusiv zum studentischen Jargon gehört haben, zum Beispiel »blechen« für bezahlen, »bemoost« für alt, »Pennäler« für Schüler der oberen Klassen, »Bude« für Einzimmerwohnung, »durchfallen« für das Scheitern in einem Examen, »Kneipe« für Wirtshaus, »Kümmeltürke« kann vieles bedeuten, »Lappalie« für unbedeutende Sache, »Moos« für Geld, »Verschiß« für Verruf, »Wichs« für festliche Kleidung, »Mucker« für Langeweile, »fidel« für lustig, »Moneten« für den Inhalt der Brieftasche sowie natürlich »Prost« und »Prosit«.

Ein Teil dieser Ausdrücke stammte allerdings wieder aus ganz anderen »Fachsprachen«, aus dem Rotwelsch oder aus dem Jiddischen.

Was mein Vater zu seiner Zeit als absolut normal und richtig hielt, darüber schütteln die meisten Menschen unserer Zeit den Kopf. Die studentischen Corps, heute meist Korps geschrieben, hielten sich in vergangenen Zeiten für feiner als die Burschenschaften. Sie wollten exklusiv sein, besonders die vom »weißen Kreis« wurden vom Adel dominiert. Man brauchte gute Empfehlungen, um hineinzukommen, außerdem beträchtliche Mittel, um mitzumachen. Auf der anderen Seite hielten sich die Burschenschaften hoch erhaben über die Landsmannschaften. Alle drei zusammen glaubten, meilenweit besser zu sein als die Verbindungslosen, als das minderwertige Volk der Freistudenten. Nun, es war eine Klassengesellschaft. Diese Einteilungen waren selbstverständlich und wurden nicht als kränkend empfunden. Schon aus finanziellen Gründen konnte sich mein Vater die Mitgliedschaft in einem Corps nicht leisten. Bei sechs Kindern war es dem Oberpostrat nicht möglich, seinem studierenden Sohn einen Monatswechsel zu bewilligen.

Nicht zu vergessen ist eine praktische Überlegung, die vielen jungen Männern und auch ihren Vätern die Mitgliedschaft in einer studentischen Verbindung nahelegte, in einer möglichst feinen und exklusiven: Es war zeitlebens die selbstverständliche Pflicht eines jeden »Alten Herrn«, sich den Aktiven förderlich zu erwei-

sen, sobald man selber zu Amt und Würden, zu Ansehen und Vermögen gelangt war. Es wurde von ihm erwartet, daß er seinen Brüdern weiterhalf, sie an wichtige Leute empfahl, sie gesellschaftlich einführte, vielleicht gar finanziellen Beistand leistete. War ein Bundesbruder in Bedrängnis geraten, versuchte der »Alte Herr«, sofern er Einfluß hatte, den jungen Mann »aus der Bredouille zu hauen«. Auch später noch, wenn der Inaktive seinen Weg durchs Berufsleben längst begonnen hatte, versuchte jeder »Alte Herr«, ihm auf die eine oder andere Art behilflich zu sein. Letzten Endes konnte durch solche Vermittlung und Empfehlung auch die Brautschau erleichtert werden, gute Mitgift eingeschlossen.
Wirklich hat das System vielen jungen Leuten die Laufbahn erleichtert. Andererseits wurden jene »Alten Herren«, die es zu einer besonders guten Stellung gebracht hatten, immer wieder um alle möglichen wie unmöglichen Hilfestellungen gebeten. Auch der jüngste Fuchs sagte »Du« zum »Alten Herrn«, gleichgültig, wie hoch der an Rang und Jahren gestiegen war. Ich weiß noch, wie unangenehm mir auffiel, wenn plötzlich hereingeschneite Jungstudenten meinen Vater duzten und sich bei uns häuslich niederließen, so, als hätten sie dazu verbriefte Rechte. Mein Vater hatte mitunter alle Hände voll zu tun, um Wege zu ebnen oder Hindernisse wegzuräumen. So könnte ich mir denken, daß es ihm oft zu viel wurde, doch ließ er sich das nicht anmerken.
Zwölf Mensuren hat Vater ausgefochten, zwei lange Durchzieher schmückten seine Backe, andere Treffer waren an der Stirn wie am Schädel zu bemerken. Den schönsten aller Schmisse hat ihm sein guter Freund Heini Doehle beigebracht, nach vorheriger Absprache natürlich. Wie es sich gehörte, hat ihm mein Vater nicht lange danach den Freundschaftsdienst auf gleiche Weise vergolten. Als ich mit der Schule fertig war, und in Freiburg mein Studium begann, hat mich mein treu sorgender Vater mit der Feststellung überrascht, daß seines Erachtens die beste Zeit des Verbindungswesens vorbei sei: »Ich war gern bei meiner Germania«, sagte er mit leicht bekümmerter Miene, »aber mir scheint, der eigentliche Sinn der Sache, mit allem Drum und Dran, der liegt nun doch in der Vergangenheit.«

Begegnung auf dem »Broglie«

Im übrigen war Vater schon während seiner Studienzeit ein Sportsmann von Bedeutung, sogar von relativ großer Bedeutung, weil er mit einigen fortschrittlichen Freunden den Skisport in den Vogesen begründet hat. Das Wort allerdings war noch unbekannt. Nicht »Ski« sagte man, sondern »Schneeschuh«, und mit dem »Schneeschuhlauf« hat ja der Wintersport begonnen. So gehörten jene sieben Straßburger Studenten am Ende des vorigen Jahrhunderts zu den Pionieren des weißen Sports in unserem Land. Mein Vater und seine Freunde hatten erst mit Staunen, dann mit Begeisterung den Schneeschuhlauf bei norwegischen Studenten der Freiburger Universität kennengelernt, die auf ihren Brettern die Gipfel des Feldbergs und des Hohen Belchen erreichten.

So gründeten etwa im Jahre 1898 mein Vater und seine Freunde den »Akademischen Sportclub Straßburg«, der zunächst nur aus sieben Mitgliedern bestand. Sie waren nicht nur Schneeschuhläufer, sondern auch leidenschaftliche Wanderer und außerdem Hochtouristen. Unter anderem Namen, als »Ski-Club Vogesen«, besteht der Verein noch heute mit mehr als zwölftausend Mitgliedern. Die erste Skihütte an den Hängen des Donon haben die Gründungsmitglieder selbst gebaut, allerdings unter Anleitung eines Tischlergesellen. Die gesamte Einrichtung, auch den schwarzen Eisenofen, schleppten sie auf Schlitten zum Donon hinauf.

Während des Ersten Weltkrieges, im Verlauf der schrecklichen Kämpfe um die Höhenlinie der Vogesen, wechselte die Hütte mehrfach den Besitzer. Nichts blieb von ihr übrig. Gelegentlich einer Vogesen-Wanderung, etwa zehn Jahre nach dem Krieg, konnte mein Vater zwar die damalige Stelle noch finden, wo einst

Spaziergang und Schneeschuhlauf auf dem Kniebis im Schwarzwald. Mit weißer Pudelmütze Otto Meissner.

das niedrige, so gemütliche Blockhaus gewesen war, aber nicht einmal verkohlte Reste waren davon noch zu entdecken.
Wenn seinerzeit die jungen Leute mit ihren Skiern in die Vogesen fuhren, natürlich in der Vierten Klasse (für Reisende mit Traglasten), fragten Bauersleute, wie sie denn mit den Dingern übers Wasser laufen wollten. Ihrer Meinung nach konnten die spillerigen Latten wohl kaum das Gewicht eines Menschen tragen. Zu Anfang des Schneeschuhlaufes wurden Geschichten über ganz unheimliche Spuren im Schnee erzählt. Abergläubische Vogesenbewohner berichteten schreckensbleich von höchst seltsamen Tatzen, die der Teufel hinterlassen habe. In der Straßburger Universität erzählte man sich zum Scherz, daß ein Professor, ein bekannter Paläontologe, nach genauer Betrachtung und Vermessung solcher Schneespuren den Versuch gemacht habe, das vorsintflutliche Tier, einen wiedergekehrten Dinosaurier, zu rekonstruieren.

Beim Tennis auf dem Platz, wo sich heute der Europarat und das Europäische Parlament befinden. Von links nach rechts: Juliette Meissner, Hildegard Roos, Dr. Otto Meissner, Else Roos, Emma Meissner.

Ein anderer, damals von England nach Deutschland gelangter, als hypermodern und schick geltender Sport war Tennis. Auch dieser Zeitvertreib genoß noch lange einen exklusiven Ruf. Zweifelhaft war zunächst, ob sich auch Damen daran beteiligen durften, ohne in den Verdacht leichtfertigen Herumspringens zu geraten. Deshalb gab Großvater Meissner erst nach langem Zögern seinen vier Töchtern die Erlaubnis, mitzumachen. Bruder Otto oder ein anderer würdiger Verwandter mußte dabei sein und stets die jungen Dinger im Auge behalten. Natürlich gehörte es sich, daß alle weiblichen Wesen zum Tennis bodenlange Röcke trugen, bis zum Hals geschlossene Blusen und möglichst auch einen festgesteckten Hut. Einer der Mitspieler, Studienfreund meines Vaters, war der später zur Weltberühmtheit gelangte Tennismeister Otto Froitzheim. Auch in seinem zivilen Beruf hat es Froitzheim weit gebracht, nämlich zum Polizeipräsidenten, später sogar zum Regierungspräsidenten in Wiesbaden. Mit von der Partie war öfter der junge Dorpmüller, von 1922 bis 1937 Generaldirektor der Reichsbahn, sodann Reichsverkehrsminister bis zum bitteren Ende dieses Reichs. Am Kaffeekränzchen, das meist dem Sportvergnügen folgte, nahm häufig der Studiosus Albert Schweitzer teil. Er stammte aus Kaysersberg im Oberelsaß und bewohnte ganz in der Nähe eine Studentenbude. Wie allgemein bekannt, wurde er später ein weltberühmter Orgelspieler und als Urwaldarzt von Lambarene ein Wohltäter der Menschheit. Den Nobelpreis hat er außerdem erhalten. Zum gleichen Kreis unternehmungsfroher Menschen gehörte der später hochberühmte, vielgelesene Schriftsteller René Schickele. Deutscher Abstammung war sein Vater, seine Mutter Französin.

Am späten Abend und während der Nacht war Vater unabkömmlich, da mußten all seine Verpflichtungen und geselligen Veranstaltungen spätestens um elf Uhr zu Ende sein. Da begann sein Dienst im Wolff'schen Telegrafenbüro, der damals wichtigsten Nachrichtenagentur im Deutschen Reich. Er übersetzte, so rasch wie nur möglich, die telegrafisch eintreffenden englischen, französischen und italienischen Meldungen in druckfertiges Zeitungsdeutsch. Wann und wie er Zeit zum Schlafen fand? »Zwischen den Telegrammen, wenn wieder eins kam, klingelte der Morseapparat.« Damit hat er sich seinen Lebensunterhalt verdient und das Studium finanziert. Dreißig Mark monatlich gab er seiner Mutter, genauer gesagt, seiner Stiefmutter. Sie wollte sie nicht haben, aber der Sohn bestand darauf.

Mein Vater hatte doch tatsächlich seiner Schwester Emma zum zwanzigsten Geburtstag ein Fahrrad geschenkt, von seinem bei nächtlicher Arbeit erworbenen Verdienst! Ein sündhaft teures Fahrrad, mit vernickelter Lenkstange und glockenreiner Klingel. Selbst Vater Meissner gab zu verstehen, für die eigene Schwester sei das übertrieben. Aber Henni, die Erstgeborene, schon fast verlobt mit einem Göttinger Architekten, mutmaßte beim Anblick des bildschönen Rades: »Wenn da nicht was dahintersteckt!«

Die neunmalkluge Henni hatte recht. Dahinter steckte das Mädchen von der Hohkönigsburg. Die Kaiserliche Oberzolldirektion hatte Vater Roos nicht nur zum Revisor befördert, sondern auch nach Straßburg versetzt. Dort, am Niklausburger Ring, in einem Rotsandsteinhaus mit schmiedeeisernen Balkonen, hatten sich die Eltern Roos mit ihren Töchtern niedergelassen. Hildegard war nicht nur die jüngste, sondern auch mit Abstand lieblichste der drei Grazien. Neben der Lette-Schule (Hauswirtschaft, Buchführung usw.) besuchte sie das Konservatorium der Kaiserlichen Hochschule für Musik.

Hildegard Roos, die vollendet Klavier spielte, studierte am Konservatorium in erster Linie Gesang. Ihr Sopran war schön, ihr Lehrmeister kein geringerer als der Komponist Hans Pfitzner persönlich. Er amtierte als Leiter der Musikschule, als Dirigent und Opernspielleiter in einer Person, gewissermaßen war er die Zentralfigur im Straßburger Kulturleben, bis ihn 1919 die Franzosen hinauswarfen.

Von der Stimme meiner damals gerade achtzehnjährigen Mutter war Pfitzner so angetan, daß er sie zur Sängerin, womöglich zu einem Opernstar ausbilden wollte. Sehr gegen den Willen ihrer Eltern, denn es gehörte sich nicht, daß sich ein junges Mädchen aus guter Familie, die Tochter eines Kaiserlichen (wenn auch nur Mittleren) Beamten für Geld zur Schau stellte! Ganz gleich, ob die betreffende Dame sang, tanzte, schauspielerte, mit Geld durfte es nichts zu tun haben. Falls sie dennoch Geld dafür nahm, war sie keine Dame. Die Töchter selbst, in diesem Fall die Hilde Roos, wurden nicht gefragt. Junge Mädchen blieben still, bescheiden und gehorsam in allen Lebenslagen. Wenn dennoch am Ende ihre Eltern die Ausbildung genehmigten, so nur unter der Bedingung, daß ihre Tochter einzig und allein bei wohltätigen Veranstaltungen auftreten durfte, vielleicht noch bei gesellschaftlichen Anlässen. Unter keinen Umständen sollte sie mehr als einen Blumenstrauß entgegennehmen. So und nicht anders mußte sie es für alle Zukunft versprechen, und sie hat sich daran gehalten.

Ganz anders hingegen die Militärmusiker, die extra verdienten, wenn sie donnerstags auf dem Broglie-Platz und sonntags im Kontatt ihr Platzkonzert gaben. Natürlich trugen sie dabei die Paradeuniform damaliger Zeit, die mit all ihren Knöpfen und Litzen und bunten Aufschlägen das Auge der Zuschauer erfreute. Jeder

Straßburger wußte, wann und wo sie spielten. Dort schmetterten Pauken und Trompeten, klirrten Schellen und rasselten Trommeln. Während die Blechmusik aus Leibeskräften ihr Bestes gab, promenierten rings um den Platz die Bürger im Sonntagsstaat, die Herren mit ihrer Frau Gemahlin am höflich gereichten Arm. Lächelnd grüßte man Bekannte und erst recht die Verwandten. Wer Uniform trug, grüßte militärisch. Backfische kicherten so albern, wie sie nur konnten.

Sitte war es, daß bei solchen Platzkonzerten junge Mädchen links herum gingen, hingegen die jungen Männer rechts herum. Meist hielten sich die Damen, vor allem die jüngeren, eingehakt. Wenn die Eltern nicht hinschauten, konnte mitunter ihr Gang recht flott, vielleicht gar frivol sein. Die Jungherren, gleichfalls in Gruppen zu fünf, sechs oder sieben, hatten sich so fein wie möglich gemacht. Wer nicht in der glücklichen Lage war, die Uniform eines Offiziers oder Reserveoffiziers zu tragen, wer sich nicht durch Band und Mütze als Verbindungsstudent ausweisen konnte, bewegte immerhin so elegant wie möglich seinen Spazierstock durch die flanierende Menge. Besonders bemerkt wurden Studenten mit frischen Schmissen. Am besten wirkten die Beweise männlichen Mutes, wenn sie frisch verbunden waren.

Der Umgang in verschiedenen Richtungen geschah mit gutem Grund, hatte sogar einen wohlbedachten Zweck. So konnten sich jedesmal die Mädchen und Männer von Angesicht zu Angesicht sehen. Je nachdem, wie gut oder flüchtig man sich kannte, wurde im Vorbeigehen der Gruß bemessen. Wobei es mitunter auf feinste Nuancen ankam, darunter auf solche, die man in unserer formlosen Zeit gar nicht bemerken würde. Gefiel dem jungen Mann eine bestimmte Dame, die er bisher nicht kannte, grüßte er dennoch, aber nur ganz leicht mit angedeutetem Lächeln. Das wiederholte er einige Male, wobei sich sein Blick zunehmend erwärmte. Erfolgte trotzdem nicht die geringste Andeutung eines Gegengrußes, war der kecke Bursche abgeblitzt. Alsdann konnte er nichts anderes tun, als vom Schauplatz seiner Niederlage zu verschwinden. Jedenfalls für diesen Tag. Natürlich wurde das vom abweisenden Mädchen bemerkt, und zwar beifällig. Immerhin wußte der Mensch, was sich gehörte, weshalb er möglicherweise beim nächsten Mal einen Gegengruß erhielt. All dies und noch mehr, was heutigentages als ebenso kindisch wie albern erscheint, wurde seinerzeit mit reger Anteilnahme geübt. Es war ein höchst reizvolles Spiel!

Bei einem Platzkonzert geschah es dann. Auf dem Broglie-Platz vor dem Theater, wo sich »Vater Rhein« aus sprudelndem Wasser erhebt, dort lag der bewußte Amor mit Pfeil auf der Lauer. Dort hat im ersten Jahrzehnt unseres Jahrhunderts Otto Meissner die Hildegard Roos erblickt, wie sie mit ihren beiden Schwestern und noch anderen Mädchen wieder und wieder den Broglie umrundete. Er selbst promenierte mit seinen Freunden Heini Döhle und Carlchen Claude, der bald darauf Pfarrer wurde. Als man sich beim ersten Rundgang begegnete, wurde mein Vater von seiner Überraschung derart hingerissen, daß er gar nicht reagierte. Erst beim folgenden Mal grüßte er mit betonter Zurückhaltung, erhielt aber keine Antwort. Aber wie es dann wieder so weit war, schien es ihm, als sei er bemerkt worden. Wieder eine Runde, da gab die jüngste Tochter Roos durch leichtes Nicken zu verstehen, daß sie ihn erkannt hatte, den falschen Ritter von der Hohkönigsburg.

Beim vierten, vielleicht auch erst beim fünften Mal fühlte sich Otto Meissner von der Andeutung eines Lächelns beglückt. Wie nun weiter verfahren? Das junge Mädchen nach dem Konzert ansprechen? Absolut unmöglich. Nur nichts verderben durch einen Fauxpas, kein Benimmfehler durch allzu stürmisches Vorgehen. Als ein letzter Paukenschlag das Ende des Konzerts verkündete, sah mein Vater in Gesellschaft der drei Roos-Mädchen eine gewisse Gabriele Bredemann. Eingehakt an ihrem Arm schritt eine Schwester der Hildegard Roos. Die Gabriele war eine ziemlich gute Freundin seiner Schwester Emma. Beide spielten zusammen Tennis, auf den Plätzen bei der Orangerie. Vielleicht ließ sich da eine Brücke schlagen. Deshalb das Fahrrad an Schwester Emma. Das schöne Fahrrad lohnte sich. Gemeinsam mit der Freundin Bredemann schmiedete sie das Komplott. Es ging um eine dem Anschein nach ganz zufällige Begegnung des Otto mit der Hilde Roos. Als Angelpunkt eignete sich die Hochschule für Musik, zumal auch Bredemanns Gabriele zu den dort studierenden Damen gehörte. Hin und wieder, so wollte es Professor Pfitzner, wurden gemeinsame Ausflüge unternommen, in die Vogesen, in den Schwarzwald, wo man in freier Natur plaudern und singen, wandern und am Ende vielleicht irgendwo tanzen konnte. Pfitzner war ein geselliger Mensch und liebte sehr den Umgang mit jungen Menschen. Eben deswegen hatte er nichts dagegen, wenn die Teilnehmer an seinen Kursen ihre Schwestern, Brüder und Vettern ungefähr gleichen Alters mitbrachten. Gleich den Otto Meissner mitnehmen, das ging aber nicht, irgendwie wäre das aufgefallen. Aber Gabriele konnte beim nächsten Mal ihre angeblich beste Freundin Emma mitbringen. Diese betrug sich dementsprechend, verteilte selbstgebakkene Zimtkekse an die Mitmarschierer und machte sich so beliebt, wie nur möglich. Sogar der Professor ließ erkennen, daß die lustige Emma auch beim nächsten Ausflug willkommen sei. Ihrem Bruder zuliebe nahm Ottos Schwester diesen Faden gerne auf. Weshalb es sich machen ließ, daß sie am Ende des zweiten Ausfluges ein Wort über ihren Bruder fallen ließ, der so hinreißend Laute spielte und dazu mit schöner Stimme lustige Lieder singe. Den solle sie unbedingt mitbringen, hieß es gleich. Beim nächsten Mal, wie es der Zufall wollte, hatte Otto Meissner Zeit, obwohl er knapp vor seinem Examen stand, dem Referendar-Examen.

Das Wanderziel war in diesem Falle die Klosterruine Hirsau im Schwarzwald. Aus wohlüberlegter Taktik hielt sich Bruder Otto erst einmal zurück. Er begrüßte zwar die bezaubernde Hilde mit sichtbarer Freude im Blick, widmete sich dann aber der Unterhaltung mit anderen Damen. Er scherzte, machte geistreiche Bemerkungen, erzählte vom damals noch weitgehend unbekannten Schneeschuhlauf und Streifzügen durchs Schweizer Hochgebirge. Andererseits konnte er auch zuhören, wenn andere Leute sprachen, und interessierte Fragen stellen.

Im übrigen, das beweisen die Fotos aus jener Zeit, sah er verdammt gut aus. Einsfünfundachtzig war er groß, hatte breite Schultern, schmale Hüften und kerzengerade war seine Haltung. Überhaupt konnte man ihm sein sportliches Training anmerken. Scharfgeschnitten, energisch und geistvoll wirkte sein Gesicht, mit zwei schneidigen Durchziehern an der linken Seite. Der Kneifer auf seiner Nase, wegen der kurzsichtigen Augen, störte nicht. Noch unbeschwert war er von Amt und Pflichten, ein junger Mann unter jungen Leuten. Einer, der gerne flott und ausdauernd tanzte, mit guter Stimme zur Laute sang, auch noch Violine spielte und den Damen höfliche Komplimente machte. Reserveoffizier war er schon und binnen kurzem gewiß auch Referendar.

Hildchen wurde von vielen Verehrern umschwärmt. Wie gut ihr das gefiel, im lebensfrohen Alter von gerade achtzehn Jahren, läßt sich denken. Der Himmel hing voller Geigen, und noch das ganze Leben lag vor ihr. Ungefähr jeder zweite Tag ein Tanztag, so viel war damals los für junge Leute. Theater und Konzerte für musische Gemüter. Für solche, die sich gerne in freier Luft bewegten, gab es Tennis, Radfahren und Bergwandern. Passende Begleitung bot sich von selber an. Liebenswürdige Herren machten sich frei von allen Verpflichtungen, um einem so sympathischen Mädchen wie Hilde Roos auf dem Weg ins Konservatorium und vielleicht zurück die Musikmappe zu tragen.

Favorit unter Hildes Verehrern war in jenem Sommer, als mein Vater die Bühne betrat, ein Leutnant namens Alphons von Rosenthal. Der hatte es leicht, an die jüngste Roos-Tochter heranzukommen, sie sogar im Elternhaus zu besuchen, denn er war auf nicht gar so weiten Umwegen mit ihr verwandt. Eine Großtante der Oma Roos hatte einen Rosenthal geheiratet, dessen Enkel Alphons war, also ein Vetter dritten Grades für Hildegard. Weshalb er sich die Kühnheit nahm, sie zu duzen. Das war in den Augen aller ein Vorsprung ohnegleichen.

Otto Meissner war eifersüchtig auf diesen Rosenthal, vom ersten Augenblick an, da er die beiden zusammen sah. Auch hörte er mit gespitzten Ohren das vertraute Du sowie ihre freundschaftlichen Gespräche. Dennoch, seine Schwester Emma und die gute Gabi konnten es beim Picknick einrichten, daß Otto im gleichen Kreis wie Hilde und der Alphons saß. Da schwirrten kleine Scherze ringsumher. Einer spielte Mundharmonika, Pfitzner sorgte dafür, daß alle sangen. Zum Teil waren das Lieder, die er komponiert hatte, darunter auch Verse in elsässischer Mundart.

Als schließlich ein Pianist und Geiger erschien, die Polka, später sogar Tango spielten, saß Vater schon ganz in Hildegards Nähe. Beim Tanz auf der Burgterrasse gelang es ihm zweimal, sie aufs Parkett zu führen.

Aus dem Tagebuch meiner Mutter

Original Backfischton ab 1905 und danach

»Beinah drei Wochen sind verflossen, seit ich zum letzten Mal ins Tagebuch schrieb. Aber wie unendlich viel hat sich ereignet! Ich müßte tagelang schreiben, wollte ich all das Erlebte eintragen. Drum will ich es so kurz wie möglich machen... Hatte wieder Halsentzündung, mußte dreimal geschnitten werden. Ach, es war entsetzlich. Während ich verzweifelt im Bett lag, unternahm meine Schwester Else weite Radtouren mit den Meissner-Mädchen, ich wäre so rasend gern dabei gewesen...«

»...Alphons war am 19. Juli bei uns. Kam mit einem herrlichen Riesenrosenbouquet. Er war richtig lieb und bedauerte mich wegen der gerade überstandenen Krankheit. Er blieb zum Kaffee und ging erst nach dem Abendessen. Während seines Straßburger Aufenthalts war er fast täglich bei uns, und wir besuchten mit ihm zusammen ein Konzert in der Orangerie, auch Emma und Ella Meissner waren dabei. Später kam noch deren Bruder Otto hinzu. Pfitzner dirigierte, groß war der wohlverdiente Beifall.«

»Alphons kam wieder von Schlettstadt herüber, wo er jetzt in Garnison steht. Wollte meine Eltern wiedersehen, sagte er, heißt wohl besser, mich wollte er besuchen. Sobald es mir Dr. Wächter, unser Arzt, erlaubte, machte ich die Radtouren wieder mit. Gabi hat mir gesagt, das nächste Mal würde auch Otto Meissner mitfahren. Die Ausflüge auf dem Zweirad waren unbeschreiblich schön und fidel. Die Meissner-Eltern waren während drei Wochen bei ihrer Tochter Henni in Göttingen, so brauchten ihre daheimgebliebenen Töchter nicht immer um Erlaubnis fragen. Einfach aufs Rad und ab ging die Post. Unser Ziel war meistens ›Fuchs am Buckel‹ [romantische Waldwirtschaft an einem Seitenarm des Rheins].«

Gruppenbild von der Hochzeit des Leutnants Benno von Rosenthal mit Tilla, geborene von Manger, im Sommer des Jahres 1906.

(von links, 1. Reihe sitzend):
Sohn Heimlich
Mathilde von Manger
Carl von Rosenthal
Brautpaar, s. oben
Irmine von Rosenthal
Arthur von Manger
Martha Heimlich
Arthur von Manger jun.

(2. Reihe stehend):
Hilde Meissner
Alfons von Rosenthal
Nirmy von Manger
Paula Bierau-Winkler
Wilfried von Rosenthal
Irma von Rosenthal
Ella von Rosenthal
Kurt von Rosenthal
Olga Halblaub-Winkler
unbekannt
Herr Heimlich

(letzte Reihe stehend):
Herr Mertens
Cilly Schwarz von Manger
Else Delvaux-Roos
Fritz von Manger
Liesel Ihnen-Winkler
Adolf Roos
Frau Heimlich

Des Autors Tante, Cilly Schwarz von Manger, erfreut sich noch immer bester Gesundheit. Neben Hildegard Meissner-Roos ihr glühender Verehrer Alfons von Rosenthal. Von ihm stammt mein heute noch vorhandener Teddybär, Baujahr 1908. Er hat ihn am Tag meiner Geburt in unsere Wohnung gebracht.

»Am Rheindamm fuhren wir entlang durch den fast noch wilden Rheinwald ... eine herrliche Tour. Juliette Meissner und ihr Bruder Otto fanden jeder für sich ein vierblättriges Kleeblatt. Worauf mir Otto das seine verehrte. Ich hoffe, daß es mir viel Glück bringt! In ›Fuchs am B.‹ trinken wir jedesmal Kaffee und fahren anschließend Kahn. Öfter haben wir auch getanzt und gesungen etcetera. Übrigens wurden bei den Kahnfahrten hübsche Lieder gesungen ...«

»Natürlich machten wir nur an freien Tagen unsere Tour, morgens von acht bis zwölf. Es ist so herrlich, in aller Frühe durch den kühlen Wind am Ufer des Rheins entlang zu fahren. Unterwegs sind wir immer recht fidel. Otto fährt sehr oft neben mir und sitzt bei mir im Kahn oder neben mir bei Tisch. Er ist scheinbar furchtbar verliebt in mich ... auch mir gefällt er ganz gut!«

»Meine Schwester Cilly machte auch so eine Radtour mit, dabei wurden wir von einem Herrn Claude fotografiert. Es kamen sehr nette Aufnahmen dabei heraus ... mit Otto wurde ich allein getypt (fotografiert), das heißt, wir beide auf dem Rad sitzend. Übrigens, bei unseren Kahnfahrten landen wir oft im Wald an einem lichten Plätzchen. Beim letzten Mal machten wir auch Spiele ... Kämmerchen vermieten ... Bäumchen wechsel Dich ... Hasch, Hasch, etcetera.«

»Die letzten Male sogar Pfänderspiele. Zuerst ging alles per Handkuß, aber seitdem Dolores [Deckname für Artur Dinter] versucht hat mich auf den Mund zu küssen, habe ich sehr aufgepaßt, daß sowas nicht mehr passiert«.*

»Wieder einmal ›Fuchs am Buckel‹, Kaffee getrunken, Kahn gefahren unter Führung von Dolores durch Schilf und Schlamm bis in die Rheinmündung. Auf dem Rückweg landeten wir an einem idyllischen Platz und wieder machten wir Pfänderspiele. Als ich

* Dieser Artur Dinter, damals Bühnenbildner und zweiter Intendant am Straßburger Theater, hat sich später zum landesweiten Judenhasser und Verfasser vehement antisemitischer Bücher entwickelt, unter anderem schrieb er den seinerzeit vieldiskutierten Roman »Sünde wider das Blut«. Er hat meiner Mutter einen Heiratsantrag gemacht, den sie entschieden zurückwies. Glücklicherweise, möchte ich von mir aus sagen. Den Artur Dinter hätte ich nicht gern zum Vater gehabt!

von Otto ein Pfand lösen wollte, gab ich meine Hand zum Kuß. Doch er war damit nicht zufriedan… zog mich heran und küßte mich richtig… er küßte sehr hübsch und zart. [Die folgende Zeile ist mit Tusche gelöscht.] Nur von Otto habe ich mich bisher richtig küssen lassen. Alex Jentsch wollte es auch tun, aber ich nicht! Alex ist auch Bundesbruder bei den Germanen, ein sehr klein geratenes, aber patentes Kerlchen. Sehr nett und ulkig, was wir mit dem Menschen nicht schon alles gelacht haben.«

»Bis zwölf Uhr mittags ruderten wir und wollten dann heimfahren. Aber da hat uns Jentsch allesamt zum Abschiedsfestessen im ›Fuchs‹ eingeladen. Nach fidelem Essen, Tanzen und Singen ruhten wir im Wald, fuhren dann von einem reizenden Rastplatz zum anderen nach Hause. Denn alle bei uns am Niklausburger Ring…. wir musizierten und amüsierten uns weiter. Nur Dolores fehlte, seine fidele Stimmung war ganz umgeschlagen. Er ist nämlich als Dramaturk (!) nach Rostock engagiert.«

»Alle gestern wieder in ›F.a.B.‹… an zwei aufgesteckten Rudern befestigte Jentsch zwei Lampions, und so ruderten wir die Ill hinauf… Otto und ich zusammen. Es war ein Idyl(!), und der Kahn glitt unhörbar übers Wasser, darin sich der Mond spiegelte. Leise erklang ein schönes Lied…, Poesie lag über allem… unbeschreiblich sind meine Empfindungen. Hier und da kreischen Vögel… viele sehr viele zwitschern und lärmen im Schilf. Wir landen auf einer Wiese, springen hinaus und haben getanzt. Wieder Pfänderspiele, und hinter einem Gebüsch wurde geküßt. Das war einzig schön! Mäggi Dinter war auch dabei. Mäggi poussiert mit Jentsch! Seine Flamme, die Liesel B., war sonst auch dabei. Aber wir wollen sie nicht mehr, die Liesel ist zu bissig und giftig, vermutlich aus Eifersucht. Aber dafür gibt's wohl Gründe, Alex scheint sie nicht zu vermissen. Wie eben so die Männer sind!«

»An zwei Rädern war kein Licht, und wir wurden aufgehalten von einem Schutzmann. Nur Otto hatte ein brennendes Laternchen, er ist ja so korrekt. Als Juliette und Else protokolliert wurden, machte mir Meissner eine frische Kerze rein und so radelte ich gut davon.«

»Leider kamen wir zu spät nach Hause, es ging aber noch gelinde ab mit der Strafpredigt.«

»Mit Tennis habe ich wieder angefangen, bis jetzt fünfmal mit den

Meissner-Mädchen und Otto gespielt. Otto und Emma spielen tl (tadellos)!«
»Alle Meissners sind reizend, nur mit Juliette zanke ich mich öfter, doch vertragen wir uns wieder. Ella ist ein herziges Geschöpf. Den Erich, Ottos sehr viel jüngeren Bruder, finde ich vorlaut. Die Eltern Meissner wohnen am Kontatt, ich gehe gern dorthin zum Musizieren. Wir haben lange Klavier gespielt und zum Schluß getanzt... Nett und tl. Ottos Foto besitze ich schon, ebenso umgekehrt. Juliette zeigte uns mal sein Fotoalbum und stibitzte daraus ein Foto von Otto, das sie mir gab. Ich gab ihr dafür ein Foto von mir, welches Otto ihr natürlich gleich fortnahm. Alles so richtig fff!«
»Die Promenadenkonzerte jeden Donnerstag auf dem Broglie und sonntags im Kontatt machen wir regelmäßig mit. Aber die sind bis auf weiteres zu Ende, weil die Truppen ins Manöver müssen.«
»Otto, der ärmste, hat enorm viel Arbeit für sein Assessor-Examen. Seinen Referendar hat er ja schon und den Dr. jur. ebenfalls, beide mit den besten Noten, die möglich sind. Er will das gleiche auch beim Assessor leisten.«
»Heute ist Dolores abgefahren, die arme Else tut mir leid, sie ist ja so verliebt in den Menschen. Hoffentlich bekommen sich die beiden bald! Denn wenn das so weitergeht hin und her... reibt sich die Ärmste auf! Das neue Drama von Dolores, wo Else und ich vorkommen, hat er fertig gemacht, uns gestern vorgelesen. Ganz überwältigend ist das, vor allem beim Schluß mußten wir weinen. So packend ist alles geschildert, wie mag das auf der Bühne werden?«
»Mußte mich gestern so flott umziehen wie nur selten. Um acht ging's in die Orangerie zum Konzert. Rumänen tanzten im Nationalkostüm mit einer Leidenschaft ohnegleichen. Gegen Ende kam noch Otto dazu. Gerade hat er seine Assessor-Arbeit abgeliefert... Er wird gewiß glänzend bestehen, er soll ein selten guter Jurist sein... Am Bahnhof angelangt, mit meiner Mama, kommt Otto hinzu und verehrt mir ein reizendes Rosenbouquet. Ich war ganz gerührt... das war riesig nett und aufmerksam von Otto... Da mein Zug 45 Minuten Verspätung hatte, saßen wir lange zusammen, und als ich abfuhr, winkte Otto, bis er nicht mehr zu sehen war.«

»Fühle mich auf Besuch in Rappoltsweiler wieder ganz heimisch. War mit Albert Jaeckle und seiner Schwester im Carola-Bad (bei Rappoltsweiler), wo Musik war und wir getanzt haben. Unser alter Hund, die liebe Lady, die wir in Rappoltsweiler lassen mußten, wir haben ja keinen Garten in Straßburg ... hat sich vor Freude fast umgebracht. Wie treu doch Tiere sind ... von Menschen kann man es wohl nicht immer sagen ... Otto kam morgens um neun Uhr in einen großen Platschregen. Ich holte ihn vom Bahnhof ab. Wegen des Regens konnten wir leider nichts unternehmen. Zu Freunden konnte ich ihn ja nicht mitbringen, das hätte soviel Gerede gegeben. Albert Jaeckle war im Carola-Bad wieder dabei, auch Alfred Preuß. Beim Tanz auch sonst massenhaft Bekannte, Dr. Sieber und Dr. Seitz und Dr. Rollesch und so weiter. Otto fuhr um elf Uhr nach Straßburg.«

»Am Montag radeln wir nach Colmar, wo wir Otto in Frack, Lack und Claque vorfinden.« [Mit Lackschuhen und im Chapeau-Claque, womit der zusammenklappbare Zylinder gemeint war.]

»Als Referendar war Otto vom dortigen Bürgermeister zur Einweihung des neuen Oberlandgerichts eingeladen. Die Sache war großartig, es kamen massenhaft Equipagen und Automobile vorgefahren und endlich Otto! Er sah wirklich bildhübsch aus und grüßte uns so lieb aus dem Wagen. An Ottos Arm glitt auch ich durch die Menge, und wir wurden recht beachtet ... hinterher in eine Konditorei. Aber Otto mußte bald weg. Am Nachmittag mit anderen Bekannten einen Spaziergang nach Hunawihr (ach herrjehmineh, das ist ... da ist mir ein dicker Klecks passiert, ich bin schon manchmal recht ungeschickt!!).«

»Das Leben und Treiben in Straßburg ist aber viel erfüllter als die Tagesabläufe im tiefschlafenden Rappoltsweiler. War heute wieder im Konservatorium, fuhr mit Else in der Straßenbahn heim. Am Kaiserplatz sahen wir Otto, er sprang sofort in die Tram und begleitete uns nach Hause.«

»Otto Meissner ist wirklich ein lieber Mensch, er gefällt mir jeden Tag besser. Er holt mich vom Konservatorium ab, wir gehen auf die Germanenkneipe, wo wir mit Ottos Busenfreund Lakraise und dessen hierweilender Braut einen gemütlichen Abend mit Singen verbrachten. Otto spielte zur Laute, was er ganz wunderbar kann.

Meine Mutter als »offiziell Verlobte« mit Band und Mütze der Straßburger Germania.

Mein Vater als Student in Straßburg,
gerade 18 Jahre alt geworden.

Ich bin furchtbar gespannt auf den Germanenball, ob er fidel wird. Täglich bin ich zweimal und sogar dreimal im Konservatorium. Otto weiß immer genau, wann ich meine Stunden habe, und bringt mich oft nach Hause. Schon um acht Uhr gingen wir ins Theater zu ›Fidelio‹. Einfach rührend, so ein ›Sinnbild der Weibertreu‹ (seine Worte), daß ich nicht heulte, war alles! Otto sagte mir, ich sollte mir ein Beispiel am Sinn der Oper nehmen… ich sei ja so flatterhaft! Hat mich riesig geärgert… seine alberne Eifersucht auf Alphons steckt dahinter, obwohl es doch vorbei ist und gar nicht ernst gemeint war. Ich gehe nicht mehr darauf ein… mit der Zeit wird sich Otto beruhigen!«
»Also die Damenkneipe bei den Germanen war riesig fidel, ich habe mich tl amüsiert. Doch hätte es fiedeler sein können, ich

selbst war nicht so in Stimmung ... ganz sonderbar, ich habe eben nur zugehört. Natürlich war Otto mit Schwestern dabei und nun kenne ich alle seine näheren Freunde. Otto hatte den Ehrenplatz und war Kneipwart. Natürlich saß ich rechts von ihm. Alle Damen und Herren waren in Couleur, also Mütze und Band. Es sah reizend aus. Das Band der Germania wurde mir von Otto umgebunden, auch verehrt. Anfangs war die offizielle Kneipe, man kam in Bierverruf, mußte in die Kanne steigen etcetera. Also der Betrieb war einfach g-a, man sang Kommerz-Lieder. Otto trug selbstverfaßte Gedichte vor, die über Heldentaten von Lacrèze handelten. Ich mußte das ›Rendezvous‹ singen, auch Ella trug ein Lied vor, allerdings nicht sehr schön. Wir wurden fotografiert und zum Schluß haben wir getanzt. Ich hab' nur mit Otto getanzt ... alle Tänze. Ein tl Lancier kam auch zustande, Dinter und Mäggi schrieben fidele Karten.«

»Hatte mit Juliette wieder Krach, das kam von unserer Radtour nach Auenheim. Da fuhr nämlich immer Otto neben mir, und Juliette fühlte sich beleidigt, weil Otto und ich vorfuhren, auch weil wir uns so tl unterhielten. Dabei hatte ich doch die blöde Jette immer wieder aufgefordert, mit uns zu fahren. Sie ist selbst schuld, einfältige Gans, die sie ist.«

»Wir fuhren hinüber ins Badische nach Auenheim, dort in ein Lokal. Otto erzählte, wie er sich einmal kriminell über mich geärgert hat, wegen Alphons von Rosenthal natürlich. Er kann ihn absolut nicht ausstehen.«

»Otto gefällt mir immer besser, ja ich glaube, daß ich ihn schon liebe. Außerdem habe ich kolossale Hochachtung vor ihm, denn er hat einen riesig guten Charakter. Sehr viel Herz hat er auch. Der arme Mensch muß augenblicklich riesig arbeiten, da er im November seinen Assessor macht. Vorige Woche bekam Otto seine neue Uniform, sieht prima aus als Offizier. Er ist immer rührend besorgt um seine Schwester, und das imponiert mir auch, daß er sein Abitur und sein Studium alles selbst bezahlt. Wie selten kommt das vor heutigentages!«

»Auch Mama, Papa und Else gefällt Otto riesig. Im Verkehr ist er ja reizend. Wenn er mit uns Tennis gespielt oder geradelt hat, die Stunden muß er abends und in der Nacht mit Arbeit wieder *einholen, er opfert manche Ruhestunde, nur um mit uns zusammen zu sein… fast hätte ich gesagt, um mir nahe zu sein. Er hilft Anwälten aus und macht für sie Schriftsätze, schreibt auch über juristische Sachen in der ›Straßburger Post‹. Seine Energie muß unerschöpflich sein. Aber so verdient er sich Geld, das andere einfach von ihren Eltern kriegen!«*

»Otto legt viel Wert auf sein Äußeres. Die Ella und Emma haben mir gesagt, das hätte er früher nicht so getan. Gerade gestern zum Konzert in der Orangerie war er wieder piekfein, ganz neu von Kopf bis Fuß. Gut und hübsch sah er aus, hundertmal schicker als seine Schwestern. Alles Geld hat er dafür selbst verdient. Henni sagte mir folgenden Tages, man merke, daß Otto auf Freiersfüßen ginge. Er leistet sich all die tollen Sachen nur meinetwegen. Er sei grenzenlos verliebt in mich. Henni war ganz sicher, daß Otto… so wie mich habe Otto noch keine geliebt!«

»Otto sagt, er könne mir noch genau die Stelle zeigen, wo er die ersten Worte mit mir gewechselt hat, drüben in der Ruine. Er wußte noch jedes Wort genau. Er habe damals Alphons und mich für ein Brautpaar gehalten. Der arme Alex, er tut mir doch leid. Mein kaltes Benehmen gehört sich eigentlich nicht. Er hat mir nun ix Karten und Briefe geschrieben, und ich antworte nicht. Gestern kam wieder eine Karte, wo er mich bittet, doch von mir hören zu lassen. Aber was soll ich machen! Mein Herz gehört nun wirklich Otto allein. Else schreiben lassen in ›meinem Namen‹, das gehört sich erst recht nicht… außerdem da würde Otto sicher böse werden!«

»Waren wieder bei Meissners zum Musizieren. Jetzt kenne ich den alten Herrn Meissner schon besser, einen sehr netten würdigen Mann mit ziemlichen Bauch, und er hinkt manchmal… vom Kriege her. Ottos Freund, ein Theologe namens Claude, war auch da. Er ist ein großer Musiker, spielt oft auf der Silbermannorgel mit Albert Schweitzer. Auf dem Klavier spielt er mit hinreißendem Schwung öfter, von Otto mit Violine begleitet. Dann ist noch da eine Frau Professor Fauth, mit Tochter und Sohn, der auch Germane ist. Sonntag war Ball im Zollverein, erst mit Konzert, anschließend mit Tanz. Ich wollte ursprünglich nicht hin, ganz einfach, weil Otto alle Einladungen absagt, wo ich nicht dabei bin.

Aber ich ging doch hin, schon wegen meines Vaters, der natürlich zum Zollverein gehörte. Otto also auch, weil ich hinging. Nur mit ihm habe ich getanzt, jeden Tanz ohne Ausnahme. Deshalb waren wir für alle Anwesenden schon so gut wie ein Paar. Otto ist im November zu einer großen Hochzeit eingeladen, hat natürlich abgesagt, weil ich nicht dabei bin. So ist es gut, denn es würde mich kriminell ärgern, wenn er hingegangen wäre, um mit anderen Damen zu tanzen und sie in den Armen zu halten.«

»Heute unsere Radtour war wieder tl. Unsere alten Strecken ... mit Umwegen nach ›Fuchs-am-Buckel‹. Bei der Festung wurde gerade Borkemann rausgelassen. Wegen Beteiligung an einem richtigen Duell war er zu Festungshaft verurteilt gewesen. Er radelte ein Stück mit uns, fühlte sich wieder ganz frei, nach vier Monaten in der Festung.«

»Traf mich kurz mit Otto in der Konditorei bei Tietz, er hat ja so furchtbar viel zu tun... Wiedersehen mit Hedwig Dinter, ihr Bruder frägt immer nach mir. Der Nachmittag wurde kreuzfidel, einfach g-a! Beim Pfänderspiel wurden die Pfänder im Salon eingelöst, von Otto wurde ich da richtiggehend geküßt. Den anderen habe ich nur Handküsse erlaubt. Ach es war reizend... gegen neun Uhr ging man weg.«

»Otto war verstimmt, ich hätte ihn geschnitten, sagt er, habe ihn aber gar nicht gesehen... ja, ich sei so vertieft gewesen in Dr. Märker, der neben mir saß. Sieh mal einer an! So war es aber nicht. Otto meint, ich hätte es getan, um ihn zu ärgern, aber warum sollte ich? Er war verstimmt deshalb und ist früher weggegangen. Als wir uns trennten, sagte Otto recht hämisch: ›Na, amüsiert euch noch recht gut, heute abend!‹ Weil Märker noch blieb, sagte er das, was ganz unnötig war! Ich war außer mir und machte mir Vorwürfe. Mein Benehmen war vielleicht doch nicht ganz richtig, aber Otto hat sich was ganz Falsches eingebildet. Ich verbrachte am Sonntag eine schlaflose Nacht und war am nächsten Tag ganz krank. Wir sollten nachmittags zu Meissners, aber da mußte Else allein hingehen. Natürlich wurde gleich nach mir gefragt, und sie erzählte, ich sei krank. Alle waren traurig und wünschten mir gute Gesundheit. Nun ja, jetzt mußte ja wohl Otto nach meinem Befinden fragen. Er begleitete Else heim, sie besprachen alle

Unstimmigkeiten vom Tag zuvor. Nun ja, wir haben eben beide Schuld, von mir aus ist das vergeben und vergessen. Otto ließ mich grüßen, kam aber nicht herein. Es half mir aber doch, daß er überhaupt gekommen war. Gleich wurde mir viel besser… und bekam nachmittags Besuch von Juliette. Alle bedauerten mich sehr (hatte ich auch sicher nötig). Mittwoch kam dann Otto selbst, sich nach meinem Befinden zu erkundigen. Das war sehr lieb von ihm, und es ist gottlob alles *wieder gut.«*

»Sonntag war in der Loge Lichtbilder-Vortrag über Spitzbergen… war sehr interessant. Nachher saßen wir fidel zusammen. Otto hat eine Gebirgstour gemacht, er ist ja auch großer Bergsteiger.«

»Wir sind zum Ball bei den Alemannen eingeladen, aber man kann als junges Mädchen nicht auf zwei Burschenschaften verkehren, also sagten wir schweren Herzens die Alemannen ab. Habe Otto getroffen, obwohl der so tief in seiner Arbeit steckt, und er war richtig lieb. Mit Juliette und Ella zum Ball im Postverein, dem ja auch Vater Meissner angehört. Gegen sechs Uhr kam Otto, sah wieder zum Küssen bildhübsch aus… sein Freund Jentsch, der arme Kleine, war gestern auf Mensur, bekam einen Durchzieher, der arme Knirps. Ich war heute morgen mit Ella in der Kirche und richtig andächtig. Wieder Kaffee bei Meissners, es war riesig fidel, und jeder trug was vor. Sogar Jentsch, der noch seinen Verband auf der Backe hat. Otto hat sich in ein Forsthaus [gemeint ist die Skihütte in den Vogesen] zurückgezogen, wo er die letzten Tage vor seinem Examen in Ruhe studiert… Habe ihn zum zweiten Mal als Leutnant gesehen, er kam vom Polizeipräsidenten, wo er sich vorstellen mußte. Uniform steht ihm sehr gut, doch in Zivil gefällt er mir besser.«

»Sonntag hat Juliette furchtbar mir Bressler geflirtet. Gestern, als wir ihn wiedertrafen, warf sie ihm glühend verliebte Blicke zu. Wie kann sich ein Mädel nur so benehmen!«

»Heute Abend singe ich in der [Freimaurer-]Loge [in der ihr Vater führendes Mitglied war], morgen ist dort ein Ball. So recht freue ich mich gar nicht darauf. Montag habe ich Geburtstag… ich werde 19!!! Wie die Zeit fliegt, und wie rasch das Alter auf einen zukommt. Ella hat am selben Tag wie ich Geburtstag und wird schon 23, die ärmste!«

»Dienstag wird Otto sein Examen machen. Oh, ich bin so gespannt! Wenn Otto seinen Assessor hat... wird wohl etwas passieren. Gestern abend feierte Claude auf der Kneipe seinen Referendar.«

»Dienstag, 18. Dezember 1906.
Nun ist er mein, auf immer mein!
Ihr Himmel, stimmet jubelnd ein,
ihr Donner hallet es zurück,
ihr Ströme rauscht von meinem Glück.
Ihr Vöglein singt in unserem Sang
Ihr Wälder weckt des Echos Klang,
Ihr Blumen duftet es zurück.
Natur vernimm von meinem grenzenlosen Glück...!«

»Es kommt mir vor wie ein Traum... ich bin verlobt!!!«

»Heute vor drei Tagen gab ich mein Ja-Wort. Doch, wie alles kam!«

»Montag hatte ich Geburtstag, morgens wurde mir von Otto ein wunderbares Rosenbouquet zugeschickt, um elf Uhr kam er persönlich. Nachmittags bei Ella zum Geburtstagskaffee, denn wir haben ja beide Geburtstag. Zwei frühere Schwärme von Otto, Josi Eichmann und Ria Pressler, waren auch da. Letztere ist nun auch verlobt, braucht sich also nicht grämen. Otto saß natürlich neben mir, doch war ich eifersüchtig, weil er sich ziemlich mit Josi beschäftigte. Gott sei Dank ging sie früh weg, und es wurde sehr fidel.«

»Folgenden Tages stieg Otto ins Examen. Ich hielt ihm unentwegt die Daumen... habe beide Daumen richtig fest gedrückt, doch er wird auch ohne mich durchkommen. Gegen Abend klingelt der Postbote... Telegramm von Otto, konnte es mir aber schon vorher denken... Assessor bestanden... mit summa cum laude. Als Bester natürlich... bin maßlos stolz auf ihn. Habe ihm gleich telegrafiert.«

»Wie er kam am nächsten Tag, haben wir uns nur angeschaut... wir brauchten nicht zu reden. Vater Meissner hatte seine Uniform mit den Orden angezogen, um seinen Sohn würdig zu grüßen.«

»Es kam dann, was lange genug in der Luft geschwebt hatte, beim Pfänderspiel gelang es uns, alleine zu sein im Salon... wir haben uns verlobt!«

»Wie ich das JA herausbrachte, als er mir die schönste Frage von allen Fragen stellte, ich weiß nicht mehr. Es kam so schnell. Er *küßte mich so fest und innig, sehr viele Male. Dann frug er, ob wir uns als Verlobte vorstellen sollten. Ich war einverstanden. Wir traten Arm in Arm ins Wohnzimmer... Else lief weinend ins Schlafzimmer, Juliette verschwand weinend in der Küche, Mama und ich würgten ebenfalls Tränen hinunter. Warum eigentlich... wo doch alles so fabelhaft schön war. Dann plötzlich Totenstille im Raum, alles in Nachdenken versunken.«*

»Danach kam wieder Stimmung auf bei uns. Jetzt duzt mich Otto vor den anderen. Auch Mama und Else waren mit dem Dusagen einverstanden. Alle blieben zum Nachtessen und es wurde 12 Uhr.«

»Unsere Verlobung bleibt vorläufig geheim, darauf haben Meissners bestanden. Alles streng vertraulich, auch wenn schon viele Leute davon wissen. Das ist deswegen, weil Otto noch auf die offizielle Ernennung wartet, ich meine, zum Assessor im Staatsdienst. Dann ist er Beamter auf Lebenszeit und bekommt Gehalt und im Alter Pension, auch für die Witwe, so wie das bei meinem Vater ist und bei Vater Meissner.« [Es entsprach dem »Dekorum« dieser Zeit, daß sich ein junger Mann erst dann offiziell verlobte, wenn er eine Stellung hatte, die den Unterhalt einer Familie sicherstellte.]

»Übrigens nach unserem Verlobungsabend kam Otto am folgenden Morgen zu Papa, um noch offiziell um meine Hand anzuhalten, die ihm natürlich bewilligt wurde. Er legte Papa eindeutig klar, was er verdienen würde und wie vermutlich seine Zukunft verlaufen werde. Papa hätte allerdings gewünscht, daß sich Else vor mir verlobt, denn ich bin ja die Jüngste. Aber die ist innerlich mit Dolores noch lange nicht fertig.«

»Alle sind entzückt von Otto, ich liebe ihn, was könnte ich auch anderes? Von Tag zu Tag vertieft sich meine Liebe mehr und mehr, und ewig soll es so bleiben. Übrigens noch von meinem Geburtstag... das liebste Geschenk war mein Otto.«

»Aber ich hab' schon gespürt, inzwischen auch von Juliette erfahren, daß Vater Meissner nicht so ganz einverstanden ist mit Ottos Wahl. Er hatte sich ein sehr reiches Mädchen für seinen Sohn gedacht. Darüber hatte man in der Familie auch gesprochen. Um was für eine es sich handelte, kann ich mir halb und halb denken.«

Dr. Otto Meissner, seit kurzem Kaiserlicher Regierungsassessor, und Hildegard Roos grüßen als Verlobte.

»Der Ball in der Loge war sehr, sehr nett. Heini Doehle erschien nach seiner Mensur, obwohl man ihn ›glatt abgestochen‹ hatte. Beim Konzert mußte ich als erste Nummer singen, es ging sehr gut, trotz meiner Heiserkeit. Herrliches Blumenbouquet bekam ich auch von Walter Clewing [später ein berühmter Wagner-Sänger]. Ich habe dann auch mit Clewing gesungen ... einfach herrlich. Die Cotillons waren ganz reizend, Else und ich haben zehn Cotillonsträußchen bekommen, und wir kamen erst um vier Uhr nach Hause und erzählten noch bis fünf Uhr.«

»Zum Weihnachtsball acht Tage später kommt Otto selbstredend hin. Wir müssen uns aber während des ganzen Abends siezen, weil bis dahin die Verlobung noch geheim ist. Wird das schwer fallen! Letzte Weihnachtsfeier im Elternhaus, das nächste Mal bei uns. Otto wird jetzt schon schlafen und hoffentlich von seiner Hilde träumen, die ihn von Herzen liebt und glücklich ist ...«

»Otto und ich haben den Weihnachtsbaum meiner Eltern geschmückt, unter Lachen, Scherzen und Küssen. Um Siebeneinhalb kam Otto, der schon zwei Bescherungen hinter sich hat, nämlich zu Hause und bei seinem Freund Dumstrey. Es kam feierliche Stimmung über uns, ein hellstrahlender Weihnachtsbaum war es denn auch. Otto und ich singen eng umschlungen die Lieder und versinken in Nachdenken unter dem Baum. Allerhand Gedanken überkommen uns unwillkürlich ... von Otto bekam ich den Verlobungsring, den er mir am Heiligen Abend an den Finger steckte. Von den Eltern ein weißseidenes Ballkleid ... von den Schwiegereltern ein halbes Dutzend Kaffeelöffel und von jeder meiner Schwägerinnen drei silberne Gabeln. So langsam kommt unser Besteck zusammen. Erich schenkte mir ein Salzfäßchen mit Inhalt. Dazu ein Gedicht, von Tante Lou, Mamma Meissner und Schwestern ... ein silbernes Siebchen und andere nette kleine Sachen für unseren Haushalt. Zu jedem Geschenk ein passender Vers.«

»Es ist so weit, die Ernennung zum Assessor ist gekommen, vom Kaiser selbst unterschrieben, und zwar auf der Insel Korfu, wo unser Kaiser eine Villa besitzt. Wir können unsere Verlobung öffentlich verkünden. Zweihundert Adressen müssen geschrieben werden, aber es macht uns Freude.«

»Ball in der Loge, welch ein Getuschel, als Otto und ich Arm in Arm in den Saal treten. Alles dreht sich um, es geht viel Geraune durch die Reihen. Als das Feiern und Bescheren vorbei ist, gratulieren uns alle. Folgenden Tages Weihnachtsball im Kasino von Ottos Regiment. Das Vorstellen und Beglückwünschen nimmt kein Ende mehr... die Besuche in meinem Elternhaus reißen nicht ab. Ich wußte gar nicht, wie viele Freunde, Bekannte und Verwandte wir haben. Blumenkörbe, Blumentöpfe und Blumenbouquets. Von Hedwig Dinter und ihrem Bruder Artur eine Konfektschale, gefüllt mit Maiglöckchen. Jeden Tag gehen wir in die Orangerie zum Schlittschuhlaufen, solange der See fest gefroren bleibt.«

»Mit Otto unternehmen wir eine Sylvesterfahrt im Schlitten nach ›Fuchs-am-Buckel‹, der Ausflug war unbeschreiblich wunderbar. Wir fuhren unsere alte Radlstrecke am Rhein entlang. Auf der Heimfahrt waren wir alle äußerst fidel, lachten und sangen, daß es weithin schallte. Daheim bei Meissners gossen wir auch Blei. Drollige, undefinierbare Sachen kamen dabei heraus.«

»Was wird uns die kommende Zeit bescheren? Otto und ich versichern uns Treue, immer und ewige Treue, unwandelbare Liebe. Wir wollen uns glücklich machen... Otto ist lieb und gut comme toujours.«

»Ich habe als Braut noch weniger Zeit als früher. Was wird wohl aus mir werden an seiner Seite? Aber die Ausbildung im Konservatorium mache ich weiter. Die Abende und Sonntage verbringen wir zusammen.«

»Unsere Brautbesuche haben Otto und ich gottlob hinter uns. In einem tl-Spänner machten wir sie bei schönstem Regenwetter von elf bis ein Uhr dreißig. Bei dreizehn Leuten wurden wir angenommen. Otto und ich waren prima en toilette.«

»Wir musizieren viel, auch mit Frau Fauth, die eine wunderbare Stimme hat. Tante Lou ist besonders reizend zu mir... mein neuer Vetter Hans Fauth (Germane) ist ein famoser kluger Kerl, aber leider ist der Ärmste nicht größer als ein Zwerg. Abends bei den Schwiegereltern großes Singen, zu Ehren von Otto und mir. Achtzehn Personen, nur Verwandte von Meissners, darunter vier aus der Kleber-Familie. Vater Meissner hielt eine Rede, ebenso Tante Fauth, auf das Brautpaar. Um 12 Uhr nachts hatte Mutter

Meissner 50. Geburtstag... Otto hielt für sie nun eine reizende, zu Herzen gehende Ansprache. Otto, der liebe Mensch, und ich ließen uns auch zusammen typen. Er im Gehrock und ich im weißseidenen Kleid... Doch meint Ella, ich sähe in Wirklichkeit viel besser aus als auf dem Foto. Die Brautzeit ist doch einmalig schön, ich muß es mir immer wieder sagen, nie hätte ich gedacht, daß es so herrlich sein wird. Otto ist so einzig gut, einen besseren Menschen findet man nirgendwo auf der Welt. Von Tag zu Tag gewinne ich meinen Otto lieber, ich möchte ihn am liebsten immer bei mir haben. Trennen von ihm könnte ich mich nie... nie... nie... Entsetzlich ist allein schon der Gedanke an so etwas. Jeden Tag entdecke ich neue, gute Eigenschaften an meinem besten Freund. Außerdem war er auch in seiner Studentenzeit immer so anständig und nicht so leichtsinnig wie sonst die Herrenwelt von heute... Ab und zu eine kleine Meinungsverschiedenheit wird ja vorkommen, doch wir werden uns verstehen und einander anpassen. Jetzt sitzt mein Liebster bei dem schönen Wetter hinter staubigen Akten und arbeitet.«

»Ball beim Zollverein und Ball beim Postverein, beide Abende riesig nett und wieder mal quietschfidelio. Auch ich sang drei Lieder, einmal mit Clewing, sonst nur mit Klavier. Habe viele Blumen und enorm viel Applaus bekommen. Am 4. Februar war Ball beim Statthalter (offizieller Vertreter des Kaisers), dem großen Wedel. Das war unbeschreiblich, ich hatte bis dahin so etwas noch nie erlebt. Tout à l'étiquette... alles in großer Tenue. Das gefiel mir riesig. Die vielen glänzenden Uniformen, die anderen Herren en pique im Frack, mit Orden, Ordensbändern und all solchen Sachen. Damen in Hoftoilette, das ganze Arrangement unwahrscheinlich schön und elegant.«

Am 11. Februar Fastnachtsmontag in der ›Germania‹. Alle Germanen und Burschenschaftler waren da, mit irgendeiner ulkigen Kopfbedeckung. Else und ich hatten Marquis-Hüte auf. Otto sah bildhübsch aus... hatte sich das Haar brennen und ondulieren lassen, das stand ihm ausgezeichnet. Während dieser Trubeltage können wir täglich Eislaufen..., ach, es ist ein herrlicher Winter! Fastnacht-Dienstag war ich mit Otto im Theater, bis früh um fünfe!«

»Aber das Stück war ordinär, ich habe mich furchtbar geschämt.

Daß man so etwas auf der Bühne sagen kann. Beim Germanenball mußte ich ein Lied vortragen, und es wurde ein Theaterstück aufgeführt, ›Der Eintagsleutnant‹. Einige Herren hatten Damenrollen übernommen, es war zum Quietschen komisch! Auch beim Postverein habe ich gesungen und bekam ein herrliches Bouquet. Nach den Aufführungen haben Otto und ich die Polonaise angeführt, die ziemlich mißlang. Auch am Geburtstag meiner Eltern war ein großes Fest mit 16 Personen, Blitzlicht-Aufnahmen wurden gemacht und reüssierten tl. Am Ostersonntag allgemeiner Familienspaziergang, der höchst langstielig war… morgens waren Otto und ich zur Kirche, zum ersten Mal wir allein. Otto schenkte mir Osterblümchen und einen tl-Tennisschläger.«

»Seit vierzehn Tagen ist mein Liebster im Manöver bei Bitch, macht eine Oberleutnantsübung mit. Er kommandiert zeitweise eine ganze Kompanie. Papa ist mit Else seit zehn Tagen in Paris als Erzieherin. Sie hat es fein getroffen, ist bei einer Marquise de Saint Croix, sie unterrichtet zwei kleine Mädel vier Stunden am Tag… mir fehlen doch die Plauderstündchen im Bett, ohne Else ist mein Zimmer einsam. Doppelt einsam ist es, wenn ich nur aus der Ferne an Otto denken kann. Ich freue mich diebisch, daß er morgen zurückkommt. Otto ist so süß, so goldig, aufessen könnte ich ihn vor lauter Liebe. Die Liebe ist doch was Herrliches, Erhabenes, Wunderbares, so gerne wir uns haben… wenn es immer nur so bleibt. Ich bin so bange, unser Glück ist zu groß… zudem glückt Otto in seinem Beruf auch alles. Seit Juli ist er bei der Eisenbahndirektion angenommen, erst auf ein Probejahr. Aber schon jetzt eine todsichere Sache. Sein Glück ist grandios, es hatten so viele andere Assessoren sich um die gute Stellung beworben. Aber weil Otto tadellose Personalakten hat und die besten Examen, wurde er allen vorgezogen. Seine Doktorarbeit vor drei Jahren soll so gut gewesen sein, daß man sie nach Berlin geschickt hat, wegen vieler neuer Gedanken.«

»Im Gehalt steht er sich auch glänzend, besser als bei der Justiz, und so können wir im Frühjahr heiraten.«

»Bin heute Abend allein zu Hause, Mama ist mit Henni im Theater. Henni ist meine Schwägerin. Ottos verheiratete Schwester aus Göttingen. Sie ist seit acht Tagen mit kleiner Tochter hier. Ich bin

ganz entzückt von Henni, sie ist ein lieber Mensch ... Henni ist sehr praktisch und energisch ... hat ihren herzensguten Mann ›total unterm Pantoffel‹, so scheint mir. Morgen um die Zeit bin ich mit meinem Herzlieb zusammen, nein, wie ich mich freue, er ist ein süßer, ganz süßer Goldknopf!«

»Im Manöver mußte er viel aushalten bei schlimmer Hitze und bis zur Hüfte durchs Wasser. Er schont sich nämlich nicht. Er hat einen, der ohnmächtig wurde, auf der Schulter zum Sanitäter getragen, habe ich gehört. Selber sagt er so was nicht. Er ist auch schon mächtig mager geworden. Aber ich werde ihn schon wieder aufpäppeln. Otto hat, seit er bei der Bahn ist, in ganz Europa freie Fahrt Erster Klasse. Ich werde, wenn wir verheiratet sind, nur die Hälfte bezahlen müssen, und einmal im Jahr habe auch ich Freifahrt. Gute Nacht, mein Darling, schlaf gut und träume von Deiner Hilde!«

[Die Hochzeit mußte verschoben werden, weil die Braut krank wurde. Im Tagebuch spricht sie nur von Halsentzündung, sie hatte auch zwei kleine Operationen. Nach anderer Lesart könnte es Tuberkulose gewesen sein. Mutter hielt sich mehrere Monate nahe bei Zürich in einem Sanatorium auf.]

»Nun bin ich wieder zu Hause und herzlich froh, meinen Schatz täglich zu sehen. So schön es in der Schweiz war, doppelt schön ist es hier, mit meinem Liebsten. Morgen nun werde ich zwanzig Jahre alt, wie rasch doch die Jugend vergeht, und wer weiß, wie lange man noch zu leben hat. Übermorgen sind wir schon ein Jahr verlobt. Bald aber heiraten wir. Gestern Ball in der Loge, und wir waren dabei. Wurde zum Geburtstag von meinem Liebsten mit einem herrlichen Pelzjackett erfreut, und bekam von den Eltern viele nützliche Sachen ... meine Silberbestecke vermehren sich. Soirée bei Professor Pfitzner. Wir hatten mächtig viel Vergnügen, Theater und so weiter. So geht die Zeit herum ... jetzt haben wir schon Juni, in drei Wochen sind wir verheiratet!!! Ich freue mich unsäglich, bald ganz mit meinem Lieb vereint zu sein ...«

»Haben enorm viel zu tun mit Vorbereitungen. Otto und ich suchen uns eine herrliche Vierzimmerwohnung aus, mit Zentralheizung, für tausendfünfzig Mark im Jahr. Viel Geld für junge Leute ... nächste Woche kann ich schon die Möbel einrichten!«

»Ich habe übrigens eine wunderbar schöne Aussteuer bekommen, alles nach Wunsch. Alles aufzählen mag ich nicht, es führt zu weit. Der Salon in rotem Mahagoni, ganz im Jugendstil, wie es so modern ist. Wenn ich dann denke, daß ich schon in drei Wochen Frau Meissner bin!«

»Wir werden von Ottos Freund Viktor Claude getraut. Der ist ganz reizend. In der Kirche, es ist die berühmte, uralte Thomas-Kirche, singt mein Gesanglehrer, und Dr. Heini Doehle wird Geige spielen. Ottos Freund Albert Schweitzer wird die Orgel spielen, es wird eine feierliche Trauung. Ob ich nochmals dazu komme, als ›Mädchen‹ ins Tagebuch zu schreiben... glaube ich kaum!«

»Otto zum Manöver in der Nähe von Hagenau. Ich vertreibe mir die Wartezeit mit Nähen und Einrichten des Haushalts. Alles tl in Ordnung, ich übe mich schon für den zukünftigen Haushalt. Ich bin unsagbar glücklich... auch will ich meinen Schatz recht glücklich machen.«

»Unsere Hochzeitsreise machen wir nach Brüssel, Ostende und Blankenberghe. Wollen danach über Paris nach Hause reisen. Was werden wir glücklich und fröhlich sein, alleine... unser eigener Herr! Heute hat mich mein Liebster allein gelassen. Er macht mit Doehle eine große Fußtour in den Vogesen. Übrigens: Else ist auch verlobt, und zwar heimlich... so heimlich, daß selbst mein Tagebuch noch nichts darüber zu wissen braucht. So können wir also hoffen, daß sie innerlich ganz fertig ist mit Dolores.«

»Auch Hilde Senft ist verlobt, und zwar mit Hohlwein, mit demselben, der ihr letztes Jahr einen Antrag gemacht hat. Den hatte sie abgewiesen, sie sagte, sie könne ihn nicht leiden und darum auch nicht heiraten, und nun... tableau! Wir waren alle platt, aber die beiden müssen ja wissen, was sie tun...«

»Wir geben eine ziemlich große Hochzeit, und sie wird todschick werden. Meine Hochzeitskleider sind bei der Schneiderin ...crêpe de chine, auch sonst alles comme il faut. Otto kann mit seinem Frauchen Ehre einlegen...«

»In unserem Heim. Alles was jetzt kommt, schreibe ich im eigenen Heim. Am 4. Juli ist es geschehen. Es war der Tag, als ich meinem Herzlieb fürs Leben anvertraut wurde. Alles geschah bei herrlichstem Wetter in sehr feierlicher Stimmung wie noch nie... Unter

ZUR

FEIER DER VERMÄHLUNG

VON

FRÄULEIN

HILDEGARD ROOS

MIT

HERRN REGIERUNGSASSESSOR

Dr. MEISSNER

STRASSBURG, DEN 6. JULI 1908.

Speisenfolge.

Krebssuppe.

Ragout en casserole.

Rappoltsweiler Weißwein.
Ottrotter Rotwein.

Rheinsalm, Sauce Bearnaise-Kartoffeln

Graacher Himmelreich,
Crescenz Anton Thanich
Longuicher.

Rehrücken à la Monte Carlo.

Château Margeux.

Gänseleber in Aspic.

Johannisberger Claus 1897,
Crescenz Hugo Horst.

Poularde, Kopfsalat, Kompott.

Corton 1895.

Gefrorenes.

Vix-Bara.

Mandelberg.

Breton-Torte.

Obst — Dessert.

Kaffee.

Musikfolge.

I. Ständchen.

(Kapelle des Inf.-Regts. No. 136).

1. **Hochzeitsmarsch** a. d. Op. „Ein Sommernachtstraum . . . . Mendelsohn
2. **Ouverture** z. Op.: „Mignon" . . . . Thomas
3. **„Heimlich, still und leise"**, Gavotte a. d. Posse „Bis früh um fünfe" . . . . . Lincke
4. **Fantasie** a. d. Op. „Die Walküre" . . . . Wagner
5. **„Gold und Silber"**, Walzer . . . . Lehàr.
6. **Marsch** a. d. Op. „Das goldene Kreuz" . Brüll

II. Tafelmusik.

(Künstlerquartett).

1. **Brautchor** a. d. Op. „Lohengrin" . . . . Wagner
2. **Ouverture** z. Op.: „Figaros Hochzeit" . . Mozart
3. **„Wer uns getraut"**, Lied a. d. Operette „Der Zigeunerbaron" . . . . Strauss
4. a) **„Intermezzo"**
   b) **„Vilja-Lied"** } a. d. Operette „Die lustige Witwe" } Lehàr
5. **„Rendez-vous"**, Gavotte . . . . Aletter
6. **Fantasie** a. d. Oper „Das Glöckchen des Eremiten" . . . . Maillart
7. **Walzer** a. d. Operette „Ein Walzertraum" O. Strauss
8. **„Tiroler Holzhackerbuab"**, Marsch . . . Wagner

Orgelbrausen schritten wir zum Altar! Der wunderbare Albert Schweitzer spielte die Orgel, eine von dem berühmten Silbermann. Nach dem JA, nach dem Ringwechsel spielte Doehle entzückend Geige, mir war so unbeschreiblich zumute ... sagenhaft glücklich. Mein neuer, mein wichtigster Lebensabschnitt hat begonnen. Hoffentlich für uns beide eine sonnenbeschienene, sorgenfreie Zeit und vor dem Altar habe ich gelobt, meinen Mann so glücklich zu machen, wie ich es vermag.«

»Dann alle ins Hotel ›Rotes Haus‹. Viele Festreden, mein Schatz und ich machten noch bis zehn Uhr mit, wir wollten ja auch etwas von der Hochzeit haben. Während des Essens brachte uns Ottos Regimentskapelle ein fabelhaftes Ständchen. Glückwunschtelegramme und Blumen, ein Geschenk von der Frau des Reichsstatthalters. Mein Brautbouquet vom Schetzl war ganz und gar weiße Nelken. Wie ich als Braut aussah, weiß ich nicht, jedenfalls sagten alle, sehr hübsch ... Tante Fauth nannte mich sogar hinreißend.«

»Um zehn fuhren wir davon in unser neues Heim, das wir ganz und gar zusammen eingerichtet hatten. Am nächsten Morgen um 12 Uhr fuhren wir ab, direkt nach Ostende. (Über die Hochzeitsreise möchte ich im Tagebuch gar nichts erzählen. Es wäre so viel, alle Tage waren so erfüllt, und dafür habe ich keine Zeit. Spielt auch keine so wichtige Rolle.)«

»Wieder in Straßburg ... endlich wieder in unserem Heim. Von Else und Ottos Schwestern alles reizend gerichtet mit vielen Blumen. Jetzt mußten wir unsere Besuche machen und Besuche empfangen ... es nahm und nahm kein Ende mehr. Bei Ottos Kollegen von der Eisenbahndirektion machten wir Besuche an die vierzig Stück, dann wurden die Gegenbesuche in Empfang genommen, und schon kamen eine Menge Einladungen. Als dienstbaren Geist habe ich Mamas Anna bekommen und bin mit ihr sehr zufrieden. Schon im September haben wir unsere ›zweite‹ Hochzeitsreise gemacht, weil Ottos ganz normaler Urlaub fällig war. Es ging nach Wien, dann nach Tirol. Jeden Tag woanders (leider), aber Otto hat Freifahrt und für mich selber kostet es nur die Hälfte.«

»Dann war am 10. Dezember mein Geburtstag, ich freute mich darauf wie ein Kind. Mein Liebster hat zur Feier des Tages

Champagner geholt, und wir haben den Tag würdig gefeiert. Mein Schätzle weiß gar nicht, was er mir alles Liebes tun soll. Ich bin so unsagbar glücklich. Mein Lieb mit seinem goldigen Herzen ist rührend gut und immer für mich da. Ich habe ihn so furchtbar lieb und bin Gott dankbar, daß ich ihn meinen Mann nennen darf. Manchmal denke ich, womit verdienst Du das Glück? Und befürchte immer, es könnte nicht immer so bleiben... unser Glück ist zu groß.«

»Noch größer ist das Glück... noch kann ich es nicht fassen, obwohl es doch ganz natürlich ist... ein Baby ist unterwegs... unser Baby...«

»Junge oder Mädchen, das ist uns gleich. Das sagt mir Otto, und ich sage es ihm auch. Aber wenn es vielleicht doch ein Bub wird, ein Stammhalter... so viel Freude wäre kaum zu fassen.«

»Ich weiß nicht, manchmal hab' ich so dumme Gedanken. Es könnte schiefgehen und ich müßte von meinem Herzlieb scheiden! Das wäre furchtbar. Ich hänge mit jeder Phase meines Herzens an ihm, wir sind und leben immer noch in den Flitterwochen. Ich bete jeden Abend zu Gott, daß alles gutgehen soll.«

»Seit 1. Januar bin ich jede Woche zwei bis drei Tage allein, da Otto auf ›Grunderwerb‹ nach Lothringen geht. Er hat sein eigenes Dezernat, und hat selbst alles zu sagen. Mein Liebster ist bei der Bahn sehr gut angeschrieben, ich glaube, daß kein zweiter so ein kluger Kopf ist. Er bringt es bestimmt noch mal zu etwas.«

»Er geht abends nicht aus, bleibt immer bei seinem Frauchen in diesem Zustand. So einen lieben Mann findet man auf der ganzen weiten Welt nicht wieder. Alle Mädels drehen sich nach ihm um, ich werde manchmal ganz eifersüchtig. Doch auf seine Treue kann ich bauen...«

»Otto ist auf einer Konferenz in Fiume. Er soll demnächst auch nach Afrika fahren. Das kommt von den Sprachkenntnissen, die er hat, wobei ihm sein enorm gutes Gedächtnis hilft. Eine Radeltour von Straßburg nach Rom als Student, und schon hat er total die italienische Sprache beherrscht. Englisch natürlich auch, das hat ihm ja so bei dem Telegrafenbureau genutzt...«

»Mir waren die acht Tage ohne mein Lieb recht einsam. Hoffentlich schreibe ich heute nicht zum letzten Mal in dieses Buch, ich

Der Verfasser mit seiner Mutter und dem heute noch lebenden (78 Jahre alten) Teddybär.

vertraue auf ›IHN‹, er wird schon alles zum Guten lenken. Nur noch wenige Tage, bis das Kindchen kommt.«

»Um sechs Uhr morgens kam unser Baby auf die Welt, es ist der süßeste Bub, den man je gesehen hat! Die Geburt war sehr lange und schwer und schmerzhaft, der Arzt mit Zange mußte kommen, alle die Eingriffe geschahen ohne Chloroform.«

»Hatte danach Brustvereiterung mit zwei Operationen und sechs Wochen Bettruhe. Der behandelnde Arzt war Dr. Seidl, ein Schulfreund meines Otto.«

»Endlich schien alles vorüber zu sein und ich durfte verreisen. Alle drei fuhren wir nach Lugano, wo auch Dr. Seidl war und mich weiter behandeln konnte. Unser Hanneli war nach seiner Geburt ein paar Wochen krank und hatte Schmerzen. Eine rätselhafte Sache auch für den Kinderarzt. Wie sah das arme Kerlchen aus... ich war entsetzt.«

»Hanneli hat sich erholt, er wird immer dicker und runder.

Inzwischen war schon Taufe von unserem Söhnlein, die wir sehr hübsch feierten. Am 9. November wurde der Kleine ein Christ. Hans-Otto haben wir ihn genannt, dazu nach beiden Großvätern Gustav und Adolf. Genannt wird er Hanneli, ich weiß gar nicht, warum und wer damit anfing. Wir überraschten bei der Taufe die Verwandten mit einem wohlgelungenen Bild von Hanneli, große Freude allerseits. Pfarrer Claude hat ihn getauft.«

»Ich bitte Gott aus tiefstem Herzen um ein gutes Gedeihen unseres Hanneli.«

Worum meine Mutter gebetet hat, ging weitgehend in Erfüllung. Fast könnte man sagen, auf wunderbare Weise, denn viele gefährliche Situationen konnte ich überstehen. Darunter einige Panzerschlachten an der Ostfront mit nur zwei leichten Verwundungen. Dem Absturz eines Gasballons bin ich wegen einer Verspätung von nur drei Minuten entgangen. Bei Kriegsende hatten italienische Partisanen schon durchgeladen, um mich zu erschießen, als ein alter Mann kam, dem ich mal Gutes getan hatte, und meine Exekution verhinderte. Als die »Pamir«, der letzte von den großen deutschen Seglern, im Atlantik versank, hatte ich es nur einem fast unglaublichen Zufall zu verdanken, daß ich nicht an Bord war. Wer da von Zufall redet, kennt sie nicht, die schützende Hand im Hintergrund.

Ein nur scheinbar lebloser Gegenstand: weiter nichts als ein arg ramponierter, schmuddliger grauer Teddybär, hat mit unergründlich geheimen Kräften mich lebenslang beschützt. Gleich am Tag meiner Geburt hat ein alter, immer noch getreuer Verehrer meiner Mutter, eben jener Alphons von Rosenthal, auf den mein Vater zeitlebens eifersüchtig war, den Bär der guten Anna für mich übergeben, damals an jenem 4. Juni 1909. Er war ein seinerzeit neumodisches Spielzeug, das bei entsprechender Bewegung mit tiefen Tönen brummen konnte, einer der ersten Teddys überhaupt mit dem Steiff-Knopf-im-Ohr. Kaum ist es zu glauben, er hat mich durch alle Höhen und Tiefen meines schon langen Lebens begleitet, hat mich bei tiefem Kummer viele Male getröstet und sich oft mit mir gefreut. Er ist heute noch da, ruht in einem bequemen Körbchen am Kopfende meines Bettes, und es gibt nach wie vor so manches, was nur er von mir erfährt.

Heute werden so alte Teddys dringend gesucht von Sammlern und hoch bezahlt. Unlängst hat ein solches Unikat, gelegentlich einer Versteigerung des berühmten Hauses Christie in New York, den Preis von 16300 Dollar erzielt. Dabei stammte es lediglich aus dem Jahre 1910, war also jünger als meiner. Außerdem fehlte ihm etwas, worauf Kenner und Sammler großen Wert legen, nämlich die lückenlose Lebensgeschichte des Plüschtieres. Die hat mein Teddy wie kaum ein anderer. Vom ersten bis zum letzten Tage war sein Platz bei mir, niemanden gibt es auf der Welt, der es sich leisten kann, mein Bärchen zu bezahlen.

Rupprechtsauer Allee 3

Ein Jahr meines Lebens lag hinter mir, als wir in die Rupprechtsauer Allee umzogen. Dort, in einem gerade fertiggestellten Hochhaus, verbrachte ich die meiste Zeit während der folgenden neun Jahre. Die oberste Etage, in der wir wohnten, überragte alle Dächer, so daß wir einen wunderbaren Fernblick genießen konnten. Damals war die Miete um so teurer, je tiefer die Räume lagen. Wer es sich leisten konnte, wohnte im Parterre, möglichst Hochparterre, in der sogenannten Beletage.
Wohlgemerkt gab es damals in Straßburg noch keine Aufzüge, soweit ich mich erinnern kann, außer im Hotel de Paris. Den nannten wir nicht Aufzug oder Lift, sondern »Ascenseur«.
Alles, was wir in unserer hochgelegenen Wohnung brauchten oder verbrauchten, mußte über vier Treppen getragen werden. Auch der Bub, solange er nicht imstande war, die mehr als hundert Stufen aus eigener Kraft zu erklimmen. Alle Tage wieder schleppte der Eismann die ungefähr zehn Kilo schweren Blöcke über die vom Innenhof hochsteigende Hintertreppe in unsere Küche. Der Kühlschrank konnte ja nur das Schmelzen des Eises auf die lange Bank schieben, aber nicht Kälte erzeugen. Nicht wenige Mühe machte es der fleißigen Anna, wieder und wieder mit all ihren täglichen Einkäufen bis in unsere Etage zu steigen. Leider war abends noch der Abstieg mit einem oder zwei Mülleimern zu erledigen. Weil es noch keine Staubsauger gab, wurden alle vierzehn Tage sämtliche Teppiche drunten im Hof ausgeklopft. Dabei hingen sie von einer Stange, und es gab lauten, langanhaltenden Lärm, wenn sie vom Klopfer gedroschen wurden. Beim Heruntertragen wie auch beim Hochtragen der Teppiche war gelegentlich der Soldatenfreund unserer Anna behilflich. Er bekam dafür einen Teller Suppe und ein passendes Getränk.

Rupprechtsauer Allee 3, unsere Wohnung im vierten Stock mit zwei Balkonen, aber ohne Aufzug.

Hinter der Doppeltür für »Herrschaften« ist die heute noch marmoriert verkleidete Halle mit roten Läufern und Messingstangen ausgelegt. Doch hat man inzwischen einen Ascenseur eingebaut.
Ein helles, für damalige Begriffe hochmodernes Haus im reinsten Jugendstil war unsere Nummer drei. Nicht gering ist die Zahl jener Jugendstilhäuser, die man zu Lasten öffentlicher Mittel vor dem Verfall bewahren mußte. Manche sind mittelbar oder unmittelbar für Zwecke des Europarates reserviert, zur Unterbringung der zahlreichen Kommissionen, Delegationen und angeschlossenen Organisationen. Allerdings hat man, als es noch nicht verboten war, einige der art-deco-Gebäude durch funktionelle Betonburgen ersetzt. Am Ende der Allée de la Robertsau erhebt sich der Riesenkomplex des Europarates, das Palais d'Europe. Während meiner jungen Jahre gab es dort das Bäckerhisl, ein großenteils aus Glas, Eisenstangen und Holzrippen bestehendes Ausflugslokal der »Steckelberger«. Mit Vergnügen denke ich an ein überlebensgroßes, goldenes Huhn in der Eingangshalle zurück. Schob man zehn Pfennige in seinen aufgesperrten Schnabel, rollte hinten ein Schokoladenei heraus. (Ein ähnlich gutes Erlebnis ist heute an der gleichen Stelle, beim Europarat meine ich, bestenfalls nach dem Einschieben mehrerer Milliarden zu erzielen.)
Fünf Zimmer hatten wir im vierten Stock der Rupprechtsauer Allee Nummer 3. Darüber noch die Mansardenstube für unsere Anna. Das Schlafzimmer meiner Eltern und meines lagen nach hinten heraus, aber dank der vierten Etage schauten wir auch von der Rückfront über alle Dächer hinweg. Wie damals üblich in Kreisen des »gehobenen Mittelstandes«, benutzten auch wir den Salon nur für Besucher und festliche Gelegenheiten. Alles, was sich darin befand, nicht nur die Möbel, auch die Vorhänge, Lampen, Teppiche, Vasen, Nippes, die Bilder und der Spiegel, entsprachen dem herrschenden Jugendstil. So richteten sich junge Ehepaare damals ein.
Unser Herrenzimmer, heute würde man es Wohnzimmer nennen, wie auch das Eßzimmer daneben hatten echten Gebrauchswert. Alles Notwendige befand sich darin, aber keine Besonderheiten, abgesehen von der Laute meines Vaters an der Wand, seiner langen

Tabakspfeife aus studentischen Tagen und Familienfotos, die bis in die Anfänge der Fotografie zurückreichten. Erst später kamen noch Mitbringsel von Vaters Dienstreisen aus Nordafrika, Süditalien und Marokko hinzu.

Jedes der Vorderzimmer besaß einen Balkon, allerdings nur eng und schmal. Dennoch wirkten sie alle fein und vornehm wegen der schönen handgeschmiedeten Gitter. Blumenkästen hingen daran, von meiner Mutter sorgfältig gepflegt. Gegen zu viel sengende Sonne konnte man über jeden Balkon eine Markise herunterkurbeln. Zwei Sessel mit rundem Tisch fanden dort Platz, aber nicht mehr. Bei klarem Wetter schauten wir nach drei Seiten hin über Stadt, Felder und Wälder bis zu den Waldbuckeln der Vogesen. In anderer Richtung reichte unser Blick bis auf die graugrünen Höhen des Schwarzwalds. Viel näher, das heißt, vor unserem Haus, erhoben sich die vier bis fünf herrschaftlich wirkenden, gleichfalls neuerbauten Villen am Brantplatz. Auch sie waren vom Jugendstil geprägt.

Noch lange Zeit danach, eigentlich bis zum heutigen Tage, hat es mein Herz und Gemüt bewegt, wenn ich an die Amseln denke, an ihr Geflatter und Gezwitscher auf den Baumästen, auf Dächern und Schornsteinen ringsherum. Ihre sehnsüchtigen Rufe gehen mir nicht aus dem Sinn. Deutlich höre ich noch immer die Pfiffe ferner Lokomotiven, sehe auch die Dampfwolken rollender Züge. Schon möglich, daß mein Fernweh, die ruhelose Leidenschaft des Reisens in jenen Jahren entstanden ist. Viel ging verloren, meines Erachtens, seitdem die Lokomotiven verstummt sind, seitdem man das Pfeifen und Fauchen nicht mehr hört.

Sieht man davon ab, daß wir keinen Ascenseur hatten, war unser Haus in den Augen aller Freunde und Bekannten ein hochmoderner Bau. Er besaß eine gut funktionierende Zentralheizung, elektrisches Licht, Gas in der Küche und Gasbetrieb für den Heizofen im Bad. Vom Bad getrennt, mit Wasserspülung, versteht sich, ein gekacheltes Klo. In der ersten Dekade unseres Jahrhunderts stand nur wenigen Leuten so viel Komfort zur Verfügung. Anfangs haben meine Großeltern und andere Verwandte darüber nicht wenig gestaunt. In meiner Erinnerung hat sich die Bemerkung erhalten, daß diese Art des Wohnens nicht gesund sei.

Das Nonplusultra in unserer Wohnung war ein Telefon. Es war nicht nur das einzige im Haus, auch weit und breit in der Nachbarschaft gab es keines. Als Regierungsrat bei der Eisenbahn, bei der Kaiserlichen Eisenbahndirektion wohlgemerkt, hatte es mein Vater aus dienstlichen Gründen bekommen. Fast als besondere Auszeichnung konnte man den Klingelkasten betrachten, sozusagen als Statussymbol. Doch aus bestimmten Gründen mochten meine Eltern den Apparat gar nicht gern. Denn es kamen alle Tage, mitunter mehrmals täglich, gute Nachbarn und persönliche Freunde, um rasch mal ein Gespräch zu führen. Aus dringenden Gründen natürlich. Man konnte, man durfte es ihnen nicht verwehren, weil es ja (meistens) um amtliche Sachen ging oder um Fragen an einen Arzt. Nur im Stehen konnte man fernsprechen, weil das Ding so hoch an die Wand geschraubt war, und zwar im Hausflur. So und nicht anders schien das Vorschrift zu sein, denn es war bei allen Telefonbesitzern ähnlich befestigt. Man drehte die Kurbel, hielt die Muschel vor den Mund und den Hörer ans Ohr. Natürlich ging alles übers »Fräulein vom Amt«. Sie waren die ersten weiblichen Wesen im technischen Bereich. Rasch war im allgemeinen die Verbindung hergestellt und die Gegenseite gut zu verstehen. Das Telefonbuch, besser als Telefonheft zu bezeichnen, umfaßte knapp vierzig Seiten und war kaum so dick wie ein Bleistift. Wer sich eine Nummer notiert, aber vergessen hatte, wen sie betraf, brauchte nur im Heft die Seiten zu überfliegen und hatte schon bald den Namen zur Nummer gefunden.

Die sogenannte Mansarde, gewissermaßen der fünfte Stock unter schrägem Dach, wo unsere Anna und alle anderen Dienstboten im Haus wohnten, wäre heute nicht mehr für die gleichen Zwecke zugelassen. Eine Schande war es, dort Menschen schlafen zu lassen. Etwa der halbe Dachboden war in Kammern von etwa zehn Quadratmetern unterteilt. Nur neben dem Bett konnte man aufrecht stehen, lediglich an der Schmalseite gab es ein Klappfenster. Heizbar war die Mansarde nicht, und es gab keinen Wasserhahn. Zum Waschen stand den Mädchen nur ein Dreibein mit Becken, Krug und großem Eimer zur Verfügung. Das Wasser mußte sich das Personal aus der Küche seiner Herrschaft holen und den Eimer im Hof ausleeren, fünf Etagen tief. Als einzige Wohltat moderner Zeit hatte man der Mansarde elektrisches Licht zugestanden. Immerhin war das Haus nagelneu, gerade erst im Jahre 1910 entstanden. Doch wenn unsere Anna vom Besuch bei ihrer Familie wiederkam, aus einem Dorf in den Vogesen, war sie nach eigenem Bekunden immer wieder froh, hier in Straßburg ein Bett für sich allein zu haben. In die Mansarde regnete es nicht hinein, kein Wind drang durch die Wände, und von Ratten hatte sie nichts zu befürchten. Eine Drehung am Schalter, und schon brannte helles Licht. Daheim bei ihren kinderreichen Eltern mußten sich zwei Geschwister die Bettstatt teilen. Die Zudecke, sagte unsere Anna, reiche vorne und hinten nicht. Wie gemütlich war es dagegen in der Mansarde!

Die Freda war meine erste Freundin. Als wir einander kennenlernten, wurde zwischen uns kein Wort gewechselt. Denn wir konnten noch nicht sprechen... damals. Dafür stand Fredas Wiege neben der meinen. Ihre und meine Mutter haben uns das später eingehend berichtet. Wir lallten und lachten, sabberten und greinten. Hin und wieder gaben wir durch Geplärr zu verstehen, daß wir einen Windelwechsel wünschten.

Die Freda war um einen ganzen Tag älter. Sie war die mittlere der drei Sonnemann-Töchter, Immi und Anni hießen die anderen. Jeweils drei Jahre trennten die Geschwister. Vater Sonnemann war aktiver Major in einem Straßburger Regiment, dorthin versetzt aus Pommern. Die Mutter stammte aus Eberswalde bei Berlin, beide waren »Fremdkörper« in Elsaß-Lothringen, von hartgesottenen Deutschenfressern als preußische »Boches« betrachtet. Die Sonnemanns wohnten eine Etage tiefer, wir liefen über ihren Köpfen. Schon bald kam es zwischen den beiden Frauen zu einer engen Freundschaft, und was Freda und mich betrifft, so hat sie alle wechselvollen Zeiten gut überstanden, wir sehen uns heute noch!

Vor unserem großen, hohen Haus gab es einen schmalen Garten mit kleinem Hof, worin sich außer einem alten Kirschbaum und dem Sandkasten für Kinder nichts befand. Ein immer verschlossenes Gartentor, durch das aber kleine Leute ohne weiteres durchkriechen konnten, ließ uns in den weit größeren, besser gepflegten Garten des Nachbarhauses gelangen. Im übrigen war es bis ins kleinste Detail der Zwilling unseres Hauses, Ausgang und Eingang allerdings lagen am Paul-Laband-Staden (Quai Rouget de Lisle).

Dieser »Staden«, eine Fahrstraße mit Uferpromenade und sandigem Reitweg, begleitet die Ill vom Brantplatz bis weit vor die Stadt. Am Ende strömt die Ill, nachdem sie durch Teilung in zwei Arme die Stadtmitte Straßburgs zur Insel gemacht hat, in den breit und mächtig dahinströmenden Rhein. Aus einleuchtendem Grund haben ihn schon die alten Römer »Vater der Flüsse« genannt.
Vom Laband-Staden senkt sich ein ziemlich steiler, von kniehohem Gras überwucherter Hang zum Fluß hinab. Gleich daneben ein schmaler, aber tief ausgetretener Weg. Das war der alte Treidelpfad zur Fortbewegung der Lastkähne, sei es durch schwere Pferde oder schwitzende Menschen. Als Bub habe ich noch selber gesehen, wie das gemacht wurde. Muskelstarke Männer mit breitem Riemen quer über der Brust zogen den Kahn. Vorgebeugt die Oberkörper, Schritt um Schritt weiter und immer weiter. Langsam, aber mit unablässiger Ausdauer, beförderten sie das tief im Wasser liegende Schiff dem Ziel entgegen.
Es gab noch eine andere, vielleicht interessantere Methode. Dabei wurde der Lastkahn mit Stangen geschoben, auch gegen die Strömung. Zwei Mann zumindest waren dafür notwendig. Die gingen nicht von Bord, sondern liefen am Rand ihres Fahrzeugs entlang. Sobald der eine hinten ankam, eilte er mit seiner Stange wieder nach vorne, stemmte deren oberes, gepolstertes Ende gegen seine Schulter und das andere neben dem Kahn ins Wasser. So bewegte sich das Fahrzeug unter seinen Füßen langsam aber sicher vorwärts. War der Kahn unter ihm durchgeglitten, lief er im Trab aufs neue nach vorne, während der andere, etwa in der Mitte, noch beim Stemmen war. Als man später im Krieg die robusten Männer für andere Aufgaben brauchte, haben sogar Frauen zu den Stangen gegriffen. Selbst das Treideln mit Pferden wurde immer seltener, denn die mußten im Osten und Westen Kanonen ziehen. Gern hätte ich Fotos in diesem Buch gezeigt vom Stemmen der Lastkähne und vom Treideln mit Pferden. Aber nicht einmal im sonst von Bildern der Vergangenheit so reichen Archiv der Stadt Straßburg war eine Darstellung zu finden.
Eidechsen gab es massenhaft am Wiesenhang, auch Blindschleichen, Salamander und Grashüpfer waren zahlreich, öfters platschte ein Frosch ins Wasser.

Die vier oder fünf Privatvillen am Brantplatz waren durch hohe Mauern voneinander getrennt. Als wir größer wurden, schon dem schulpflichtigen Alter nahekamen, war es unser Bestreben, freihändig auf diesen Mauern laufend bis zum Brantplatz vorzudringen. Mutproben sollten es sein, um den am Platz wartenden Droschkenkutschern zu imponieren und Kindern, die sich so etwas nicht zutrauten. Wer dabei von der Mauer rutschte und aus dem verbotenen Garten nicht rasch genug auf die Straße kam, bezog ein paar Ohrfeigen vom zuständigen Concierge (Hausmeister). Aber einer davon war kinderlieb. Sein Hausherr hieß Fritz Kiefer, eine damals in Straßburg bekannte Persönlichkeit, Inhaber und Herausgeber der »Straßburger Neuesten Nachrichten«. Sein Blatt erschien in deutscher und französischer Sprache, gefiel aber den meisten aus dem Reich stammenden Lesern nicht. Altelsässer war Fritz Kiefer, einer von den Steckelburgern, von den sogenannten Notabeln, der Frankreich glühend liebte, während er alles haßte, was von jenseits des Rheins kam, ganz besonders die Preußen. Merkwürdig nur, daß man im persönlichen Verkehr mit ihm nichts davon merkte. Auch meine Eltern standen auf gutem Fuß mit dem so überaus frankophilen Kiefer. Sie promenierten mit ihm durch die Orangerie, und man traf sich nach Konzerten zum Glas Wein in einer gemütlichen Ecke.

Was Fritz Kiefer besonders auszeichnete, und ihn letzten Endes zur bleibenden Berühmtheit machte, war seine Sammlung historischer Uniformen, besonders aus der napoleonischen Epoche. Davon standen seinerzeit acht oder neun in der Halle seines Hauses. Für jede von ihnen hatte der Sammler eine Wachspuppe fertigen lassen, natürlich in Lebensgröße, mit unheimlich schimmernden Glasaugen. Für uns Kinder ein phantastischer, märchenhafter Anblick. Von jeder Figur wußte Kiefer viel zu erzählen, kannte die Herkunft der Uniformen, auch an welchen Schlachten und sonstigen Heldentaten der einstige Besitzer mitgewirkt hatte. Dazu spendierte er Kuchen und Kakao, Erdbeeren mit Sahne und sonstige Leckereien. Seine Sammlung hat Fritz Kiefer dem »Historischen Museum der Stadt Straßburg« vermacht und bis dahin die Zahl der Uniformträger auf etwa siebzig Gestalten vermehrt. Sogar preußische Gardeoffiziere befanden sich unter seinen Neuen.

Eine uralte Dame, der wir einmal im Hause begegneten, die ein seltsam gutturales Französisch sprach und deren Gesicht durch einen vom Hut herabhängenden Schleier fast unsichtbar blieb, war eine tragische Figur, ein lebendiges Denkmal der eigenen Vergangenheit. Ranavanola war es, die letzte Königin von Madagaskar. Sie war, als 1895 die große Insel ihre Selbständigkeit verloren hatte und zu einer französischen Kolonie geworden war, wenig später gestürzt und aus ihrem Land vertrieben worden. Immerhin erhielt Ranavanola von Paris eine relativ hohe Pension und reiste ruhelos durch Europa. Begleitet von einer schweigsamen Gesellschafterin, versorgt von einer dunkelfarbigen Zofe, tauchte die sehr alt gewordene, zierliche Exkönigin gelegentlich in Straßburg auf, wo sich Fritz Kiefer ihrer gastfreundlich annahm.

Abgesehen von Köchin und Hausmädchen beschäftigte Kiefer einen Kammerdiener. Nie zuvor hatte ich einen männlichen Dienstboten gesehen, erst recht keinen in dunkelbrauner Livree mit Silberknöpfen. So machte er großen Eindruck auf mich.

Der Coiffeurbetrieb für Damen und Herren, von der Familie Gauer geführt, wurde nach dem Ersten Weltkrieg aus unserem Haus auf die andere Seite des Brantplatzes verlegt. Leider sind die beiden Gauers, auch meine Freundin Germaine Gauer, schon lange verstorben. Doch liest man am Firmenschild noch ihre Namen. Die Germaine Gauer, einziges Kind, ist etwa gleich alt wie Freda und ich gewesen und hat deshalb zu unserer Clique gehört. Im Salon der Gauers wurde meine Mutter frisiert und onduliert, wurden meinem Vater und mir die Haare geschnitten. Die Wäscherei neben Nummer 3 hat sich in eine Boutique für feine Dessous verwandelt, aber von außen sieht der Laden aus wie 1918. Das Blumengeschäft rechts davon ist »Fleurist« geblieben, die Apotheke uns gegenüber bietet akkurat den gleichen Anblick wie zu meiner Kinderzeit. Man hat lediglich die deutsche Beschriftung durch eine französische ersetzt. Drinnen allerdings ist alles modern.

In den Vogesen

Als ich dem Vater bis zu den Knien reichte, wurde weit und breit behauptet, ich sei eines der hübschesten Kinder, das man jemals gesehen habe. Eine Beschreibung meiner Person, etwa vom dritten bis zum neunten Lebensjahr erübrigt sich, die beigefügten Fotos geben mich wieder. Wirklich, die Leute blieben auf der Straße stehen, um mich anzustarren. Ich bekam Schokolade geschenkt von wildfremden Leuten, auch Murmeln und Stehaufmännchen zum Spielen. Mit Dank und höflichem Diener nahm ich das Spielzeug entgegen. In der Orangerie liefen kleine Mädchen herbei, die mir Küßchen gaben. Etwas größere Mädchen beschränkten sich darauf, mir sanft übers Haar zu streichen. Allein schon durch mein Lächeln, wobei sich Grübchen zeigten, fühlten sich die reizenden Geschöpfe belohnt. Gestandene Männer bauten Apparate auf, um mich zu fotografieren. Manche Mutter beneidete die meine um den süßen Buben.

»Die Anhimmelei tut ihm nicht gut«, pflegte mein Vater zu sagen, »so einem kleinen Mann steigt der Quatsch in den Kopf. Beizeiten muß man ihm den austreiben!«

Als jedoch unser guter Freund, der Pfarrer Claude, meinte, dafür könne doch das Kind nicht, bei so gut aussehenden Eltern bliebe dem Buben gar nichts anderes übrig als bildhübsch zu sein, konnten meine Eltern kaum widersprechen. Es war die schönste Zeit in meinem Leben, zumal die Schule noch nicht begonnen hatte. Auch für meine Eltern sind bessere Jahre nicht mehr gefolgt. Mein Vater war zufrieden in Straßburg, er wünschte nichts Besseres. Schon gleich zu Anfang hatte man ihm ein Referat mit teilweise delikaten Aufgaben anvertraut. Was jedoch meiner Mutter nicht gefiel, war die allzu häufige Abwesenheit meines Vaters. Weil er

Die Mutter mit dem Verfasser.

Französisch wie Deutsch sprach, auch Englisch und Italienisch beherrschte, schickte man ihn zu Verkehrskonferenzen nach Paris, London, Brüssel, sogar nach Biskra in Nordafrika. Kurz vor dem Krieg auch nach Marokko und in die Türkei. Mein Vater hatte mit dreißig schon den Grunderwerb unter sich. Es ging dabei um den Erwerb von Grund und Boden für Zwecke der Eisenbahn, nur im Reichsland, versteht sich. So war es Vaters Aufgabe, mit kleinen wie großen Bauern, mit Weinbauern und Gutsbesitzern, auch mit großen Feudalherren, meist Franzosen, über den Ankauf von Gelände zu verhandeln. In erster Linie kam es darauf an, daß überhaupt die Eigentümer mit sich reden ließen. Das letzte Mittel, nämlich eine Zwangsversteigerung im öffentlichen Interesse mit Hilfe von Gerichten, vielleicht gar von einer Revision zur anderen, hätte mehrere Jahre gedauert. Das sollte er vermeiden. Zu seinem großen Glück besaß Vater die Gabe, den richtigen Ton zu finden. Außerdem war er ein gottbegnadeter Weinkenner. Auf Anhieb

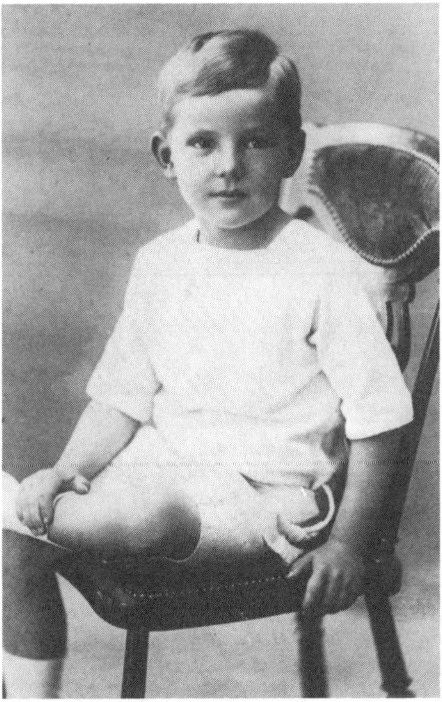

Hanneli drei Jahre alt.

wußte er die Lage fast aller Sorten und den Jahrgang zu nennen, und das war wichtig in einem Land der guten Weine und erfahrenen Weinkenner.
Im übrigen beherrschte mein Vater die meisten der im Reichsland verbreiteten Dialekte. Nicht mit der ihm zustehenden Mietdroschke rollte er durch die Gegend, er bewegte sich auf dem eigenen, von Straßburg mitgebrachten Fahrrad. Keinen Koffer nach Art der Stadtmenschen schleppte er mit, sondern einen zweckmäßig gepackten Rucksack. Außerdem nahm Vater bei vielen Dienstfahrten seine Laute mit. Er kannte viele lustige Lieder, auch solche im Dialekt. Höhere Beamte dieser Art hatte man auf dem

Mutter mit ihrem Hanneli.

Land, in den Vogesen-Tälern und hinter den Wäldern bis dahin nicht erlebt. Wo man ihn kannte oder rasch kennenlernte, war der Otto Meissner gerne gesehen. Hotel und Gasthof kamen nicht in Frage, er wohnte bei der »Kundschaft«, lobte den guten Landwein, brachte den Kindern kleine Geschenke und sang mit dunkler Stimme zur Laute.

Dem eigentlichen Zweck des Unternehmens, das heißt dem

Vater zieht ins Feld, als Oberleutnant im Infanterie-Regiment 136.

Grunderwerb, konnte das nur dienen. Weil die Kaiserliche Regierung relativ gute Preise bot, hatte Vater schon bald den passenden Vertrag in der Aktentasche. Auch was seine Spesen betraf, war die Generaldirektion nicht knauserig. Sie zahlte ihm Tagesgeld, eine Pauschale für Kost, Logis und Pferdekutsche. Was er nicht verbrauchte, gehörte ihm.

Die beim Grunderwerb gewonnenen Freunde blieben lange Jahre hindurch unserer Familie erhalten. Sie waren das Ziel so mancher Sonntagsausflüge. Jedesmal, wenn wir kamen, gab es ein kleines Fest und viele gemütliche Stunden. Ich lief mit den Kindern in den Stall, durfte mit ihnen Gänse hüten und hoch auf den Heuwagen steigen. Vom Übermaß an Weintrauben wurde mir schlecht, in den Mühlbach bin ich gefallen und den »Mädis« habe ich Krabbelkäfer in die Zöpfe gesteckt. Wirklich eine schöne Zeit.

Sankt Odilien und der Rappolstein, die Hünenburg und Burg Niedeck, der Sage wohlbekannt, überall dort sind wir gewesen. Nicht zu vergessen den Fleckenstein, die Ortenburg und den Greifenstein, die Ruinen Trifels, Landeck, Gutenberg und noch viele andere. Im Elsaß gibt es unzählige Burgen, viele kaum noch in Resten vorhanden, andere wieder aufs Beste restauriert. Wir haben altertümliche Dörfer besucht, wo damals noch die Mühlen klapperten, und haben vor Gedenkstätten aus früheren Zeiten gestanden. Auch über die seinerzeit noch gut bekannten Schlachtfelder aus dem Siebziger Krieg sind wir gegangen. Wo immer sich Geschichte abgespielt hatte, wußte mein Vater Bescheid und versuchte, das Geschehen meinem kindlichen Geist verständlich zu machen. Sofern dem Sonntag ein Feiertag voranging oder folgte, oder wenn Ostern und Pfingsten mehrere Wandertage möglich machten, legten wir weite Strecken zurück. Mein Vater und meine Mutter waren gute Marschierer. Er trug seinen großen, schweren Rucksack, als sei nichts darin. Ich lief nur mit. Obwohl meine Beine erst kurz waren, konnte ich lange durchhalten.

Durch abseits vom Wege liegende Dörfer sind wir gezogen, wo man noch keine Autos kannte und Störche auf dem Dach saßen. Nicht immer blieben mir davon schöne Erinnerungen. Zufällig habe ich furchtbare Tierquälereien gesehen. Es waren Gänse, ungefähr ein Dutzend, die zwangsweise gemästet wurden, damit

sie möglichst viel von der wohlschmeckenden, hochbezahlten Gänseleber lieferten. Der Bauer, dem sie gehörten, hatte die unglücklichen Mastgänse mit ihren Füßen auf ein Brett genagelt! Das war an sich verboten, durch ein von der deutschen Verwaltung eingeführtes Gesetz. Aber wer sollte, wollte das kontrollieren in den entlegenen Seitentälern der Vogesen? Dort wurden die festgenagelten Geschöpfe von den Bauersfrauen »genudelt«, wie es der Fachausdruck nennt. Das zwangsweise Festhalten auf der gleichen Stelle sollte verhindern, daß die Gänse durch Bewegung etwas von ihrem Fett, das heißt vom Gewicht der krankhaft großen Gänseleber verloren.
Meine Leidenschaft waren Steine. Schöne, vom Wasser glatt geschliffene Steine mußten es sein, auch Buckelsteine oder Rundlinge mit hübschen Mustern. Aber nicht zu klein, mindestens faustgroß. Ich hob sie auf, um sie mit nach Hause zu nehmen, wo schon meine Spieltruhe bis obenhin damit gefüllt war. Mein herzensguter Vater, der Verständnis hatte für fast jede Kinderei, schob die Fundstücke in seinen Rucksack und schleppte sie klaglos bis in die Rupprechtsauer Allee, vier Etagen hoch! Aus Dankbarkeit habe ich ihm zu Ehren meinen Laubfrosch »Grünvati« genannt.
Das beste an Vater war seine Begabung, Geschichten zu erzählen. Kein Phantasiegebilde, keine Erfindungen hat er mir berichtet, sondern echte, wirkliche Geschichten. Warum steht dort eine Burg? Zu welchem Zweck wurde sie gebaut? Wer hat daran geschuftet und wie verlief das Leben in der Burg? Für wen wurde sie errichtet, wie hat man sie verteidigt und gestürmt? Was geschah mit den Menschen, wenn sie in feindliche Hand fielen, wie wurde am Ende das Bauwerk zerstört? Vater wußte alles.
Seine besondere Kunst ist es gewesen, die Geschichte so zu erzählen, daß sie auch ein Knirps mit allem Drum und Dran verstehen konnte. Meist begann er mit einem Buben meines Alters, der auf diese oder jene Weise in die Geschichte verwickelt war. Der hatte natürlich Eltern, Schwestern, Freunde, Feinde und so weiter, so daß sich allmählich der Sachverhalt und die Folge der Ereignisse von selbst ergaben. So erhielt ich eine Vorstellung von der Vergangenheit. Da war der Vogelfang mit Leimruten, die Beizjagd mit gezähmten Falken; von Goldwäschern in den Vogesen, noch im

vorigen Jahrhundert, war die Rede, auch von Schlangenfängern im Rheinwald. Eine wahre Begebenheit ist es gewesen, so weiß ich von meinem geschichtskundigen Vater, daß die Raubritterburg Schwanau, nahe dem Rhein gelegen, von den Straßburgern mittels Abortfässern erobert wurde. Zu vielen Hundert hat man die ekligen Behälter mit Wurfmaschinen in die Festung geschleudert, bis es dort vor Gestank nicht mehr auszuhalten war.
Wilderer gab es in den Urwäldern und Sümpfen des Altrheins noch bis zum Beginn dieses Jahrhunderts. Auch Fischräuber hatten dort ihr Unwesen getrieben. Es war nicht ganz geheuer im Rheinwald, abseits der Wanderwege durfte ich nicht herumlaufen.
»Hör' auf, Otto, der Junge hat schon einen ganz roten Kopf«, pflegte meine Mutter zu sagen, wenn mich Vaters Geschichten besonders aufregten. Zu meinem Glück hörte Vater nicht auf.
Schön war es in Bad Niederbronn, wo schon die alten Römer im warmen wohltätigen Wasser gesessen waren, um ihre Gicht oder ihre Kriegswunden zu kurieren. Wir wohnten im alten, noch stilvollen, leider von der neuen Zeit total überrollten Hotel Mathis. Zimmer mit voller Verpflegung zum Preis von 4 bis 6 Mark, so besagt der Vogesenführer aus dem Jahre 1910. Da war eine Schaukel im Garten, und ein niedliches Mädchen saß ganz allein darauf. So lief ich hin, die Kleine zu schaukeln. Das Dingelchen strahlte vor Glück, und zärtlich küßten wir uns. Beide zusammen, schätze ich, waren wir keine zehn Jahre alt. Bitterlich weinten wir, als dem Abschied nicht zu entgehen war.
Nahe bei Niederbronn, im Jägertal gleich hinter dem Schloßbesitz der uralten Familie der Barone von Dietrich, am Ufer eines schön geschwungenen Flusses, waltete Pfarrer Claude seines Amtes. Er war nicht nur Vaters Bundesbruder und mit Heini Doehle sein längster wie bester Freund, er hatte meine Eltern getraut und mich, später auch meine Schwester, getauft. Mit seiner wohlbeleibten, immer freundlichen Haushälterin wohnte er in dem schon seit Jahrhunderten bestehenden Pfarrhaus direkt am Fluß, der hier zu einem See aufgestaut war. Hinter dem Haus dehnte sich bis ans grünschillernde Wasser eine offene Terrasse. Dort gab es bei unseren Besuchen immer guten Streuselkuchen mit Kakao und Schlagsahne. Weit wichtiger war »Jakob der Rabe«, ein zutrauli-

cher, an Menschen gewöhnter Vogel, der ein paar Worte sprechen konnte.

Leider war bei jenem Besuch, an den ich mich am lebhaftesten erinnere, der Rabe Jakob ausgeflogen. Er lebte völlig frei und kam nur zum Haus, wenn es ihm paßte. Pfarrer Claude rief mehrere Male, die Haushälterin lockte mit Leckerbissen, und schließlich baten wir alle zusammen den guten Jakob, er möge doch kommen. Sieh' nur, da kommt er schon! Flattert schwerfällig herbei, denn etwas Großes trägt er im Schnabel. Meine Mutter erkennt als erste, was das ist und schreit auf. Aber leider schon zu spät. Jakob sieht das nicht so eng, er ist stolz auf seine garstige Beute. Mit Schwung gleitet er zwischen Vater und Onkel Claude hindurch, schwebt sekundenlang direkt über dem Streuselkuchen. Alsdann geschieht es ... eine schon lange tote, weitgehend verweste Ratte läßt Jakob fallen, mitten auf den Kuchen. »Quatsch«, sagt er dazu und weiter nichts.

Die Aschermittwochparade

Hätten wir die Gabe, bei passender Gelegenheit des öfteren über uns selbst zu lachen, laut, fröhlich und ungeniert, dann würden wir anstelle grinsender Spötter viele gute Freunde haben. Hätte man den Hauptmann von Köpenick als Spaßmacher laufen lassen, statt ihn vor Gericht zu stellen, kein Mensch wäre seinetwegen hohnlachend über Staat und Militär hergefallen. Ebenso lustig war im Grunde auch die Sache mit dem Zahlmeister Wolter, der einen Aschermittwoch lang ganz Straßburg und das Reichsland in Bewegung hielt. Darüber haben ausnahmsweise die Betroffenen selbst gelacht, Seine Majestät der Kaiser nicht ausgenommen.

Da sehe ich mich an einem bald siebzig Jahre zurückliegenden Tag. Gekleidet in den bei gutem Wetter üblichen weißen Matrosenanzug mit schwarzen Lackschuhen und weißen Wadenstrümpfen, auf dem Kopf meinen großen Strohhut. An der Hand unserer Anna gehe ich spazieren in der Orangerie. Auf der Bogenbrücke bleiben wir stehen, dort, wo sie die schmalste Stelle des Sees überspannt, auf dem ruhig und behaglich die Schwäne gleiten. Mit meinem Frühstücksbrot füttere ich ein paar Karpfen, deren Körper bemoost sind, so lange leben sie schon. Wenn sie ihre Köpfe aus dem Wasser heben und hörbar nach den Brocken schnappen, kann man sehen, daß ihr Maul rosig ist wie der Mund von kleinen Kindern.

Viel gab es zu sehen in der Orangerie, aber richtig interessant war es für einen so aufgeweckten Knaben wie mich erst dann, wenn mir Vater alles erklärte. Zum Beispiel die Orangenbäume in der alten Orangerie, wonach der gesamte Park mit all seinen Anlagen benannt war. Diese im Sommer herrlich blühenden und am Ende sogar reife Früchte tragenden Bäume wollte vor mehr als hundert Jahren niemand haben, als sie öffentlich versteigert wurden. Als seinerzeit die Französische Revolution auch das Elsaß erreichte, als die Fürsten, Grafen und Grundherren enteignet wurden, hatte man auch den Fürsten von Hessen-Darmstadt vertrieben, dem im Elsaß das Schloß Buchsweiler gehörte, um ihm ein paar Dutzend gut gepflegter Orangenbäume fortzunehmen. Aber was man damit tun sollte, wußten die Baumräuber nicht. Um wenigstens Geld daraus zu machen, wurde eine öffentliche Versteigerung arrangiert. Weil sich absolut kein Käufer finden ließ, aber gewiß die Orangenbäume den nächsten Winter ohne beheizte Unterkunft nicht überstehen konnten, erbarmten sich die Straßburger Stadtväter der herrenlosen Bäume und brachten sie gut unter. Als dann Napoleon Bonaparte mit seiner Gattin Josephine nach Straßburg kam und dort ein Palais erbauen ließ, konnte er zu dessen Terrassenschmuck die geretteten Orangenbäume gut gebrauchen. Den Winter überstanden sie in den mit Holzöfen beheizten Galerien. So kam es zur Straßburger Orangerie, sodann auch zu ihrem weiten Park, den Teichen und Hügeln. Wenn die Steckelburger behaupten, daß Napoleon im Sinn hatte, falls ihm die Einigung von ganz Europa gelänge, die Stadt Straßburg zur Hauptstadt des gesamten Erdteils zu machen, erwähnen sie zum Beweis dafür die Orangerie.

Was heute im weiten Wiesengelände hinter der Orangerie fehlt, das ist der so schön vergoldete, im orientalischen Stil gehaltene Pavillon Ludwigs II., des unglücklichen Märchenkönigs von Bayern. Nach seinem Tode verkaufte der Bayernstaat das Kunstwerk seiner hohen Verschuldung wegen. Straßburg erwarb es und stellte es im Park der Orangerie auf. Zwanzig Pfennig Eintritt war zu bezahlen, für Kinder die Hälfte. Wann und wohin der Pavillon verschwunden ist, konnte ich nicht erfahren.

Ein Denkmal von tiefer Bedeutung war ein Gebilde aus Sandstein, neben der großen Spielwiese links von der breiten Allee. Ein Straßburger Bildhauer hatte es geschaffen zum Gedenken an zwei Luftschiffer, die 1909 beim Gordon-Benett-Ballon-Rennen über der Nordsee verschollen sind. Der eine, Leutnant Förtsch, hatte zu Vaters Infanterieregiment 136 gehört, und gemeinsam waren sie mehrmals im Manöver gewesen. Der andere, Leutnant Hummel, war Reservist bei den 4. Husaren gewesen. Wenn Vater von der

Im Rosengarten der Straßburger Orangerie.

unglücklichen Ballonfahrt erzählte, glaubte ich, selber dabei zu sein. Doch gelang mir die Rettung in letzter Minute. Zwar ist das nun grünbemooste Denkmal noch an gleicher Stelle vorhanden, aber die Namen der Opfer sowie die Umstände ihres Todes hat man herausgemeißelt. (Meines Erachtens wäre es nun, wo wir doch so eng miteinander befreundet sind, an der Zeit, daß sich die zuständigen Stellen zur Wiederherstellung des Gedenksteines entschließen. Ein Foto seines früheren Zustandes stelle ich gern zur Verfügung.)

Zurück zum Spaziergang im Park. Drüben auf der Seeterrasse spielt in blauer, goldbeknöpfter Montur die Regimentskapelle der 136er. Zu den Klängen eines Potpourris promenieren sommerlich gekleidete Damen unter enormen Straußfederhüten. Schlanke Offiziere, die linke Hand am Degengriff, begleiten sie und zwirbeln elegant an ihrem schmalen Schnurrbart. Breitbrüstige Elsässer Ammen schieben Kinderwagen vor sich her, und alle tragen die riesigen, schwarzseidenen Schlupfhauben, wie sie damals noch zur üblichen Tracht des Landes gehörten. Knaben in kurzen weißen Hosen und kleine Mädchen in wadenlangen Röcken treiben mit einem Stöckchen meterhohe Reifen über die Kieswege.

Offiziersburschen halten am Reitweg Pferde am Zügel, deren Reiter noch nicht erschienen sind. Indessen erscheint auf dem Reitweg mit dumpfem Getrappel eine kleine Kavalkade eleganter Kavaliere, trabt vorüber und verschwindet im Schatten der Galoppallee. Vor dem Bürehiesl genannten Restaurant, einem in die Orangerie versetzten elsässischen Bauernhaus (es kam zerlegt von Malsheim), das von der Straßburger Industrieausstellung 1898 übrigblieb, sind die bunten Tische alle besetzt. Man grüßt, rückt Stühle und bestellt seine Speisen auf deutsch, französisch oder in elsässischer Mundart. Die weibliche Bedienung, wie auch die Kellner, sind wie echte Bauersleute gekleidet. Das Ambiente atmet Landluft, man könnte sich in einem Gasthof wähnen, ganz so, wie etwa bei »Rapperschwihr« oder im Jägertal.

Im Hintergrund des Parks, auf der Rollschuhbahn, bewegt sich gewandt, mit weiten Schwüngen und sogar Pirouetten eine lebhafte Gesellschaft, ganz als sei man auf winterlichem Eis. Die Herren halten ihre Damen bei den Händen und wiegen sich im Walzertakt rund um die Bahn aus Asphalt. Doch als vom Münsterturm über Stadt und Park die fünfte Stunde schlägt, ergreift Erwartung die Spaziergänger. Sie wenden die Köpfe zur Hauptallee, die Reiter fallen in Schritt, und die Mütter rufen ihre Kinder zu sich.

Und richtig, auf dem spiegelnden Gewirbel seiner Räder nähert sich vom glasumgebenen Bäckehiesl, rollt heran ein offener Landauer. Gummibereift, ebenso vornehm wie lautlos, nur in verhaltenem Tempo, bewegt sich der offene Kutschwagen über den kiesbestreuten Fahrweg. Mühelos scheinen ihn die glänzend gestriegelten Füchse zu ziehen. Kutscher und Diener schauen teilnahmslos über die Menschen hinweg, blau und mit Silber verbrämt schweben ihre Livreen und befederten Zylinder vorbei. Die beiden älteren Damen im Fahrzeug lächeln recht liebenswürdig unter Spitzenschirmen hervor. Alle Herren, die eben noch promenierten, legen ihr Antlitz in feierliche Falten. Die Offiziere klappen vernehmlich die Hacken zusammen und salutieren mit weißem Handschuh an der Mütze. Während die Zivilisten ihren Strohhut ziehen, versinken die Damen rauschenden Kleides im Knicks.

Das hat seinen Grund, denn links die vollbusige Dame im weitgebauschten Kleid ist die allen Straßburgern bekannte Gräfin Wedel, Gattin des Reichsstatthalters von Elsaß-Lothringen. Die andere Dame, jene mit schneeweißem Haar, den riesigen Straußfedernhut auf der üppigen Frisur, mit dreifacher Perlenkette um den Hals, wird auch von jedem Kind sogleich erkannt. Es ist Auguste Viktoria, die Kaiserin. Ihr Bild hängt neben dem ihres Kaiserlichen Gemahls in allen Schulen, Amtsstuben, Behörden und Dienststellen des Deutschen Reichs und in fast allen privaten Wohnungen.

Es schien ein zufriedenes Land, in dem wir lebten. Damals, in den letzten Jahren vor dem Ersten Kriege, war Straßburg eine blühende Stadt, Mittelpunkt der Wirtschaft und Wissenschaft, Sitz der Verwaltung des Reichslandes. Straßburg, als Argentoratum schon zur Römerzeit hin und wieder kaiserliche Residenz, hatte sich zu einer Metropole entwickelt, modern für seine Zeit und, man darf wohl sagen, verwöhnt vom ganzen Reich. Vom Westen her wehte nach wie vor der Wind französischen Geistes ins Land. Von Pariser Eleganz und Kultur spürte man mehr als nur einen Hauch und hielt diesen Einfluß für wohltuend. Hervorragende Professoren, die meisten aus dem Reich, galten als Zierde der aufblühenden Universität. Überhaupt, auch das soll gesagt werden, herrschte deutsche Ordnung und planvoller Fleiß im Land, getragen von dem alteingesessenen wie auch von dem nach 1871 zugewanderten Bürgertum. Als Gerüst des Gemeinwesens fühlten sich die Beamten, zumal sie allesamt »Kaiserlich« waren. Aus zehn Regimentern bestand die Garnison, weshalb das Militär und seine Offiziere sowohl im Stadtbild wie im gesellschaftlichen Leben eine wesentliche Rolle spielten, war es doch Vorschrift, stets Uniform zu tragen. Was für die äußerst knapp gehaltenen aktiven Offiziere den Vorteil hatte, daß sie kaum zivile Anzüge brauchten.

Doch gab es auch Risse im Reichsland, Risse, die sich zuweilen schlagartig enthüllten. Davon waren die meisten lediglich Episoden von lokaler Bedeutung und boten nur Anlaß zu gutmütiger Heiterkeit. Aber einige gab es, die reichten tiefer und wiesen auf Fehler hin, die besonders dem Militär angelastet wurden. Da zeigte sich die Wesensverschiedenheit zwischen der starren preußischen Disziplin einerseits und der liberalen, heiteren Mentalität der Elsaß-Lothringer andererseits. Da war vor allem die Zabern-Affäre im Jahr 1913, nur eine Winzigkeit zunächst, aber durch die grandiose Dummheit der Behörden wurde sie zur weltberühmten Blamage. Viel wendiger zeigten sich die führenden Kreise bei der nicht so bekannten »Straßburger Aschermittwoch-Parade«. Und da bin ich selber dabei gewesen!

Vater war gerade zum Regierungsrat aufgestiegen und nebenher Oberleutnant der Reserve beim Straßburger Regiment der 136er. – Er hatte nicht nur an den alljährlichen Manövern teilzunehmen, sondern wurde gelegentlich zum örtlichen Garnisonsdienst herangezogen.

In jenem Jahr 1912 hatte er insofern besonderes Pech, als die Tage seines Offiziersdaseins ins Karnevalstreiben fielen, und das war in Straßburg nicht weniger bunt und lebhaft wie etwa in Köln, Mainz oder München. Nur für den großen Faschingsball im »Roten Haus«, dem schönsten Hotel des Landes, hatte sich Vater freimachen können. Gleich am Morgen danach, dem Aschermittwoch, sollte er die Wachtparade anführen.

Grelle Trompetenstöße weckten mich unsanft aus Traum und Schlummer. Aber schon dämmerte Morgenlicht durch die Gardinen. So konnte ich, vom Bett auf die Spieltruhe kletternd, aus dem Fenster schauen und erkennen, was es draußen so laut zu trompeten gab: Drunten lief ein Soldat in blauer Montur und blitzendem Helm die Rupprechtsauer Allee entlang, blies auf einem Signalhorn und rief aus vollem Hals: »Alarm! Der Kaiser kommt! Alarm! Der Kaiser kommt!«

Im Schlafzimmer meiner Eltern brannte Licht. Mühsam nach der Klinke angelnd, drückte ich gegen die Tür und drang barfuß ein. Da wurden meine Augen groß! So komisch hatte ich weder Vater noch Mutter jemals gesehen. Sie hatten stes auf elterliche Autorität geachtet und sich deshalb ihrem einzigen Kind bei keiner Gele-

genheit in karnevalistischer Vermummung gezeigt. Aber jetzt waren sie viel zu aufgeregt, um an pädagogische Vorsicht zu denken. Sie vergaßen vollkommen, mich wieder ins Bett zu schicken. Also konnte ich stehen und staunen.
Ganz merkwürdig sah meine Mutter aus, die ja damals nur wenig über zwanzig Jahre zählte. Sie trug ein kniefreies plissiertes Röckchen, wie ein kleines Mädchen, und eine runde schwarze Kappe auf dem Kopf, von der an einem langen wippenden Draht eine schwarze Quaste hing. Mutti war, wie man mir später klarmachte, eine Colombine. Auf Zehenspitzen hüpfte sie um meinen Vater herum und versuchte, ihm die merkwürdigen roten Tupfen und die Farbe aus dem Gesicht zu wischen. Er steckte in weiten, weißen Hosen aus Seide, trug dazu eine weiße, nur lose hängende Jacke mit faustgroßen, wolligschwarzen Knöpfen. Um den Hals hing ihm eine breite, dunkle Schleife, von seinen Lackschuhen baumelten dicke, blaue Stoffdinger. Denn wie ich erst Jahre danach erfuhr, war er in jener Nacht ein Pierrot gewesen. Jetzt aber schimpfte er ganz unpierrotisch, weil er seine Manschettenknöpfe nicht finden konnte. Ein paar Schubladen waren schon herausgerissen, seine Offiziersuniform lag auf dem Bett, auch sonst war alles ziemlich durcheinander und entwickelte sich mit jeder Minute noch mehr zum Chaos. Während sich Vater mit der einen Hand hastig rasierte, mit der anderen ungeduldig seinen Rock zuknöpfte, trug meine Mutter aus Schublade und Kommode, aus Schrank und Truhe alle Bestandteile zusammen, deren damals ein Oberleutnant bedurfte, um vor Seine Majestät zu treten. Unter anderem gehörte dazu eine breite, silberne Schärpe, ein blinkender Pickelhelm und der lange Säbel. Als mein Vater all das in größter Eile an sich gebracht hatte, jagte er mit klirrendem Säbel und den Helm im Laufen aufstülpend, die Treppe hinunter. Krachend schlug hinter ihm die Haustür zu.
»Es ist Alarm, weil der Kaiser kommt«, erklärte mir meine Mutter. »Alle Soldaten von Straßburg müssen sich auf dem Polygon aufstellen, weil sie der Kaiser betrachten will. Dich werden wir jetzt warm anziehen. Dann gehen wir zum Kleber-Platz, wo man den Kaiser sehen kann. Vorher kommt noch der Vati mit den Soldaten vorbei.«

Eine Stunde später lief ich gut verpackt an meiner Mutter Hand über den Broglie-Platz und ließ mit Vergnügen ganze Wolken Konfetti aufflattern, das knöcheltief herumlag. Mit klingendem Spiel, die Offiziere zu Pferde, zogen die Regimenter, damals noch in blauem Tuch mit roten Aufschlägen, durch die Straßen hinaus zum Paradefeld, dem sogenannten Polygon. Ganz Straßburg, alt und jung, war sonntäglich geputzt und auf den Beinen. Schwarz-weiß-rote Fahnen hingen aus den Fenstern, und viele Beamte eilten mit Zylinder und weißen Handschuhen zum Kaiserplatz, wo nach der Parade Seine Majestät erwartet wurde. In blitzender Equipage, freundlich nickend, rollte Graf Wedel vorüber. Schulkinder, die meisten mit Fähnchen in der Hand, von ihren Lehrern zu Wohlverhalten ermahnt, zogen in lockeren Marschkolonnen aus den Nebenstraßen und bildeten Spalier auf beiden Seiten der breiten, abgesperrten Fahrtroute Seiner Majestät.
Vor dem Offizierskasino am Broglie-Platz standen steif wie Zinnsoldaten die Wachen neben den Schilderhäusern. Mit seinem Taschentuch putzte ein Leutnant an seinen Knöpfen herum, denn sie mußten schön blinken, wenn der Kaiser vorbeifuhr. Auf dem Kleber-Platz, vor der Hauptwache, die man seit altersher »Aubette« nannte, stauten sich die Menschen. Denn dort, das war gewiß, würde Wilhelm II. zuerst anhalten. In den Fenstern des Hotels »Rotes Haus«, allzeit »Maison Rouge« genannt, drängten sich dieselben Leute, die kurz zuvor noch in Maske und Kostüm ebendort getanzt hatten. Große Erwartung malte sich auf ihren nicht ausgeschlafenen Gesichtern.
»Sieh mal«, sagte meine Mutter, »da kommt Vati mit der Wache.«
Militärmusik zog mit Dschingderassa-Bumderassa-ta aus der Meisengasse heran. Blaue Polizisten mit autoritärem Schnauzbart unterm silberglänzenden Helm drängten die Menschen zurück und weiteten den Weg für die Wachkompanie, die mit Schnätterädeng und krachenden Stiefeln über den Kleber-Platz dröhnte. Auch mein Vater, gleich hinter der Musik, schmiß die Beine und hielt den Degen über die Schulter.
Der Wachwechsel rollte ab, wie es altem Brauch entsprach. Die Soldaten von gestern traten heraus, Kommandoworte schallten, wonach auf den Trommeln gewirbelt und mit dem Gewehr

präsentiert wurde. Mit Musik marschierten alsdann beide Kompanien aneinander vorbei. Während die abgelöste Wache im Parademarsch davonzog, rief mein Vater seinen Leuten mächtig laut zu, daß sie das Gewehr über, dann abnehmen und schließlich wegtreten sollten. Wir warteten eine Weile, dann kam er aus der Wache, gab sich gelöst und sprach leutselig mit uns.

»Du hast noch einen roten Tupfen am Schnurrbart«, sagte ich, »wenn das der Kaiser sieht, schimpft er mit dir.«

Rasch zückte meine Mutter ihr Taschentuch, um die Karnevalsreste zu entfernen. Aber das ging natürlich nicht, so vor allen Leuten. Mit der Bemerkung, daß Frauen keinen Sinn für militärische Würde hätten, eilte mein Vater wieder ins Wachlokal, um sich selbst zu helfen.

Der Kaiser mußte sich verspätet haben, die Menschen auf dem windigen Platz froren und wurden unruhig, auch im »Maison Rouge« schloß man wieder die Fenster. Mutter kaufte mir heiße Maroni, und ich durfte für eine Weile ihren Muff halten. Hier und dort hörte man Gekicher in der Menge. Ein paar Fahnen wurden eingezogen, hinter vorgehaltener Hand erzählten sich viele Leute offenbar lustige Geschichten. Kompanien und Bataillone kamen zurück vom Polygon, ohne Musik und die Offiziere finster dreinschauend. Immer lauter lachten die Leute, und ein paar von den Steckelburgern, die kein Militär leiden mochten, liefen neben den Soldaten einher und riefen höhnisch: »Alarm! Alarm! Der Kaiser kommt!«

Aber die meisten gingen still von dannen, nur den Kopf schüttelnd, und brummten vor sich hin, daß sie einen solchen Unfug schon lange nicht erlebt hätten. Mein Vater winkte aus dem Torbogen, wir sollten zu ihm kommen. Anscheinend hatte er keine rechte Lust, selbst über den Platz zu gehen, wo jetzt die Gassenbuben herumsprangen und immerzu äfften: «Tatie, tatah, bald hier, bald da!« So klang nämlich das Automobilsignal des Kaisers, wenn er wirklich durch Straßburg fuhr.

»S. M. kommt nicht«, erklärte uns mein Vater, »jemand hat sich einen üblen Spaß erlaubt. Das Kaiser-Telegramm war falsch. Ein raffinierter Trick. Man hat sich düpieren lassen und maßlos blamiert!«

Karikatur zur »Straßburger Aschermittwochparade«, rechts Zahlmeister-aspirant d.R. Wolters, der all das angerichtet hat.

Und wahrlich, das hatte man! Am selben Abend noch wurde in Neuß ein junger Mann namens Wolter festgenommen, das einzige Glanzstück der Aschermittwochparade. Einst war er Zahlmeister-aspirant bei der Garnison in Metz gewesen, jedoch entlassen worden. Einige sagten, wegen Unregelmäßigkeiten habe er gehen müssen, andere meinten, sein Oberstübchen wäre nicht ganz in Ordnung gewesen. Wahrscheinlich trug er einen gewissen Groll gegen die Armee mit sich herum. Mag dies ein tieferes Motiv für seine Tat gewesen sein, so war bestimmt der letzte Anlaß dazu kein politisches Motiv, sondern im Gegenteil ein ganz privater Grund, nämlich sein Fräulein Braut.

Die hatte nämlich, wie Wolter erfuhr, während des Faschings heftig mit einem feschen Leutnant geflirtet. Daß sich die Ungetreue mit diesem Don Juan am Aschermittwoch in »Fuchs-am-Buckel« treffen wollte, hatte der eifersüchtige Bräutigam auch erfahren. Nur, wie jener uniformierte Verführer hieß, wußte Wolters nicht. Weil er

selbst, ein bescheidener Bankbeamter, an diesem kritischen Tag unbedingt nach Neuß fahren mußte, schien es Wolter, als wäre seine schwankende Braut schutzlos dem dienstfreien Nebenbuhler preisgegeben. Auf ihre Rettung vor Schande und Schuld war nur zu hoffen, falls der verliebte Leutnant nicht Urlaub, sondern Dienst haben würde. Weil aber weder sein Name noch Truppenteil dem tiefbesorgten Bräutigam bekannt waren, mußte er trachten, sämtliche Leutnants, ja besser noch alle Soldaten Straßburgs am Aschermittwoch dienstlich zu beschäftigen.
Und Wolter beschäftigte sie. Wobei sich zeigte, daß er keineswegs dumm war, sondern von hoher Intelligenz. Mit größtem Raffinement ging er vor und besorgte sich als erstes die Uniform eines Telegrammboten. Das war weder auffällig, weil ja Karneval war, noch war es schwierig, denn es gab genügend Geschäfte, die alle möglichen Kostüme verliehen. Außerdem beschaffte sich der Schlaumeier Telegrammformulare sowie falsche Stempel. Mit deren Hilfe stellte er einen Text zusammen, dessen Inhalt wie Ankündigung nicht außergewöhnlich waren. So meldete die fingierte Depesche, daß Seine Majestät schon früh am folgenden Tag Straßburg besuchen werde. Weil Wilhelm II. schon des öfteren die Garnison ohne vorherige Nachricht inspiziert hatte, mußte sie glaubhaft erscheinen.
Kurz bevor Wolters nach Neuß fahren mußte, radelte er vor die Hauptwache am Kleber-Platz, überreichte dem diensttuenden Leutnant das eigenhändig verfaßte Telegramm und empfahl sich. Der genannte Offizier öffnete aufgeregt das scheinbar aus Weissenburg im Elsaß stammende Telegramm und las: »seine majestät der kaiser werden am mittwoch vormittag in straßburg eintreffen stop und höchstdieselben geruhen komma die vollzählig angetretene garnison auf dem polygon zu besichtigen stop jeder urlaub ist aufgehoben.« Das hatte Wolter mit »adjutant seiner majestät« unterschrieben.
Der Leutnant, das ominöse Kaiser-Telegramm in der Hand, versuchte sofort, den Kommandierenden General von Fabeck telefonisch zu erreichen, gelangte aber nur bis zu einem der Adjutanten. Nachdem dieser höchst ungnädig bemerkt hatte, der Leutnant solle rasch »nach Dienstvorschrift« verfahren, hatte dessen Zeigefinger

befehlsgemäß auf den Knopf »Großer Alarm« gedrückt, und der Riesenapparat der Straßburger Garnison war mit all seiner militärischen Präzision und Pünktlichkeit abgelaufen.

Truppenteile, die bereits zu Übungen ausgerückt waren, wurden durch radelnde Boten zurückgeholt, Offiziere aus den Betten gescheucht und die Kasernen alarmiert. Zwar bekam man so rasch nicht alle Leute zusammen, bei einem der Regimenter fehlte die Kesselpauke und manche Kanone war nicht mit allen Rössern bespannt. Allgemein betrachtet, funktionierte aber der Kaiser-Alarm ganz vorzüglich, besonders wenn man bedenkt, daß es Aschermittwoch war und noch ziemlich früh.

Der Zufall wollte es, daß auch zwei Söhne des Kaisers, die Prinzen August Wilhelm und Joachim, in jenen Tagen bei der Straßburger Garnison standen. Auch sie rückten aus zum Polygon. Als nun der Kommandeur des XV. Armeekorps, dem das Ganze nicht geheuer war, den Prinzen August Wilhelm fragte, wo sich denn Seine Majestät in diesen Tagen aufhalte, meinte der Prinz zwar, daß der Kaiser in Rominten sei, also im fernen Ostpreußen, fügte aber hinzu, daß sein Vater die Angewohnheit habe, den Ort seines Aufenthalts plötzlich zu verändern.

Nach einigen Stunden vergeblichen Wartens wurde mit Rominten telefoniert, wo man erfuhr, daß die Kaiserliche Majestät soeben im Schlitten ausgefahren sei. So nahm statt des Kaisers sein General die Parade ab und schickte alsdann die Truppen zurück.

Wolter bekam zur Strafe sechs Monate Gefängnis, zur Belohnung aber seine Braut zurück, unbeschädigt und reumütig, wie man sagte. In Deutschland rechts des Rheins und Mains fand man die Sache recht ärgerlich. Die Elsässer aber grinsten vergnügt und gar die Franzosen jenseits der Grenzen amüsierten sich so königlich wie nur möglich in ihrer Republik. Damit dergleichen nicht wieder vorkam, erging an sämtliche Dienststellen der Befehl, daß bei Telegrammen, die des Kaisers Ankunft meldeten, erst rückgefragt werden müsse, ob's auch wirklich wahr sei. Immerhin, Kaiser Wilhelm II. bewies Humor. Er sorgte dafür, daß Wolter begnadigt wurde. Nur drei Tage hatte er im Kittchen gesessen, als ihm draußen vor dem großen Tor seine Braut um den Hals fiel.

Der Zabernfall

Weit weniger geschickt als bei der »Aschermittwochparade« verhielten sich Behörden und Militär beim »Zabernfall«, so daß aus geringfügigem Anlaß eine Affäre wurde, die Wellen bis in die höchsten Kreise schlug, ja die Beziehungen Deutschlands zum Ausland nicht unerheblich belastete. Eine Bettbeschmutzung mit derart weitreichenden Folgen wie damals in Zabern hat es nirgendwo sonst gegeben. Wenn ein paar Schuljungen in der kleinen Vogesenstadt, wo sonst nichts von Bedeutung passiert, dem gerade erst zwanzigjährigen Freiherrn von Forstner, Leutnant im 29. Infanterie-Regiment, eines schönen Tages hinterher riefen »Bettschisserle«, hatten sie leider recht. Ein solches Malheur war dem gerade erst zum Offizier beförderten Forstner wirklich passiert, nach einer ausgedehnten, feuchten und fröhlichen Geburtstagsfeier im Kasino des Regiments.

Kann ja vorkommen so was, läßt sich aber ohne Aufsehen vertuschen und verbergen, falls der Schuldige ein paar Mark in die richtige Hand drückt, sowie der zuständigen Hausfrau sein beschämtes Bedauern zum Ausdruck bringt. Aber zu weltweitem Pressewirbel, sogar zu Kriegsgeschrei, letztlich sogar zum Sturz der drei höchsten Würdenträger im Reichsland bestand kein ausreichender Grund. Aber so kam es, und seit jenem Tage im Spätherbst 1913 ist die betreffende Kleinstadt allen halbwegs gebildeten Menschen namentlich bekannt, und der *Zabernfall* zum historischen Begriff geworden.

Nichts, gar nichts wäre geschehen, hätte nicht der junge Mann ins Bett gemacht. Hätte er sich nicht danach so saudumm benommen, und noch viel dümmer eine Reihe anderer Leute, wären weder Zabern noch der Zabernfall weltbekannt geworden. Tatsächlich aber ist das noch immer ominöse Stichwort in jedem besseren Nachschlagewerk zu finden, auch in solchen, die erst siebzig Jahre danach erschienen sind.

Wie aber nun der Forstner, ohne seine Wirtin von der Peinlichkeit zu verständigen, frühmorgens das Haus verlassen hatte, begann das Rad der Geschichte zu rollen... Wirklich, ohne jede Übertreibung, *das Rad der Geschichte geriet ins Rollen.* Wenige Minuten später nämlich kam an den Tag, was schleunigst hätte im Wäschekübel verschwinden sollen. Die zu Recht empörte Hausfrau rief zwei bis drei Frauen der Nachbarschaft herbei. Wie sie denen sagte, hätte sie nichts gesagt, wenn nur der Herr Baron ihr etwas gesagt hätte. So aber war ihr Zorn begreiflich, und eine gute Stunde lang, wie berichtet wird, hing das befleckte Laken auf der Teppichstange des Hauses. So konnte nicht ausbleiben, daß auch die Schuljugend Kenntnis nahm. Wie sodann der Leutnant wieder auftauchte, als er gegen Mittag den Rohanplatz überschritt, rief zunächst nur ein frecher Junge, dann andere und schließlich ein halbes Dutzend Buben »Bettschisser«, und etwas freundlicher »Bettschisserle« hinter ihm her. Die Passanten lachten amüsiert und Fenster öffneten sich.

So wurde binnen kurzem der an sich ganz private Bettschiß ein öffentliches Ereignis. Der von solchen Nachrufen betroffene Offizier fühlte sich höchst unsinnigerweise in seiner Ehre gekränkt, sogar in seiner Offiziersehre. (Wieso die etwas Besonderes sein soll, habe ich, selbst Offizier, nie begriffen.)

Demgemäß bat der geschmähte Forstner seinen Kommandeur, den Oberst von Reuther, um Schutz für seine Ehre, die sogenannte Offiziersehre. Der Oberst, dem Anschein nach von allen guten Geistern verlassen, erfüllte den Wunsch des beleidigten Leutnants. Er stellte eine Eskorte von vier Soldaten ab, die bis auf weiteres den Forstner auf allen Wegen begleiten sollten, und zwar mit aufgepflanztem Bajonett!

Wie lächerlich das wirkte, läßt sich denken. Der Kreisdirektor, den man bei uns Landrat nennt, ein geborener Elsässer namens Wahl und bekannt für seine liberalen Ansichten, wollte so weit wie möglich die Schwierigkeiten bereinigen. Demgemäß bat er den Schuldirektor, er möge doch fürs Wohlverhalten der spottlustigen

Comment, à Saverne, quarante-deux ans après l'annexion, Herr Oberleutnant von Forstner fit l'emplette d'un paquet de chocolat.

Der Zabernfall, dargestellt von Onkel Hansi (Jacques Waltz), hochbegabt als Zeichner, aber hemmungslos als Deutschenhasser.

Jungen wie Mädchen sorgen. Die sollten so tun, als würden sie den Leutnant mit seiner Eskorte gar nicht bemerken. Worauf der Schulmann zu bedenken gab, eine solche Ermahnung an die Jugend würde seiner Ansicht nach die Sache nur verschlimmern. Jedoch fielen die Worte des vernünftigen Mannes auf taube Ohren. Dienstlich wurde er angewiesen, den versammelten Schülern zu verkünden, für ihre Augen hätten Leutnant und Eskorte unsichtbar zu bleiben.

Mir sind deshalb diese Einzelheiten so gut bekannt, weil damals Vaters bester Freund, der Regierungsassessor Dr. Heinrich Doehle der Stellvertreter des Zaberner Kreisdirektors gewesen ist und demgemäß die Affäre von Anfang bis Ende miterlebt hat. Anschließend hielt es Heini Doehle für richtig, eine durchaus private Aufzeichnung des Falles niederzuschreiben, die er viele Jahre später mir zu treuen Händen übergab. Bisher wurde sie nicht veröffentlicht, erst jetzt mache ich davon Gebrauch.

Wie nicht anders sein konnte, folgte nun erst recht dem Leutnant mit seinen Soldaten eine Menge freudig erregter Bürger jeden Alters. Zwar funkelten die Bajonette im Sonnenlicht, waren wohl auch scharf geschliffen, aber niemand fürchtete sich vor den Dingern. Durch die Gassen und über die Straßen hallten die Rufe: »Da kommt Herr von Bettschisser mit Begleitung ... na wie geht's denn unserem Bettschisserle ...?«

Auch frische Windeln, so berichtet Assessor Dr. Doehle, wurden ihm auf dem Weg ins Quartier angeboten. Noch immer kein Grund zur Aufregung, sollte man denken, nur ein guter Spaß mit Volksauflauf. Keiner griff den Leutnant an oder bewarf ihn mit irgend etwas. Auch die Eskorte schritt unbelästigt fürbaß. Aber ein Feind lag auf der Lauer, den bis dahin, auch bis zum heutigen Tag, niemand recht erkannt hat. Rasch zupackend und zentral gelenkt schwirrten mit einem Mal böse Gerüchte durch die Stadt, bald durchs ganze Land. Der von Forstner sei bekannt als ein übler Hasser und Verächter der Elsässer, so lief es von Mund zu Mund. Im Unterricht vor meist aus dem preußischen Binnenland stammenden Rekruten sollte der Forstner gesagt haben, wer von ihnen bei passender Gelegenheit einen »verdammten Wackes in die Schnauze schlage, bekäm' von ihm drei Mark«.

Mit dem Wort »Wackes« ist das so eine Sache. Wenn das ein Elsässer von sich selber sagt, ist es freundlich gemeint, denn er ist stolz darauf, ein Wackes zu sein. Sollte aber ein Fremder »Wackes« zu ihm sagen, vielleicht gar ein Schwob oder Boche, ist der Ausdruck eine Beleidigung. Wird gar Belohnung dafür versprochen, daß man einen Wackes ins Antlitz haut, kann eigentlich solche Schandtat nur mit Blut abgewaschen werden. Also durfte man so einem Mistkerl schon zutrauen, daß er mit voller Absicht elsässische Bettlaken beschmutzte. Wie dem auch sei, die unbekannten Drahtzieher dieser und anderer Böswilligkeiten schoben das Mißgeschick des Zwanzigjährigen ins grelle Rampenlicht der Politik.
Wie Freund Doehle berichtet, bestritt aber der Leutnant eine solche, oder auch nur ähnliche, Äußerung heftig. Ein Unteroffizier sollte es gewesen sein, in Gegenwart des Leutnants oder auch nicht. Schon möglich, sogar wahrscheinlich, daß überhaupt niemand dergleichen gesagt hat. Jedoch böswillige Erfindungen und gerade solche haben lange Beine. Die Redensart vom Wackes-in-die-Schnauze-schlagen für Belohnung in barem Geld war gewiß eine schauerliche Verunglimpfung aller Elsässer. Im Handumdrehen wurden daraus Schlagzeilen in der Pariser Boulevardpresse, die schlimmsten Kommentare dazu fehlten in keinem französischen Provinzblatt. Gelangten grenzüberschreitend in die Neuesten Nachrichten von ganz Europa, schließlich nach Übersse, bis letzten Endes ins ferne Feuerland.
Indessen stellten die Zaberner Militärs in noch größerem Ausmaß ihre grenzenlose Dummheit unter Beweis. Statt den Forstner umgehend nach Pfalzburg zu versetzen, wo zur Zeit das 3. Bataillon des 99. Infantrieregiments in Quartier lag, statt den Leutnant auf einen Lehrgang zu schicken oder sonst etwas zu tun, was ihn aus Zabern entfernt hätte, ließ ihn der Oberst von Reuther weiter mit Eskorte durchs Städtchen laufen, was natürlich immer noch mehr Menschen auf die Beine brachte. Ganze Schulklassen warteten vor seinem Quartier, um dem tiefbeschämten, vielleicht auch wutschnaubenden Forstner eine gute, vor allen Dingen eine trockene Nacht zu wünschen. Selbst das hätte nach wenigen Tagen aufgehört, wäre nicht von geschickten Leuten politische Hetze betrieben worden. Denen gelang es, die ohnehin brodelnde Stimmung auf

den Siedepunkt zu bringen. Der Oberst von Reuther, zu dessen Entschuldigung man nichts Besseres sagen kann, als daß er den Verstand verloren hatte, ließ den Belagerungszustand ausrufen. Er berief sich dabei auf eine Königlich-Preußische Kabinettsorder aus dem Jahre 1852, von der man bezweifeln muß, ob sie überhaupt im Reichsland Geltung hatte. Belagerungszustand, das ist eine überaus ernste Angelegenheit, normalerweise nur bei dringender Kriegsgefahr zu verkünden. Um derselben Nachdruck zu verleihen, ließ Reuther vor dem Rohan-Palais, wo sich fast alle zivilen und militärischen Ämter befanden, Trompeten blasen und Trommeln wirbeln. Alsdann verlas ein Offizier mit lauter Stimme den Belagerungszustand. Wenn überhaupt, konnte sich der nur für den Bereich des 99. Infanterieregiments auswirken, in etwa gleichbedeutend mit dem Landkreis Zabern. Selbstverständlich riefen Trommelwirbel, Trompetenstöße und die weithin schallende Verkündung gut die Hälfte, wenn nicht mehr, der Bevölkerung herbei. Die Stimmung war aber, trotz aller bösen Gerüchte, wie Dr. Heini Doehle niedergelegt hat, keineswegs aufsässig oder gar bedrohlich. Trotzdem wurde die Menge aufgefordert, sofort den Platz zu räumen, was nicht sogleich geschah. Daraufhin wurde, man weiß nicht recht von wem, die vorläufige Festnahme der »Rädelsführer« befohlen. Was das für Leute sein sollten, die Feldwebel und Soldaten konnten es nicht wissen. Immerhin wurden vier bis fünf Leute, die sich gerade in der Nähe aufhielten, unter Arrest gestellt. Weil zur gleichen Zeit das Landgericht die dort beschäftigten Beamten entließ, denn es war sieben Uhr abends geworden, wurden auch einige der ebenso harmlosen wie pflichtbewußten Justizbeamten festgenommen. Allesamt brachte man die Verhafteten in den sogenannten »Pandurenkeller«, eine abstoßende, noch aus dem finsteren Mittelalter stammende Bezeichnung für das ganz gewöhnliche Arrestlokal des Infanterieregiments.

Gleich am folgenden Morgen, einer telefonischen Anweisung aus Straßburg zufolge, wurden alle Inhaftierten freigelassen. Aber das Unglück, der hirnrissige Unfug, war geschehen! Die Schlagzeilen, vor allem in den Pariser Blättern, waren noch feucht, als eine weitere Nachricht höchster Alarmstufe eintraf: die vorübergehende Festnahme etwa eines Dutzends Zaberner Bürger. Preußische Militaristen hatten sie brutal in den Kerker geworfen! Wieder ein Beweis für die gnadenlose Unterdrückung eines freien Volkes durch preußisch-deutsche Tyrannei. Wieder eine Meldung von eminent politischer Bedeutung, auch sie nahm den Weg um die ganze Welt.

Gleich begaben sich der Reichstatthalter Graf Wedel zusammen mit dem Befehlshaber der in Elsaß-Lothringen stehenden Streitkräfte, dem General von Deimling, in raschen Automobilen nach Zabern. Beide besaßen genug Intelligenz, um auf Anhieb den Umfang der hier grassierenden Dummheit zu erkennen. Als Hauptschuldiger an dem Debakel war ohne Zweifel der Oberst von Reuther zu erkennen. Auf der Stelle wurde er veranlaßt, sofort seinen Abschied einzureichen. Ein klarer Befehl nach damaliger Auffassung, da gab es keine Widerrede oder sonstige Ausflüchte. Ein Rauswurf beschämender Art, auch in gesellschaftlicher Hinsicht war Reuther damit erledigt.

In Berlin sah man es anders. Das »Ansehen der Uniform« mußte geschützt werden, koste es was es wolle. General von Lyncker, Chef des Kaiserlichen Militärkabinetts, und General von Falckenhayn, Preußischer Kriegsminister, bewogen Kaiser Wilhelm, sofort den Oberst von Reuther nach Berlin zu bestellen. Noch am gleichen Abend reiste der ab und befand sich am Morgen danach bei Seiner Majestät dem Kaiser und König. Der nahm das Abschiedsgesuch des Oberst von Reuther nicht an, sondern schickte ihn gleich zurück nach Zabern, mit den gleichen Befugnissen wie zuvor. Kronprinz Wilhelm seinerseits wußte nichts Besseres zu tun als dem »Sieger von Zabern« ein Telegramm zu senden, mit den markigen Worten: »Immer feste druff!«

Welch wunderbare Neuigkeiten, was für sagenhafte Wohltaten waren das aufs neue für die Nachrichtenblätter der runden Welt! Auf wen sich das »feste druff« beziehen sollte, war keine Frage, selbstverständlich konnten das nur die Elsässer sein. Sie stöhnten schon lang genug unter den preußischen Infanteriestiefeln, die bedauernswerten Opfer germanischer Anmaßung. Der Ruf nach Rache für die Niederlage von 71 wurde laut und lauter in Frankreich und bei den Freunden Frankreichs. Aufgeregte Demonstranten zogen über die Boulevards von Paris.

Der Kaiser.

Der Reichsstatthalter, Graf Wedel, der General von Deimling, also die höchsten Würdenträger im Reichsland, fühlten sich »desavouiert«. Ein Wort, das heute kaum noch bekannt ist. Es hat damals bedeutet, daß einem der Vorgesetzte in den Rücken gefallen war, in diesem Fall der Kaiser dem Statthalter und General. Er, der allerhöchste Herr, hatte ihre Maßnahmen widerrufen. Das konnten Männer von Ehre nicht hinnehmen. Sie hatten den Reuther davongeschickt, der aber saß freudestrahlend wieder auf seinem Posten. So begaben sich der Reichsstatthalter, der General von Deimling, auch der Staatssekretär wie der Unterstaatssekretär für das Reichsland auf raschestem Wege nach Donaueschingen. Dorthin nämlich hatte sich Kaiser Wilhelm der Hirschbrunft wegen zum Fürsten von Fürstenberg begeben. Sie boten Wilhelm II. ihren Rücktritt an, der sogleich bewilligt wurde.

Immerhin befahl der Kaiser die Verlegung des 99. Infanterieregiments »bis auf weiteres« ins Manövergelände. Weil danach keine Uniform mehr in Zabern zu sehen war, war man fest überzeugt, die

Einwohner würden sich beruhigen und sogar Wilhelm II. dankbar sein für die Entmilitarisierung ihrer Stadt. Aber dem war nicht so, die relativ gutgemeinte Maßnahme war eine zweischneidige Sache. Lebte doch ein großer Teil der Zaberner Kaufleute, Schankwirte, Zimmervermieter wie auch sonstige Bürger und Bürgerinnen von der Garnison.

Wie dem auch sei, der an sich harmlose Bettschiß eines erst zwanzigjährigen Leutnants hatte unabsehbare, hochpolitische, ja sogar weltpolitische Folgen. Er selber, der Freiherr von Forstner geriet schon während der ersten Kriegstage 1914 in französische Gefangenschaft. Ein Zufall, den freudig bewegt die Presse in aller Welt herausstellte, aufgemacht als besonderes Ereignis.

Welch gute Gegenwart!

Nur wenige von uns haben noch alte, es müßten schon sehr alte Freunde und Verwandte sein, die damals jung gewesen sind, jung oder jugendlich in jener Zeit der Lebensfreude, des grenzenlosen Optimismus. Das gab's nur einmal, diese Epoche, wenn man es sich recht überlegt, nur einmal in der überschaubaren Geschichte unseres vielgeplagten Volkes. Wenn ich davon höre und lese im Tagebuch meiner Mutter, habe ich zuweilen die Empfindung, ich wäre selber dabei. Wie hoffnungsfroh man in die Zukunft schaute, wie man mit vollen Zügen die Gunst jener Jahre zu genießen verstand, haben mir meine Eltern oft genug erzählt, und aus den Notizen der jüngsten Roos-Tochter geht es hervor. Sie hat ja alles in der Gegenwart, in ihrer damaligen Gegenwart niedergeschrieben. Mit dem Horizont und Verstand des jungen Mädchens, das sie zur fraglichen Zeit gewesen ist. Oft sind es nur Empfindungen und belanglose Details, aber doch Lichter, die hineinleuchten in eine Welt, die sonst verdunkelt ist. Was der Backfisch aus seiner Gegenwart erzählt, klingt so frisch, als sei es gestern oder gar erst heute morgen gewesen.

Wer selber noch berichten kann aus den letzten Jahren vor dem Ersten Weltkrieg – in meiner Familie sind das nur noch zwei oder drei hochbetagte Damen –, bei dem erscheint unbewußt ein Lächeln auf dem Gesicht. Bei meiner jüngst verstorbenen Tante Ulla war es so, und immer wieder auch bei meiner nun fünfundneunzigjährigen Tante Cilly Schwarz von Manger. Es ist immer das gleiche, wenn die Hochbetagten aufs alte Straßburg kommen, so als gingen sie gerade wieder zum Konzert in die Orangerie, vielleicht auch mit Verlobten zu einem Ball im hellblauen Seidenkleid mit ellbogenlangen, weißen Handschuhen. Auch die Herren, so meines Vaters Bundesbruder Heini Doehle, ebenso Robert Engel, der nicht mehr weit von seinem hundertsten Geburtstag entfernt ist. Allein die Erwähnung jener Epoche läßt ihre Augen leuchten und vermutlich den Puls rascher schlagen. Das Langzeitgedächtnis klappt auf und wird zum Füllhorn der Erinnerung. Kollegen, Kameraden und Freunde aus der Vergangenheit eilen herbei und auch eine lichte Reihe von jungen Damen, die man verehrt, mit denen man getanzt, um die man vielleicht geworben hat. Sie alle sind wieder frisch und fröhlich am Leben, ganz so, als wäre seitdem kein Vorhang gefallen. Da brauche ich nicht erst zu fragen, alle möglichen Erinnerungen und Ereignisse steigen von selbst aus der Versenkung wieder empor. Die Stimme des Erzählers verjüngt sich, er spricht mehr zu sich als fürs Ohr des Besuchers. Der kaum noch gehfähige, tief im Sessel versunkene Greis ist wieder dort, wo er eigentlich hingehört, in der besten Zeit seines Lebens. So hat sie ihn wieder, die gute alte Zeit. Schon möglich, daß viele von den heutigen Zeitgenossen es bestreiten. Aber vielverbreitet ist der fundamentale Fehler der Heutigen, daß sie die Vergangenheit im Zeitgeist der jetzt ablaufenden Jahre betrachten. Doch sie hat ihre eigenen Kleider getragen. Nur wem es möglich ist, sich in diese Gedankenwelt zu versetzen, wird die vergangene Welt verstehen.

Wirklich und wahrhaftig: nach allem, was uns überliefert ist, war für die Mehrzahl der Menschen jene Zeit die beste Zeit von allen. Gerade den Deutschen ist es in der gesamten Geschichte nie so gut gegangen wie in den Jahrzehnten vom Siebziger Krieg bis zum Ersten Weltkrieg. Davon waren die besten, die fortschrittlichsten, die zu den größten Hoffnungen berechtigenden Jahre die von ungefähr 1890 bis 1914. Nur ein Vierteljahrhundert leider, aber welch fabelhafte Entwicklung hat sich in jener Epoche abgespielt! Für die damalige Generation war es die denkbar beste Gegenwart, die sich vorstellen ließ. Das Schönste daran dürfte der eben erwähnte Optimismus, der feste Glauben an eine weiterhin gesegnete Zukunft gewesen sein. Glaubten doch alle Verwandten, Freunde und Bekannten, daß bald die Lebensverhältnisse noch besser würden als sie ohnehin schon waren.

Welch großartige Fortschritte in relativ kurzer Zeit erlebte man

Der Zeppelin über dem Nikolausstaden.

gegenüber der gar nicht lang zurückliegenden Vergangenheit! Wenn die Großeltern, überhaupt alte Leute, von ihrer Jugend erzählten, von der Mitte des vorigen Jahrhunderts und bald danach, war kaum zu fassen, wie man so viele Mängel, Mißstände und Schwierigkeiten hatte ertragen können. Wenn man hörte und an verschiedenen Stellen noch sah, wie das tägliche Leben damals verlaufen war, wußte man: es war gleichbedeutend mit täglicher Plage gewesen.

Ich weiß noch gut, wie ich mit meinen Eltern und den Großeltern Meissner inmitten einer zahlreichen Menge auf dem Kaiserplatz stand, um ein wahres Weltwunder zu bestaunen: ein *fliegendes Schiff*. Irgendwann während des Sommers 1912 muß es gewesen sein, da erschien die ganz und gar unglaublich wirkende Riesenzigarre des Grafen Zeppelin. Wer so etwas noch nie gesehen hatte, und das waren eigentlich alle Menschen, war begeistert von dem Anblick. Ein Bild, nie zu vergessen, erst recht nicht von einem, der damals Kind gewesen ist. Fabelhaft war es, wie neben und vor dem

Straßburger Münster das luftfahrende Schiff einherschwebte, den Turm umkreiste, um dann in lichter Ferne zu verschwinden. Der Opa Meissner wußte sich vor Stolz und Staunen kaum zu fassen: »Wieder eine große deutsche Erfindung«, ließ er sich vernehmen, »das ist unser Zeppelin!«

Natürlich gehörten auch die Flugmaschinen zu den vielbewunderten Errungenschaften der »guten Gegenwart«. Weil die zivilen wie auch militärischen Maschinen auf dem nahe bei Straßburg gelegenen Polygon, dem traditionellen Paradefeld des Elsaß zu Hause waren, bekam man sie relativ oft über Stadt und Land zu Gesicht.

War das Einkommen in jenen (nicht restlos guten) Jahren sehr viel geringer, als wir es gewohnt sind, so lagen doch die Preise, auch bei wertmäßiger Umrechnung, weit unter den heutigen. Ganz besonders bei lebensnotwendigen Dingen, wie Nahrungsmittel, Heizung, Miete und Kleidung. Als Beispiel genügt es, zu nennen: zehn Pfennige für einen Liter nichtentrahmter Milch, acht Pfennige für einen Laib Brot, sechs Pfennige für das Kilo Kartoffeln, zehn Pfennige für ein Glas Bier und zwanzig für das Litermaß. Die unbeschränkt weite Fahrt auf der Straßenbahn verschlang in Straßburg zehn Pfennige, Kinder, Schüler und Studenten berappten die Hälfte und gar nichts die Soldaten. Eine Mark zwanzig bezahlte man in der Zweiten Klasse und sechzig Pfennige in der Vierten für eine Bahnfahrt von Straßburg nach Schlettstadt. Die Dreizimmerwohnung in bescheidenen Häusern kostete zehn bis höchstens zwanzig Mark Monatsmiete. Siebzig Mark dagegen waren für eine Fünfzimmerwohnung in der »Ville Nouvelle« von Straßburg aufzuwenden.

Sie tanzten sieben Jahre lang

Zu meiner Rechten wie zur Linken stapeln sich die Tagebücher meiner Mutter. Wenn ich sie nicht hätte, könnte ich trotz allem, was mir meine Eltern erzählt haben, nicht glauben, wie beschwingt man damals in Straßburg gelebt hat. Immer war etwas los in unserer Stadt. An Kunst und Kultur wurde so viel geboten, daß auch der Eifrigste nicht alles mitmachen konnte. Expositionen und Modeschauen, Vorträge, Volksfeste, Einweihungen von Gebäuden, es nahm kein Ende mehr. Wahrlich, die Straßburger wurden nach Strich und Faden verwöhnt, besonders im letzten Jahrzehnt der elsaß-lothringischen Kaiserzeit.

Aus Prestigegründen erschienen im Rahmen der Kulturpropaganda des Reiches die ersten Vertreter ihres Fachs zu Gastspielen in Straßburg, nicht selten auch in Metz, Mühlhausen, Kolmar, Zabern, Hagenau usw. Die Leuchten der Universität ließen sich hören und wurden vom gebildeten Publikum gehört. Die Orchester aus Berlin, München, Dresden, Leipzig spielten vor festlich gekleidetem Publikum und ausverkauften Häusern. Die Ensembles der großen Opern- und Schauspielhäuser aus dem Reich erfreuten die Liebhaber ihrer Kunst in Straßburg. Welch gute Gegenwart, welch hohe Kultur wurde links des Rheins geboten!

Heute ist der Schwung weg, die Luft raus! In der Kaiserzeit war mehr los. Ich lese davon im Tagebuch meiner Mutter, und wer will, kann es den Romanen der damals vielgelesenen Straßburger Autoren entnehmen, besonders bei René Schickele. Die meisten jungen Ehepaare, die Söhne und Töchter aus gutem Hause machten alles mit, was zeitlich zu machen war. Nur abends natürlich und an Feiertagen, denn sonst waren sie vollbeschäftigt, die Mädchen eingeschlossen. Weitgespannt war der Verwandtenkreis, eine

Reihe von guten Freunden besaß ein jeder, dazu noch all die vielen Bekannten. Die Gelegenheiten zum Ausgehen waren unerschöpflich.
Dies um so mehr, wenn man nicht nur einer gesellschaftlichen Schicht angehörte, sondern mehreren. Vater als Regierungsrat, als Kaiserlicher wohlgemerkt, hatte gemeinsam mit Mutter zunächst seinen Verkehrskreis in dieser Schublade, in der Beamtenschaft. Als Oberleutnant, dann Hauptmann der Reserve, war mein Vater, stets mit Ehefrau natürlich, ins militärische Establishment eingebaut. Damit nicht genug, gehörte er als Akademiker und »Alter Herr« einer schlagenden Verbindung zur Universität. Vater war außerdem Mitglied, sogar Mitbegründer des Akademischen Skiklubs Vogesen und gehörte zum Straßburger Tennisklub. Auch daraus ergaben sich bestimmte Verkehrskreise, die oft ineinander übergingen. Schließlich stand man noch mit zumindest einem Bein in den Schubladen von Eltern und Schwiegereltern. Weil Großvater Meißner als Postbeamter dem Postverein angehörte und Großvater Roos als Zollbeamter dem Zollverein, verkehrten meine Eltern auch in diesen Kreisen. Zudem war Opa Roos noch hoher Würdenträger in einer Freimaurerloge. Einladungen erhielten automatisch all jene, die auf den Listen dieser Kreise standen. Überall herrschte nicht nur geselliges, sondern ausgesprochen gesellschaftliches Leben, wie es heute nur noch wenige Zeitgenossen kennen.
Sicher gab es in jenen Jahren eine Klassengesellschaft, daran besteht kein Zweifel. Eine Gesellschaft, die auch innerhalb der Klassen Unterschiede machte, überall dort, wo eine Hierarchie vorhanden war. So befanden sich, um meine Eltern als Beispiel zu nennen, in ihrer Beamtenschublade nur die höheren Beamten vom Referendar und Assessor hinauf bis zum Ministerialrat. Wer darüber stand, gehörte in die nächsthöhere Schublade, die ungefähr bis zum Geheimrat reichte. Weiter oben folgten die Staatssekretäre und Minister sowie ganz oben der Reichsstatthalter von Elsaß-Lothringen. Unter Vaters Schublade rangierten die Beamten der mittleren, tiefer noch die Beamten der unteren Laufbahn. Ein kompliziertes System. Allerdings, ein- oder zweimal im Jahr bat jeder höhere Vorgesetzte auch Nachgeordnete aus der tieferen

Die drei Töchter Roos trafen sich bei Tante Else in Genua 1913. Von links Else Delvaux, geb. Roos, Cilly Gerhardt, geb. Roos, Hildegard Meissner, geb. Roos.

Schublade zum Essen oder gesellschaftlichen Empfang. Einmal im Jahr wurden alle Beamten, vom Referendar aufwärts, zum Statthalterball geladen.
Dennoch war jene Klassengesellschaft nicht ganz so schlimm, wie heute behauptet wird. Es gab öffentliche Veranstaltungen, die jeder besuchen konnte. Persönliche Freundschaften, besonders im Sport, haben viele der Schranken überwunden. Zurückgesetzt fühlte sich keiner, denn so war nun einmal die Schablone. Die meisten Menschen hatten sich daran gewöhnt und fanden es selbstverständlich. Es wußte ein jeder, wo er hingehörte, und dort, in seiner Ecke, in seinem Kreis, fühlte er sich wohl und geborgen.
Wie man sich ein so vielseitiges Gesellschaftsleben bei durchweg bescheidenem Einkommen leisten konnte, weiß ich nicht. Sicher, die Wohnungen waren größer und viel billiger als heute. Hausangestellte gab es in jeder bürgerlichen, auch in der kleinbürgerlichen Familie. Mit einem Taschengeld wurden sie entlohnt und stellten keine Ansprüche. Wenn das eigene Dienstmädchen für einen Abend mit Gästen nicht genügte, kein Problem! Man borgte sich von Freunden oder Verwandten die notwendige Hilfe aus. Offiziere hatten ihre Burschen, auch Reserveoffiziere konnten sich von ihrem Regiment einen Soldaten kommen lassen. Für drei Mark Trinkgeld eilte der Brave gern herbei. Immerhin reichten drei Mark für dreißig Glas Bier. Wurde ein privates Tanzfest veranstaltet, waren Klavierspieler und Stehgeiger für sechs Mark zu haben, bei freiem Essen und Trinken, versteht sich.
Abgesehen vom Ehepaar Jessen – und Dr. Jessen galt als bester Zahnarzt im ganzen Reichsland – habe ich niemanden gekannt, der im eigenen Automobil durch Straßburg rollte. Auslandsreisen gingen nicht über Italien, die Schweiz und Frankreich hinaus. Teuren Schmuck erhielt die Gattin bestenfalls zur Hochzeit und einen Diamantring anläßlich der Geburt des Stammhalters. Allerdings brauchte man elegante Kleider, aber viele der Damen schneiderten sie selber. Ein neues Abendkleid für jede Saison wäre unverzeihlicher Luxus gewesen. Es machte gar nichts, jahrelang dasselbe Kleid zu tragen. Private Landhäuser oder ein eigenes Wohnhaus hatte man in unserer Schublade nicht, wenn doch, so stammte es aus einer Erbschaft. Aus meiner Schulzeit weiß ich

Tante Cilly mit der wohlgenährten Liesel.

noch, daß das Pausenbrot der Offiziersbuben nur dünn oder gar nicht bestrichen war, weil man demnächst zu Hause »Gesellschaft« hatte. Dafür sparte die Familie wochenlang an allen Ecken und Enden. Das gesellschaftliche Bild aber, das mußte stimmen. Kristallgläser und Platzteller aus Silber, dazu Kerzenleuchter mit sanftem Licht. Das servierende Mädchen trug Häubchen, weiße Handschuhe und eine weiße Schürze über dem schwarzen Kleid. Die Herren erschienen zumindest im dunklen Anzug mit weißem Hemd und dezenter Krawatte, Offiziere stets in Uniform, in der Ausgehuniform natürlich, mit allen verfügbaren Orden. Aus besonderem Anlaß, bei Familienfeiern und dergleichen, erschienen die Herren im Frack, dagegen war seinerzeit der Smoking noch wenig bekannt.

Auf sogenannten Bierabenden, überhaupt bei Veranstaltungen der höheren Beamtenschaft trug man den sogenannten Bratenrock, besser noch als Gehrock bekannt. Er ist völlig aus der Mode gekommen, nur auf historischen Fotos kann man ihn noch sehen. Den Cutaway, also schwarze Jacke mit Schwalbenschwanz und schwarz-grau-gestreiften Hosen, trugen bessere Herren bei feierlichen Anlässen, und das eigentlich nur am Vormittag. Heute ist es kaum noch vorstellbar, wie sehr seinerzeit auf die Kleiderordnung geachtet wurde. Entsprechend der Gelegenheit war alles bis ins Kleinste vorgeschrieben. Aber auch in diesem Fall muß man sagen, daß letzten Endes jede Ordnung zur Gewohnheit wird. Im übrigen war es ein Vorteil, in jedem Fall zu wissen, was man anziehen sollte. Die Damen trugen eng geschnürte Abendkleider mit tiefem Dekolleté und kunstvoll gebaute Frisuren. Erst zum Essen zogen sie die bis zu den Ellbogen reichenden Glacéhandschuhe aus. Vorbei war es allerdings schon mit Plüsch und Pleureusen, mit dem falschen Po (faux cul) und bodenlangen Schleppen. Vor allem die jüngeren Frauen, erst recht die jungen Mädchen, hatten sich der »reformierten Mode« angeschlossen. Deren Linien waren glatter geworden, der Zuschnitt einfacher und besser den natürlichen Formen angepaßt. Vor allem brauchten sich die »Reformierten« nicht mehr in die schauerlichen Schnürleiber zu zwängen, wodurch viele ihrer Mütter krank geworden waren. Eine Menge von Krimskrams war entfallen. Rüschen, Bändchen und Schleifen,

Es war viel los in Straßburg, besonders beim Fasching.

auch die Spitzen, wurden nur noch von älteren Damen getragen. Auch die Hüte, obwohl noch weit und breit, mußten nicht mehr mit allzuviel künstlichen Blumen, Vögeln, Federn und dergleichen garniert werden.

Erst mit dem Krieg fanden Feiern und Feste bei jeder Gelegenheit ihr Ende. Nicht zu begreifen ist heute, wie es die Zeitgenossen fertigbrachten, all die beim Essen gebotenen Köstlichkeiten in sich unterzubringen, ohne daß die Knöpfe sprangen. Ein bis zwei Vorspeisen und die Suppe waren der übliche Anfang. Es folgten Fisch und danach ein Zwischengericht. Anschließend wurden zwei Fleischgerichte geboten, darunter eines mit Geflügel. Als Dessert eine Süßspeise mit Sahne, meist auch Gefrorenes mit gefüllten Kuchen, dazu Obst und Kaffee, anschließend Cognac oder Likör. Nicht zu vergessen die Getränke während der Mahlzeit, zu jedem Gang ein anderer Wein im dazu passenden Glas. Champagner oder Sekt vor der Süßspeise oder dazu. Nach dem Essen, wenn die Gesellschaft herumstand oder sich an kleinen Tischen niederließ, wurden in fester oder flüssiger Form immer noch weitere Genüsse gereicht. Wären nicht die gedruckte Speisenfolge, die Menükarten und Tagebuchnotizen erhalten, man könnte es kaum glauben. Zu vermuten steht, daß die Portionen klein waren und man vieles vorübergehen ließ.

In so üppiger Weise haben keineswegs allein die Reichen getafelt. Ebenso ging es in bürgerlichen Kreisen zu, beim sonst auf Bescheidenheit bedachten Mittelstand. Auch meine Großeltern haben das mitgemacht, obwohl sie für heutige Begriffe nicht mehr waren als Oberinspektoren, Amtmänner und dergleichen.

Bekanntlich waren es nach der guten alten, aufwendigen Sitte die Eltern der Braut, denen es oblag, die Hochzeit auszurichten. Alles, was damit zusammenhing, mußten die Brauteltern bezahlen. Dreimal hat Großvater Roos seine Pflicht in angemessener Weise erfüllt. Als mein Vater seine jüngste Tochter nahm, hatte der gerade fünfundvierzigjährige Brautvater Roos erst den Rang eines Inspektors erreicht. Dennoch bot er an jenem 6. Juli 1908 ungefähr dreißig Gästen:

Krebssuppe Ragout en Casserole	Ottrotter Rotwein Rappoltsweiler Weißwein
Rheinsalm, Sauce Béarnaise	Graacher Himmelreich Creszenz Anton Thanich Longuicher
Rehrücken à la Monte Carlo	Château Margeaux
Gänseleber in Aspic	Johannisberger Clou 1897 Creszenz Hugo Horst
Poularde, Kopfsalat	Croton 1895
Compotte	
Gefrorenes Vix-Bara Mandelberg-Crème	Champagner
Breton-Torte	
Obst-Dessert	
Kaffee	

Bevor man zu Tisch ging, genossen die Gäste ein Standkonzert des Infanterieregiments 136. Dessen Musikzug brachte folgenden Ohrenschmaus zu Gehör:

1. Hochzeitsmarsch aus der Operette »Ein Sommernachtstraum« von Mendelssohn
2. Ouvertüre zur Oper »Mignon« von Thomas
3. »Heimlich, still und leise«, Gavotte aus der Posse »Bis früh um fünfe« von Lincke.
4. Fantasie aus der Oper »Die Walküre« von Wagner

5. »Gold und Silber«, Walzer von Lehár
6. Marsch aus der Oper »Das goldene Kreuz« von Brühl

Während des Essens genoß man die Tafelmusik eines Künstlerquartetts, das ebenfalls reiche Auswahl getroffen hatte:

1. Brautchor aus der Oper »Lohengrin« von Wagner
2. Ouvertüre zur Oper »Figaros Hochzeit« von Mozart
3. »Wer uns getraut«, Lied aus der Operette »Der Zigeunerbaron« von Strauß
4. »Intermezzo«, »Vilja Lied«, aus der Operette »Die lustige Witwe« von Lehár
5. »Rendez-vous«, Gavotte von Aletter
6. Fantasie aus der Oper »Das Glöckchen des Eremiten« von Maillart
7. Walzer aus der Operette »Ein Walzertraum« von Strauß
8. »Tiroler Holzhackerbuam«, Marsch von Wagner

Alsdann begann die rauschende Ballnacht. Dazu wird manch einer sagen: Nun ja, eine Hochzeit gibt es nicht alle Tage. Ganz im Gegenteil, ziemlich häufig wurde man zu einer Hochzeit geladen. Jedes Ehepaar hatte eine beachtliche Zahl von guten Freunden wie Freundinnen, die sich früher oder später ehelich vereinten. Nicht zu vergessen die Kollegen, Kameraden, Bundesbrüder, Vettern, Cousinen und sonstigen Anverwandten, zu deren Hochzeit man gebeten wurde. Eine standesamtliche Heirat, still und leise, wäre mit öffentlicher Schande gleichbedeutend gewesen. Der feierliche Gang zur Kirche mußte sein, anschließend Festessen und Tanz bis zum frühen Morgen. Während das Brautpaar am Hochzeitstag bald schon diskret verschwand, waren beide am Tag zuvor, das heißt am Polterabend, von Anfang bis Ende dabei.
So war eigentlich immer etwas los. Viel mehr als heute wurde getanzt. Nicht nur die alteingeführten Gesellschaftstänze waren en vogue, das in unseren Tagen vergessene Menuett, die Gavotte, die Quadrille mit ihren schwierigen Figuren, sondern auch die damals modernen Tänze wie Tango, Polka und andere mehr. Gelernt hatte das jeder, Tanzstunden gehörten zur Ausbildung und wurden von

Backfischen und Primanern eifrig besucht. Außerdem gab es damals schon relativ »wilde Tänze«. In meiner Mutter Tagebuch lese ich von »Sturmpolka« und »Schnellwalzer«, auch vom sogenannten »Schieber«, einem für ziemlich gewagt gehaltenen Zweiertanz. Damit nicht genug, vergnügten sich die jungen Leute, wenn von den »alten Schachteln« keine zuschaute, mit nahezu akrobatischen Tänzen. Mutter erwähnt im Tagebuch den »Cakewalk«, natürlich ein Import aus Amerika. Ganz toll muß der »Walk« gewesen sein, weil streng verboten. Man verhängte die Fenster und duldete keinen Fremden im Raum. Es muß noch mehr gegeben haben, aber nur mit zwei rätselhaften Buchstaben wird das heimliche Vergnügen angedeutet. Als ich viele Jahre später meine Eltern bat, mir den Cakewalk vorzutanzen, haben sie es abgelehnt, aus pädagogischen Gründen, nehme ich an.
Stilvoll dagegen und comme-il-faut verliefen offizielle Bälle, wie beispielsweise im Palais des Grafen Pourtalés, draußen beim Dorf Robertsau. Erst recht beim Reichsstatthalter, dem Grafen (später Fürsten) Wedel. Nicht ganz so glanzvoll, aber kaum weniger formal ging es zu bei den Behördenchefs und beim Rektor der Universität. Dort tanzte unter vielen anderen auch der Studiosus Theodor Heuss, später deutscher Bundespräsident, und hat vermutlich dort seine spätere Frau Elli Knapp kennengelernt, die Tochter eines der Straßburger Professoren. Jedoch es waren relativ seltene Gelegenheiten, bei denen die »klassifizierte Gesellschaft« mit den höheren und höchsten Herrschaften des Landes verkehrte.
Bei offiziellen Veranstaltungen erhielt zuvor jede Dame ihr »carnet de bal«. Darin waren alle Tänze genannt, die von Anfang bis Ende auf dem Programm standen. Sache der Herren war es, sich beizeiten, eventuell schon Tage zuvor, bei den von ihnen verehrten Damen um einen Tanz oder mehrere zu bemühen. Im Falle der Zusage durfte jeder Herr seinen Namen an entsprechender Stelle des Carnets eintragen. Selbstverständlich hatte er die Pflicht, pünktlich bei der Partnerin zu erscheinen. Undenkbar, daß die Dame mit einem anderen Herrn aufs Parkett entschwebte. Nicht nur der Stehengelassene wäre tief beleidigt gewesen, auch seine Freunde. Sie hätten das unmögliche Weibsbild bis auf weiteres gemieden. So streng waren die Bräuche!

Hin und wieder spielte die Kapelle einen nicht programmierten Tanz, also einen, der nicht im Carnet registriert war. Da hieß es, freie Bahn für die Tüchtigen! Außerdem gab es während des Abends eine Damenwahl. Das waren Augenblicke höchster Spannung! Wer würde es sein, dem eine bestimmte Dame mit dem Finger winkte oder den sie mit dem Fächer berührte?

Vom Statthalterball hatten meine Eltern noch in Berlin geschwärmt. Der Kaiserpalast, ein sonst leer dastehender Riesenbau, war erfüllt von Blumen, von Kerzenlicht und livriertem Personal. Alle Offiziere in großer Uniform, die Herren Beamten im Frack mit Orden, die Damen in den schönsten Balltoiletten, die man sich leisten konnte. Straußenfächer und ellenbogenlange Handschuhe, blitzender Schmuck und die feinsten Parfüms. All die mehr oder minder illustren Gäste wurden vom Statthalter und seiner Gattin in Vertretung Ihrer Majestäten, des Kaisers und der Kaiserin, empfangen. Weil die Wedels sagenhaft reich waren, ließen sie glänzen und spiegeln, was nur möglich war. Jede Dame erhielt beim Abschied ein Silbergeschenk. Im Laufe der Zeit versammelten sich auf diese Weise sieben oder acht silberne Likörbecher in unserer Vitrine, geschmückt mit dem gekrönten Wappen der Wedels. All diesen Aufwand mußten sie aus eigener Tasche bezahlen. Einen Repräsentationsfond gab es damals nicht.

Sieben Jahre tanzten meine Eltern, schwebten sie frohbeschwingt übers polierte Parkett. Erst als offizielle Verlobte, dann als Ehepaar. Es waren Straßburgs lange Nächte, vom August 1907 bis August 1914. Alsdann begann der alles vernichtende Krieg. Sie tanzten auf Bällen der Eisenbahn, erschienen zu Regiments- und Logenbällen, tanzten beim Post- und Zollverein und der Burschenschaft Germania, auch beim Vogesenverein, Tennisklub und bei allen möglichen Faschingsbällen.

Trotzdem fanden sie Zeit für weitere Geselligkeit. Sie bestand aus der nie abreißenden Kette von Besuchen bei Verwandten, Bekannten und guten Freunden. Man traf sich zum Kaffeeklatsch, zum einfachen Abendessen, machte Ausflüge in die Umgebung und gab gelegentlich eine Kindergesellschaft. Nahen Verwandten und besten Freunden gratulierte man persönlich zum Geburtstag. Es scheint mir, daß man früher mehr Verwandte hatte als heute. So viele Onkels und Tanten, Vettern und Kusinen, Großtanten und Altonkels haben damals meine Eltern und mich umgeben, daß es mir heute als Wunder erscheint, wie man sie auseinanderhielt.

Unter meinen Tanten war eine damals vielgelesene, heute vergessene Dame der Feder, Gertrud Fauth mit Namen. Sie hatte sich schon lange vor der Hitler-Zeit auf Blut-und-Boden spezialisiert. Ihre erdgebundenen Romane waren illustriert mit den eckig kantigen Holzschnitten der Ala Hermann, ihrer besten Freundin, von der man sagte, sie sei »überkandidelt«. Beide wohnten in einem stilvoll alten Holzhaus, mehr als tausend Meter hoch bei St. Märgen im Schwarzwald. Noch als Student von Freiburg aus habe ich Tante Trudel oft besucht, wobei mir jedesmal ihre eigenartige, ganz auf germanisch-heidnische Vorstellungen bezogene Persönlichkeit auf seltsame Weise imponierte. Von ihrer Mutter Seite her stammte Gertrud Fauth aus der Kleber-Familie.

Der Onkel Adolf Leibrock, verheiratet mit einer Schwester von Oma Meissner, ebenfalls aus der Kleber-Linie, war Professor an der Straßburger Kunstakademie und malte selbst recht gute Bilder. Auffallend an ihm war eine »Lavallière« genannte Krawatte, ohne die er sich nicht vor Menschen zeigte, ein locker geknüpftes Seidentuch, das ihn als Künstler erkennen ließ. Eine Samtmütze und ein gepflegter graumelierter Bart ließen ihn äußerst würdevoll erscheinen. Davon abgesehen, war Onkel Adolf ein leidenschaftlicher, kenntnisreicher Fotograf, dem viele Familienaufnahmen zu verdanken sind. Darunter auch solche, die er mit funkensprühendem Blitzlicht machte.

Jedesmal, wenn ich durch Straßburg wandere, sehe ich zu bestimmten Balkonen hinauf. Da droben habe ich als kleiner Bub, als Straßburger Knäckes, bei Kuchen und Kakao gesessen, umgeben von frohgestimmten, eifrig ratschenden Verwandten. Meist waren andere Kinder dabei. Ihnen und mir wurde gestattet, im Garten herumzutoben.

Ausflüge im Kremserwagen stehen noch vor meinen Augen, Picknicks im Rheinwald, Abendessen im »Rosenhof« bei der Kehler Brücke, besonders während der Spargelzeit, wo man auf einer Terrasse saß mit Blick über den Strom. Nicht zu vergessen die Nachmittage in »Fuchs-am-Buckel« mit Kahnfahrten auf der Ill.

Als Kind war mir nicht bewußt, daß es arme Leute gibt, geschweige denn echte Not und niederdrückendes Elend. Vielleicht eine Folge der »Schubladengesellschaft«, die mich nicht weit genug über den Rand schauen ließ. Sicher hat auch das tägliche Leben innerhalb der »ville allemande« dazu beigetragen. Wirklich arme und abgerissene, bittere Not leidende Menschen wohnten nicht dort. Man war zu eingeschachtelt und bewegte sich zumeist unter seinesgleichen, besonders wir Kinder, die man gut behütet hat.

Wie der »Malakoff« genommen wurde

So gut wie jeder aus dem Verkehrskreis meiner Eltern spielte ein Instrument, wenn nicht mehrere. Selbst an Nachmittagen, wenn Kuchen und Kaffee vertilgt wurden, setzte sich ein Besucher oder die Hausfrau ans Klavier. Wenn abends gute Freunde kamen, brachte Heini Doehle seine Geige mit und Oskar Jentsch das Cello. Mit dem Sopran meiner Mutter, mit dem Klavierspiel von Pfarrer Claude, vielleicht noch mit Tante Emmas Altstimme ergab sich ein Quintett, ganz ohne vorherige Absprache. Kammermusik im privaten Kreis gehörte zur Unterhaltung, auch Hausmusik mit folgsamen Kindern. Wegen der Studenten- und der elsässischen Volkslieder war Vater sehr beliebt. Er konnte gut singen und spielte nicht minder gern Laute, an der bunte Bänder hingen. Sie bekam er von Vereinen, von studentischen Verbindungen und Freundeskreisen zum Dank für seine Mitwirkung bei frohen Festen.

Den größten Erfolg hatte Vater mit seiner Erstürmung des »Tour Malakoff«. Weil es vermutlich Stellen darin gab, die sich nicht für Kinderohren eigneten, habe ich zu meinem tiefen Bedauern nie den berühmten »Malakoff« von ihm selbst gehört. Als die vergoldeten Jahre und der Weltkrieg vorbei waren, konnte niemand mehr meinen Vater zu einem solchen Auftritt bewegen. Heini Doehle hat mir erzählt, um was es sich beim »Malakoff« handelte.

Dabei ging es um den Krim-Krieg während der Jahre 1853–56. An diesem Feldzug der Franzosen, Briten, Türken und Italiener gegen das Zarenreich hatten auch Elsässer teilgenommen, weil damals Elsaß und Lothringen französische Provinzen waren.

Sie waren tapfere Draufgänger, die Elsässer. Besonders heftig umkämpft war die Festung Sewastopol. Dort machte ihnen ein Eckpfeiler der russischen Verteidigung die größte Mühe, der aus meterdickem Gestein aufgeführte, mit einem Dutzend feuerspeienden Kanonen bestückte »Malakoff«-Turm. Ausgerechnet Elsässer sollten den Turm knacken. Tatsächlich haben sie es am Ende geschafft.

Darüber hat hinterher oft und mit allen dramatischen Einzelheiten André Leo Schlumberger berichtet. Er war selber Mitkämpfer gewesen, nach eigenen Angaben einer der besten und tapfersten Sturmsoldaten. Bevor aber der Leopold Schlumberger seine Geschichte zum besten gab, legte er alle seine Orden an, und nach seinen Angaben mußte der trutzige Turm mit allen dazugehörigen Bastionen, Redouten und vorgeschobenen Stellungen aufgebaut werden. Dies geschah in Gestalt verschieden großer Gläser, die mit Riesling, Edelzwicker, Bordeaux, Burgunder und so weiter gefüllt waren. Zur Darstellung kleiner Vorposten genügten daumengroße Gläser mit Kirsch, Cognac, Kümmel oder ähnlich scharfen Sachen. Für den Turm selbst, fürs eigentliche Ziel des männermordenden Kampfes, für den meterdicken, hoch aufragenden Malakoff brauchte man eine Zweiliterflasche, gefüllt mit Zwetschgenwasser edelster Sorte. Das ebenso umständliche wie kostspielige Kunstwerk mußte, wie unschwer zu begreifen ist, von der Tischgesellschaft bezahlt werden. Erst wenn man alles fix und fertig aufgebaut hatte und André Leo Schlumberger mit dem Arrangement voll zufrieden war, begann er seinen markerschütternden Bericht.

Wann und wo mein Vater die ganze Geschichte von ihm selbst gehört hat, ist mir nicht bekannt. Es dürfte auf einer der Grunderwerbsreisen gewesen sein. Als Mitstreiter im Krimkrieg muß André Leopold zu jener Zeit schon hoch in den Siebzigern gewesen sein. Aber noch gut bei Stimme war er und ein tüchtiger Trinker. Sicher hat Vater seine Malakoff-Story mehrmals gehört und mitangesehen, weil er sie so waschecht wiedergeben konnte. Derart hinreißend soll Vaters Vorstellung gewesen sein, daß man völlig vergaß, einen anderen Mann als den echten Korporal Schlumberger vor sich zu haben. Ebenso wie jener bediente sich auch mein Vater eines der heimatlichen Dialekte, von dem auch Heini Doehle nicht immer wußte, welcher das war.

Im Mittelpunkt des Geschehens stand Schlumberger selbst, der todesmutige Korporal. Kaum hatte er mit seinen Gefährten den ersten Vorposten überrannt, forderte er unter lauten Vivatrufen die Tischgenossen auf, die entsprechenden Gläser zu leeren, und hierfür gab er selber das Beispiel. Die leeren Gläser verschwanden in einem Korb.

Beim weiteren Verlauf von Angriff und Verteidigung kamen die Stoßtrupps Schritt für Schritt an die feindlichen Stellungen heran. Leider ging das ohne eigene Verluste nicht ab. Hatte wieder ein Kamerad den Heldentod erlitten, nannte der Korporal (dargestellt von Vater) dessen Namen und leerte ein Glas zu Ehren des Gefallenen. Wie sich das gehörte, taten die anderen das gleiche. Ehre, wem Ehre gebührt.

Die Elsässer machten Fortschritte auf dem Schlachtfeld. Sie brachen ein in russische Gräben, eroberten Geschütze und stürmten Redouten. Wieder und wieder wurde ihr sieghaftes Vordringen durch die Wegnahme verschiedener Gläser gefeiert. Der Erzähler kam dadurch mehr und noch mehr in Fahrt. Seine Augen blitzten wie Mündungsfeuer, seine Stimme erinnerte an Kanonendonner. Unerhört aufregend muß es gewesen sein. Mit Faustschlag auf den Tisch bekräftigte Schlumberger (oder mein Vater) jeden neuen Vorstoß.

Endlich ... nach langer Belagerung (etwas mehr als eine Stunde am Tisch) war der »Malakoff« reif für den letzten Sturm. Hin und her wogte für eine gewisse Weile noch der heiße, der erbitterte Kampf, dann hatten es die Tapfersten der Tapferen geschafft!

Der »Malakoff« konnte nicht mehr ... die letzten Verteidiger hißten die weiße Flagge. Als Zeichen dessen windet der erschöpfte Korporal eine weiße Serviette um den Hals der Zwei-Liter-Pulle. »Der Sieg ist unser ...!« ruft er dazu.

»Vive la France« ... vive l'empereur ... hoch das Elsaß und seine Männer!«

Schlumberger, beziehungsweise sein Darsteller, packte die schwere Flasche, zog mit geschicktem Ruck den Korken heraus und bediente sich zunächst selbst mit dem ersten Schluck. Dann machte der Hochprozentige die Runde, bis kein Tropfen mehr darin war.

Wie gern hätte ich das selber mitangesehen, meinen Vater so lustig und froh erlebt, wie er damals gewesen ist. Leider aber wollte er als Staatssekretär, Minister und Chef des Büros des Reichspräsidenten nichts mehr davon hören.

Von niemandem weiß ich, der jemals diesen oder einen ähnlichen Bericht vom »Malakoff«-Sturm gehört hat. Aber schön wäre es doch, und gewiß eine Bereicherung der elsässischen Folklore, wenn es gelänge, irgendwo den wortwörtlichen Text zu finden. (Sollte ein lieber Leser davon erfahren, wäre ich dankbar für ... gefällige Mitteilung.)

Der Held von Bethesda

Schon war davon die Rede, daß demnächst der Ernst des Lebens, nämlich die Schule, beginnen sollte. Wegen meiner hohen Intelligenz, so die Ansicht meiner Eltern und Großeltern, brachte ich schon im Alter von fünf Jahren die Voraussetzung dafür mit. Wie sich selbst mein Vater irren konnte, ergab erst die schulische Praxis der späteren Jahre. Zunächst wurde ich von beiden Eltern dem gleichen Direktor vorgestellt, bei dem schon Vater in Latein und Griechisch geglänzt hatte. Andere Lehrkräfte, die sich vorzugsweise mit Anfängern beschäftigten, befragten mich nach Strich und Faden, weil ohne ihre Zustimmung keine vorzeitige Einschulung möglich war. Meinen Namen mit allen vier Vornamen konnte ich leserlich schreiben, aber noch nicht die lange Adresse. Immerhin hatte ich sie auswendig gelernt, weshalb keine Gefahr bestand, daß ich verloren ging. Im Oktober sollte ich einrücken, auf dem Kopf die blaßrote Schülermütze des Kaiserlichen Lyzeums in Straßburg. Wer heute meint, es wäre seinerzeit jedes Lyzeum ein Gymnasium für Mädchen gewesen, irrt. Unser Lyzeum war nur für Buben gedacht, die am Ende junge Männer waren. Besser ist es allerdings, wenn wir im Stil jener Zeit von jungen Herren reden, denn Schüler des Kaiserlichen Lyzeums sollten Herren sein von der Obersekunda an. Eine Volksschule gab es nicht für Kinder aus unserer Schublade. Vom ersten Schultag an gingen wir aufs Lyzeum. Sicher war das unsozial, andererseits mußten die Eltern teuer dafür bezahlen. Ein Kind in der Schule kostete weit mehr als ein Dienstmädchen zu Hause.

Die unterste Klasse, die Eingangspforte ins Lyzeum, hieß mit lateinischem Namen Nona, es folgte die Oktava, danach kam die Septima. Also auf Deutsch die neunte, achte und siebente Klasse

Innenhof des Kaiserlichen Lyzeums, heute Collège Fustel Coulanges, beim Münster. Die drei letzten Fenster rechts vom Eingang gehörten zu unserer Klasse, der Sexta.

von unten nach oben. Danach erfolgte der große Sprung in die Sexta, ins eigentliche Gymnasium, wo man schon gleich mit Latein geplagt wurde und Französisch lernen mußte, falls man es nicht schon beherrschte. Die meisten von uns konnten es, wenn auch mit Elsässerdütsch vermischt und deshalb für Innerfranzosen nicht immer zu verstehen. Von der Sexta an wurde also den Schülern feines Französisch beigebracht, in Wort, Schrift und Grammatik, mit den unregelmäßigen Verben und allen Finessen.

Da griff das Schicksal ein, ob zu meinen Gunsten oder dagegen, ist schwer zu sagen. Meine Lippen wurden plötzlich blau, mein Hals schwoll an und ich bekam kaum noch Luft.

Mit einer Autodroschke brachte mich unser Hausarzt Dr. Schwarz persönlich ins Krankenhaus Bethesda. Vereiterte Mandeln wurden festgestellt, und zwar im fortgeschrittenen Stadium. Sofort operieren, sonst sei der Junge kaum zu retten! Ohne Betäubung, aus mir nicht bekannten Gründen. Eine weiße Schüssel zum Auffangen des Blutes sowie der herausgeschnittenen Mandeln sollte ich selber halten. Das sei ungemein wichtig, versicherte mir der Operateur todernst. Heute weiß ich, daß es ein psychologischer Kunstgriff war, um das Kind von Schock und Schmerz abzulenken. Dem Opfer wurde damit Verantwortung übertragen, es sollte sich ungemein wichtig vorkommen. Wie dem auch sei, die Sache funktionierte vortrefflich. Keinen Laut gab ich von mir. Meines Erinnerns habe ich auch keinen Schmerz gespürt. Alsdann sagte ich aus blutendem Mund die oft zitierten Worte: »Danke ... Herr Doktor, Sie haben's gut gemacht.«

Mein Vater, erst recht meine Großväter barsten vor Stolz, meine Mutter und die Großmütter schwammen in Tränen der Rührung, der Regimentskommandeur meines Vaters ernannte mich zum Ehrenmitglied der 136er, und kein geringerer als Graf Wedel, Reichsstatthalter Seiner Majestät, ließ mich grüßen. Selten habe ich eine so schöne Zeit verbracht wie damals im Krankenhaus Bethesda. Schamlos wurde ich verwöhnt während jener Genesungszeit, und sogar Kriegsversehrte aus dem Siebziger Feldzug ehrten mich durch Handschlag, ja, in einigen Fällen sogar mit der Anrede »Kamerad«. Nichts, aber auch gar nichts fehlte, um einem Kind den Kopf zu verdrehen!

Der erste Ausgang war die Ausfahrt mit einer jüdischen Bankiersfamilie. (Ich glaube, deren Tochter war es, die mein Vater nach dem Wunsch seines Vaters hätte heiraten sollen.) Dabei saß ich zum ersten Mal in einer richtigen Equipage. Ein außen schwarzpoliertes Gefährt, innen ein mit blauem Samt ausgeschlagener Raum, auf hohen, dünnen Rädern rollend, die mit Gummi bereift und daher lautlos waren. Davor trabten geschniegelte, gestriegelte Rappen. Der Kutscher auf dem Bock trug zu weißen Hosen gelbe Stulpenstiefel und einen Zylinder mit Kokarde. Wer nie dergleichen erlebt hat, wird kaum in der Lage sein, nachzuempfinden, wie fabelhaft das gewesen ist.

Ganz anders im Automobil der Familie Jessen! Heute läßt sich kein Kind vom Fernseher locken, nur um in ein Auto zu steigen und irgendwohin zu fahren. Aber damals, im Winter von 1913 auf 1914, war das ein tolles Erlebnis. Jede Einzelheit der kurzen Fahrt habe ich heute noch in guter Erinnerung. Dr. Jessen war ein Däne mit deutscher Frau, dem Vernehmen nach wohl der damals beste und auch teuerste Zahnarzt im ganzen Reichsland. Er besaß an der Orangerie eine herrschaftliche, heute noch vorhandene Jugendstilvilla mit privatem Strandkorb auf der Terrasse. Ein blaulivrierter Diener öffnete Gästen die Tür, ein Mädchen mit weißen Handschuhen servierte bei Tisch. Dazu kam noch das Automobil.

Das Auto des Ehepaars Jessen war ein offener Benz mit Messinglampen und weithin hallender Hupe. Natürlich hatten die Jessens einen Chauffeur, schon weil die Handkurbel (anstelle des heutigen Anlassers) so schwer zu drehen war. Gelegentlich wurde das schnaubende Ungeheuer von Frau Jessen selbst gesteuert, eine bestaunenswerte Tatsache, ähnliches hatte man bisher in Straßburg nicht gesehen. Sie handhabte das Volant, den Gashebel, die Bremse, Hupe und alles weitere mit Perfektion. Schutzmänner salutierten, Gassenjungen johlten und ältere Herren schüttelten den Kopf, wenn Madame Jessen mit töff-töff-töff um die Ecke kurvte. Sehenswert der flotte Hut, die breite Fahrbrille und der festgesteckte Schal um Kopf und Schultern. Neben ihr zu sitzen, wenn sie die Stadt durchquerte, ließ mich zusehends wachsen.

Dagegen dürfte es auf keinen heutigen Buben auch nur den geringsten Eindruck machen, wenn ich mein Kinderfahrrad erwähne. Aber vor dem Ersten Weltkrieg gab es Kleinräder nicht ohne weiteres zu kaufen. Wer seinen Jungen damit verwöhnen wollte, der mußte ein solches Vehikel bestellen. In Handarbeit wurde es gefertigt und war außergewöhnlich teuer. Ein junger Mann aus reichem Haus war so freundlich, solch ein Kleinrad für mich bauen zu lassen. Der Anlaß war sehr wahrscheinlich meine Heldentat im Bethesda-Krankenhaus. Der junge Mann war einer der ersten Flieger im Reichsland und besaß privat einen Monoplan. Mein kleines Fahrrad war eine Sensation sondergleichen. Ich pflegte es gut, polierte es täglich, aber darauf fahren, das heißt erst mal fahren lernen, durfte ich nur unter Aufsicht von Mutter oder Vater. Es hat mir, muß ich gestehen, während der ersten Ausflüge nicht viel Freude gemacht. Das Strampeln war ungemein anstrengend, aber bis nach »Fuchs-am-Buckel« bin ich damit gekommen.

Freiheit für Forellen

Von der Reise nach Schliersee blieb nur wenig in meiner Erinnerung, ausgenommen zwei Begebenheiten. Ich weiß nicht mal mehr, in welchem Sommer es gewesen ist, es kann ebenso 1912 wie 1913 gewesen sein. Jedenfalls war ich noch klein und reichte meinem Vater nicht weit übers Knie. Auch der Grund, warum wir die Sommerferien so weit von Straßburg entfernt in Oberbayern verbrachten, ist mir entfallen. Vermutlich hatte es mit Vaters Wanderlust und Bergsteigen im Hochgebirge zu tun.

Vater und ich fuhren mit der Bahn, weil es seinerzeit keine andere Möglichkeit gab, und außerdem genoß der Regierungsrat freie Fahrt. Gewiß habe ich meinem Vater pausenlos »Löcher in den Bauch« gefragt. Wenn es ihm zu viel wurde mit der blöden Fragerei und er recht ärgerlich sagte, ich solle endlich mit Fragen aufhören, kam trotzdem mein »warum denn?«, abgekürzt »wumdenn?« Gescheite Buben wünschen Aufklärung in jedem Fall.

Lebhaftes Treiben in München, wo wir umsteigen mußten und Erdbeeren verkauft wurden. Ich bekam keine, weil ich dreimal hintereinander etwas hatte wissen wollen. In unser Abteil traten drei Studenten mit Band und Mütze. Einer von ihnen war offenbar recht stolz auf seine frischverbundene Backe.

»Hast du Mensur gehabt«, fragte ich, »hast du schönen Schmiß bekommen?«

Meine fundamentale Kenntnis studentischen Brauchtums erregte Wohlgefallen.

»Hast du auch nicht geweint ... wie der Doktor zugenäht hat?«

Nein, das hatte er nicht, und alle drei lachten. »Der da ist Zweibändermann«, sagte ich zu Vater.

Allgemeine Heiterkeit im Abteil, aber noch immer fuhr der Zug nicht an.

»Da draußen gibt's Erdbeeren«, bemerkte ich, »mein Vati kauft mir keine, weil ich immer so dumm frage.«

»Aber wir kaufen dir welche«, riefen alle drei aus einem Munde, und so geschah es denn auch.

Bis an den Schliersee war ich mit den Erdbeeren beschäftigt. Zwar hatte mir Vater gesagt, es werde mir bestimmt schlecht werden. Aber seine pädagogische Hoffnung erfüllte sich nicht.

Im »Hotel zur Sonne« wohnten wir, unmittelbar am See. Auf dem Bootssteg davor, seinerzeit nur schmal und ohne Geländer, saß ein Mädchen ungefähr meines Alters, mit blonden Zöpfen und roten Schleifen. Die Kleine ließ ihre bloßen Füße ins Wasser hängen und weinte bitterlich. Also eilte ich hin, um womöglich die Tränen zu trocknen.

»Was heulst du denn ... daß dir der Schnuddel aus der Nase läuft?« fragte ich höflich.

Worauf mir noch einfiel, daß sich zunächst der Herr einer Dame vorstellt, wenn er sie anspricht.

»Ich bin der Hanneli und wer bist du?«

»Clarissa ... Klärchen genannt.«

»Nun sag' schon, warum du heulst.«

Es dauerte eine Weile, bis die Kleine zu sprechen vermochte. Schlimm war die Lage, hoffnungslos. Ich versprach, zu helfen, koste es was es wolle. Aber worum ging es, welches Leben war zu retten?

»Nichts zu machen«, schluchzte das Mädel, »sterben müssen sie ...«

Mit zitternder Hand wies Klärchen auf einen großen Kübel, der sich ganz vorn am Steg befand. Bis zum Rand war er mit Wasser gefüllt und ... mit Fischen, mit frisch gefangenen Forellen. Natürlich lebten die noch, wenn auch keineswegs gut, weil es so viele waren in dem wenigen Wasser. Sie waren fürs Mittagessen bestimmt, für die Gäste im Sonnenhotel.

Gleich überlegte ich, wie den Fischen zu helfen sei.

»Wir werden einfach den Kübel ins Wasser kippen«, war mein erster Gedanke.

»Können wir nicht«, gab die Kleine zurück, »der ist meterhoch ... und wiegt viele Zentner.«

Unser Stemmen mit aller Kraft blieb ohne Erfolg. Der Eimer hob sich nur ein wenig, und kaum fingerbreit schwappte Wasser über. Auch die Forellen, so schien es, schöpften Hoffnung, öffneten ihre Mäuler und wedelten mit den Flossen.
»Wir müssen Anlauf nehmen«, schlug ich vor, »also mach' schon, ... bei drei laufen wir los ... eins, zwei, drei ...!«
Man glaubt gar nicht, welch geballte Kraft in einem Engelchen steckt, wenn es um die Lebensrettung vieler Forellen geht. Beim dritten Ansturm gelang das leidenschaftlich geplante und mit geballten Kräften durchgeführte Unternehmen.
Der Kübel rutschte ... bei dem zweiten Mal noch mehr und beim dritten Mal kippte er um. Sämtliche Forellen gelangten zurück in den Schliersee.
Wir sahen das frohe Wedeln ihrer silberhellen Flossen und glaubten, ihr Lachen zu hören, sogar ihren Dank zu spüren.
Natürlich verlangte der Sonnenwirt sein Recht auf Mark und Pfennige. Achtundzwanzig Forellen waren zu bezahlen, von denen Klärchens Mutter ohne weiteres die Hälfte übernahm. Zwar ließ mein Vater strenge Mahnungen vom Stapel, aber er strich mir dabei über den Kopf. Die Folge jedoch war, daß ich und vermutlich auch Klärchen lange Zeit keine Forelle mehr anrührten.

Der romantische Rheinwald und seine Geschichten

Die wohl schönsten Tage schenkten mir die Rheinwälder bei Straßburg. Dazu gehörten die vielen guten Geschichten, die mir der Meissner Opa auf weiten Spaziergängen erzählte. Jeder würde genauso denken, hätte er noch das Wunder jener Wälder erlebt: Das waren richtige Urwälder. Selbst an Sonntagen begegneten Großvater und mir nur wenige Touristen. Die verwunschenen Wälder am Ried waren selbst für Straßburger eine wenig bekannte Landschaft. In den von zahlreichen Wasserläufen durchzogenen Wäldern gab es keine Ortschaft, kein ganzjährig bewohntes Gehöft. Nur am Rande der Rheinwälder lagen kleine Dörfer, entweder nahe am Ufer des großen Stromes oder entlang der Nord-Südstraße, die man heute D 468 nennt.

Entstanden sind die Urwälder am linken Rheinufer erst im letzten und vorletzten Jahrhundert – durch Menschenhand. Vorher strömten die Fluten des Rheins, geteilt in viele Arme, an zahlreichen Inseln, Buchten und Sandbänken vorüber. Je nach Jahreszeit, Witterung und Wasserstand überschwemmte Vater Rhein viele Meilen weit Auen, Felder und Wälder auf beiden Seiten. Außerdem wechselte der Strom sein Bett oft mehrere Male im gleichen Jahrhundert. Um das Jahr 1300 rissen die Fluten Dutzende von Dörfern und das gesamte Kloster Rheinau mit. Mehrere tausend Hektar fruchtbaren Landes wurden in kahle Kiesflächen verwandelt. Im Frühjahr 1506 verlegte der Strom sein Bett um einige Kilometer nach Nordwesten, wobei wiederum zahlreiche Ortschaften mitsamt ihren Bewohnern zugrundegingen, und kurz darauf wanderte der unstete Strom wieder in östlicher Richtung. Große Wälder, die zuvor auf dem linken Ufer gelegen hatten, befanden sich nun auf dem rechten. So kam zu allen Übeln noch

ein weiteres hinzu, nämlich die Frage, wem was gehörte. Hatte früher der Bauer und Gutsherr ungeteilt von Vater und Vorfahren übernommen, lagen nun Teile seines Besitzes, nach einer Änderung des Stromverlaufes, auf der anderen Seite, also in Baden. Die Folgen sind noch heute spürbar: Felder und Wälder auf der deutschen Seite des Oberrheins, gehören Landwirten auf der französischen Seite.
Als im Jahre 1681 der Strom von Basel bis zur Pfalz die Grenzlinie zwischen Frankreich und dem Deutschen Reich wurde, mußte Abhilfe geschaffen werden. Es waren nicht allein wirtschaftliche Gründe, sondern auch politische Überlegungen, die eine Regulierung des gewaltigen Stromes erforderten. Doch erst im letzten Viertel des 18. Jahrhunderts, um 1769, machten die Franzosen den Anfang. Sie begannen mit dem Bau des Rhein-Rhône-Kanals, der mit Wasser aus dem Rhein gespeist wird. Dann, als schon das vorige Jahrhundert begonnen hatte, begann Baden mit der rechtsrheinischen Regulierung.
Die immense Arbeit dauerte von 1817 bis 1874, länger als ein halbes Jahrhundert. So ungeheuer die Kosten waren, sie haben sich auf lange Sicht doppelt und dreifach gelohnt. Die Überschwemmungen, die Verluste an Menschen, Ortschaften und landwirtschaftlicher Produktion nahmen ab.
Erst jetzt entstanden die sogenannten Altwässer, die bis weit ins Hinterland reichenden Buchten und Nebenarme des alten Rheins. Sie lagen nun alle außerhalb der Dämme und waren abgeschnitten vom Strom. So war durch Menschenhand eine weite, breite Landschaft aus See und Sumpf geschaffen, ein Labyrinth aus langsam fließenden Bächen und Rinnsalen. Auch stehendes Wasser gab es, von Schilf umsäumte Teiche und Tümpel, Wiesenflächen mit schulterhohem Riedgras, die keines Menschen Fuß durchqueren konnte, ohne einzusinken. Wildwuchs und Wildnis allenthalben, Urwald, wie er schon damals in Europa selten war. Für die landwirtschaftliche Nutzung taugte er nur wenig. Kein Wunder, daß dort niemand wohnen wollte. Das Ried liegt südlich und nördlich von Straßburg, entlang dem Rheinufer. Oberhalb unserer Stadt begann die Wildnis schon in der Nähe von Robertsau, gleich bei »Fuchs-am-Buckel« und westlich von Wantzenau. Der ver-

sumpfte Urwald reichte bis über Lauterburg hinauf nach Norden. Im Mündungsgebiet der Sauer soll er am undurchdringlichsten gewesen sein. Unterhalb von Straßburg gelangte man in die Wälder schon südlich von Neuhof, wo die Straßenbahn endete. Vom Rhein-Rhône-Kanal, zwischen der Straße D 468 und dem eingedämmten Strom, dehnte sich das unberührte Ried bis in die Gegend von Neu-Breisach aus.

Mein Großvater Gustav Meissner, ein breiter und schwerer Mann, kannte alle Wege, selbst die überwucherten Pfade. Er hatte sie schon vor zwanzig und dreißig Jahren mit seinen Kindern erkundet. An jedem dienst- und schulfreien Tag war er mit der heranwachsenden Schar unterwegs gewesen. Nun ging er die gleichen Wege mit dem Enkel, kaum daß ich laufen konnte, erst nur ein paar Stunden, dann ganze Tage lang, obwohl er doch im Siebziger Krieg den linken Fuß verloren hatte und eine Prothese trug.

Wildenten gab es auf Bächen und Teichen, sogar Wildschwäne haben wir manches Mal gesehen, Kaninchen und Hasen, gelegentlich auch Füchse auf der Pirsch nach Beute. Spätestens am Nachmittag trat auf freien Flächen Rehwild aus der Deckung, bei seltenen Gelegenheiten sogar Rotwild. Es gab Bläßhühner und andere Wasservögel. Wildtauben, Habichte, Bussarde und andere Greifvögel zeigte mir der Opa. Wir sahen auch Störche auf den Wiesen und Sümpfen, die Wappentiere des Elsaß. Sie stelzten auf der Froschsuche durch grünschimmernde Teiche, segelten über Wald und Weiden, sie kamen von ihren wagenradgroßen Nestern auf den Dächern ihrer Heimatdörfer und kehrten abends dorthin zurück.

Großvater kannte die Namen von allem Getier. Von ihm hörte ich, was »Galeriewälder« sind und woran man Eichen, Weiden, Buchen, Ulmen, Erlen, Eschen, Pappeln und alle anderen Bäume erkennt.

Vor der Regulierung des Rheins sei die Wasserwildnis voller Fische gewesen, besonders seien Lachse in Mengen gefangen worden. Salm nennt man sie im Binnenland, und die besten Salme sollen die Rheinsalme gewesen sein. Weil ihnen seit dem Bau der Dämme das frische Wasser fehlte, gab es in den Altwässern keine Salme mehr. Doch zahlreich waren andere Fische, darunter Schleie,

Der wildromantische Rheinwald (Aquarell von Henri Ulrich, 1982).

Barben, Karpfen und Hechte. Gelesen habe ich, daß damals noch eine geringe Zahl von Bibern in ungestörten Winkeln gehaust habe, doch gesehen habe ich keinen.

Ich lernte schon früh, auf die Namen von Ortschaften zu achten, weil sich oft in ihnen die Geschichte, die frühere Bedeutung des Dorfes, versteckt. Auch die Namen von Brücken, Brunnen, Bächen und Fluren enthalten manchen Hinweis auf ihren Ursprung. So war der Name mancher Ortschaft mit den Salmen verbunden. Ebenso hatte man nach Fischern und Jägern nicht wenige Wirtshäuser am Rand des Rieds genannt. Gab es einen Hinweis auf »Gold« im Ortsnamen, so ging das, wie Großvater erklärte, auf die schon lange verschwundenen Goldwäscher am Rhein zurück. Das »Rheingold« der Sage, meinte er, habe es wirklich gegeben. Wie später in Kalifornien und Alaska hätten früher auch am Rhein geduldige Männer goldene Körner aus Sand und Kies gewaschen, wilde und gesetzlose Männer. Sie beraubten sich gegenseitig und gar mancher wurde totgeschlagen wegen eines Fingerhutes voll Goldsand.

Mir wurde ganz unheimlich zumute. Hatte es nicht eben im Gebüsch geknackt, raschelten nicht dort drüben die Blätter? Aber nur ein Rehbock war's, den wir aufgeschreckt hatten. Hier und dort ein baumbestandener Hügel konnte, weil er ein regelmäßiges Halbrund bildete, nach Großvaters Meinung nur ein Tumulus sein, eine von Menschenhand geschaffene Wohnstätte, vielleicht auch ein Fürstengrab aus uralt heidnischer Zeit. Reste von Pfahlbauten hatten Fachleute der Straßburger Universität im Ried gefunden. So war die Landschaft vor vielen tausend Jahren von Fischern und Jägern bewohnt gewesen.

Mir war es gar nicht recht, daß Opa des öfteren unseren Heimweg bis zum Anbruch der Dunkelheit verzögerte. Ihm machte es nichts aus, er fand auch ohne Lampe den richtigen Weg. Ringsum herrschte Schweigen, Nebelschwaden zogen an uns vorüber. Ich hatte Angst vor Geistern und Goldgräbern. Der Opa wollte, daß wir den Ruf von Eulen hörten oder von einem der schon damals seltenen Uhus. Fledermäuse flatterten über unsere Köpfe hinweg. Schlimm sei es gewesen, erzählte mir der Opa, als noch Raubritter ihr Unwesen trieben. Sie lauerten an Engpässen im tiefen Fahrwasser, wo die Frachtkähne passieren mußten. Dort hatten die Flußräuber eiserne Ketten im Wasser versenkt, die hochgezogen wurden, sobald ein beladenes Schiff gemeldet war. Der Handelsherr mußte hohen Zoll zahlen. War aber der Schiffer nicht in der

Lage, zu zahlen, warfen ihn die unedlen Ritter ins Verlies ihrer Burg. Der Mann erhielt seine Freiheit erst dann wieder, wenn das Lösegeld eingetroffen war. Kam keines, überließ man das Opfer den hungrigen Ratten. Dadurch aber geriet der Wohlstand jener Städte in Gefahr, die vom Handel lebten, weshalb eines Tages die Ratsherren von Straßburg mit denen von Zürich ein Bündnis gegen die Raubritter schlossen. Weil aber die Züricher auf dem bestmöglichen Weg, dem Wasserweg, vierhundert Kilometer weit von Straßburg lebten, lachten viele Leute und meinten, im Falle der Gefahr käme jede Hilfe zu spät.

Da wollten nun die Züricher den Spöttern beweisen, daß notfalls ihre Hilfe verblüffend rasch ankäme. Fürs gemeinsame Mahl wollten sie einen Riesentopf Hirsebrei mitbringen, von ihren Frauen zubereitet und bei der Ankunft in Straßburg noch warm. So geschah es denn am 20. Juni des Jahres 1576, daß unter Führung des Hauptmanns Kaspar Thoma ein mit vierundzwanzig Kriegsknechten besetztes Boot um zwei Uhr morgens die Stadt Zürich verließ. Mit einem dampfenden Hirsekessel an Bord fuhr man erst die Limmat hinunter, dann auf der Aare so rasch wie möglich zum Rhein. Nur auf die Strömung allein verließen sich die wackeren Schweizer nicht, die starken Männer ruderten noch, was ihre Lungen hergaben. Schließlich ging es auf der Ill nach Straßburg hinein. Kurz vor 9 Uhr abends, so wird berichtet, konnte der Straßburger Stadtrat auf dem Münsterplatz die Bundesgenossen begrüßen. Von Zürich bis Straßburg hatten sie nur neunzehn Stunden gebraucht, und angeblich war der Hirsebrei noch warm! Wer's nicht glaubt, kann den großen Eisentopf noch heute im Historischen Museum der Stadt Straßburg bewundern.

Vielleicht die beste Geschichte meines Großvaters war sein Bericht über die listenreiche Eroberung der Raubritterburg Schwanau am Rhein. Sie gehörte dem früher sehr reichen und edlen, dann jedoch tief gesunkenen Grafengeschlecht der Geroldsecker. Vom Kaiser fortgejagt und aller Landgüter beraubt, mußten dennoch die Geroldsecker irgendwie leben, und möglichst gut leben wollten sie auch. Wie es den Zuständen jener Zeit entsprach, lag die Erpressung hoher Zölle nahe, in diesem Fall die Plünderung der auf dem Strom reisenden Kaufleute. Weil sich aber die vom Handel

lebenden Städte am Rhein zur Abwehr von Flußpiraten verbündeten, brauchten die Geroldsecker eine besonders starke Burg. Wie damals bei Rittersleuten üblich, trieb man ein paar hundert Bauern der Umgebung zusammen und ließ sie, ohne Lohn und bei knapper Verpflegung, so lange schuften, bis das Bollwerk fertig war.
So stark und trutzig soll Burg Schwanau gewesen sein, daß nach menschlichem Ermessen kein Gegner sie bezwingen konnte. Dort hielten die Geroldsecker ihre Gefangenen in lichtlosen Verliesen fest. Den Städten Straßburg, Basel und Zürich blieb nichts anderes übrig, als die Eroberung von Schwanau trotz der starken Mauern zu versuchen. Aber je länger die Belagerung dauerte, desto schlechter erging es den Kriegsknechten vor der Burg. Sie hausten in halbzerrissenen Zelten, litten unter Regen und pfeifendem Wind, schließlich unter bitterer Kälte. Immer übler stand es um Verpflegung und Feuerholz.
Wem es schlecht geht, braucht nicht für den Spott zu sorgen, sagt ein altes Sprichwort. Weshalb die Geroldsecker auf den ebenso guten wie bösen Gedanken kamen, dem vor ihren Mauern darbenden Feind vor Augen zu führen, wie gut und wohl es ihnen ging. Also lud man eine siebenköpfige Abordnung der Belagerer, nämlich die Hauptleute aus Straßburg, Zürich und Basel, zum üppigen Festmahl auf die Burg. Alsdann führte man die Gäste durch die Vorratslager. Darin waren bis unters Dach Fässer mit Butter aufgestapelt sowie große Korbflaschen mit Olivenöl aus Italien, Mengen von Speck, Schinken und eingesalzenen Fischen. Wie sich denken läßt, hatten die Raubritter all die guten Lebensmittel durchreisenden Kaufleuten abgenommen. Da hingen meterlange Würste vom Dachfirst. Kisten und Kästen waren mit Mehl, mit Hirse und Weizen gefüllt. Neidvoll staunten die Besucher: Was die Geroldsecker besaßen, mußte für viele Monate, wenn nicht für Jahre reichen.
Als die Abordnung wieder im eigenen Lager war, berieten die Anführer unter dem tropfenden Dach eines Zeltes, wie es denn nun weitergehen solle. Aufgabe der Belagerung und ruhmlose Heimkehr? »Kommt nicht in Frage«, widersprach der brave Bartelbeck, Seilermeister aus Zürich, hier in Schwanau zuständig für die

Wurfmaschinen. »Ganz im Gegenteil... heute in der Burg ist mir klar geworden, wie man die Raubritter vertreibt!«

Während Bartelbeck mit seinen Gehilfen aus frischgeschlagenen Buchenstämmen und neugedrehten Stricken die bisher größte Wurfmaschine baute, geschahen in Straßburg, Zürich und Basel seltsame Dinge. Allenthalben schüttete man den ekligen Inhalt aus den Aborten in viele hundert Fässer. Auf breitgebauten Frachtkähnen wurde die ungewöhnliche Ladung zum Lager der Verbündeten geschafft. Dort ließ der erfindungsreiche Züricher eines der Fässer nach dem anderen in den Korb seiner großen Schleudermaschine heben.

Alsdann bediente er selber den entscheidenden Hebel, und der mit Fäkalien gefüllte Behälter sauste durch die Luft, ganz deutlich gesagt: Die Verbündeten schossen mit Scheiße!

So genau hatte Martin Bartelbeck die Flugbahn berechnet, daß schon das zweite Wurfgeschoß aufs Dach der mit Lebensmitteln vollgestopften Lagerhalle fiel. Sofort brachen die Ziegel, das Faß zerbarst und sein widerwärtiger Inhalt ergoß sich über die Vorräte. So troff der Auswurf vieler tausend braver Bürger in Basel, Zürich und Straßburg über die angesammelten Lebensmittel, beschmutzten sie von oben bis unten, von außen nach innen. Faß auf Faß krachte durchs Dach, jedes mit den gleichen Folgen. Selbst die Belagerer draußen banden sich feuchte Tücher vor die Nasen, weil sie den allgegenwärtigen Gestank nicht ertragen konnten.

Schließlich fragte die Geroldsecker Gräfin nicht erst den grimmigen Gatten, sondern hing aus eigenem Entschluß ein weißes Tuch aus ihrem Fenster. In der Folge trafen sich die Abgesandten beider Seiten auf einem Platz vor der Burg und schlossen Waffenstillstand. Den Raubrittern wurde gestattet, unbehelligt abzurücken, sogar mit ihren Waffen. Aber sie mußten sich verpflichten, nie mehr am Rhein zu rauben. Die Baseler, Züricher und Straßburger zogen aus guten Gründen nicht in Schwanau ein, sondern zündeten die Burg an.

Die Burg Schwanau wurde nicht mehr aufgebaut, bei der Regulierung des Rheins ist sie bis auf wenige Überbleibsel verschwunden. Als ich unlängst wieder in der Gegend war, in einem Dorf namens Schwanau, lagen dort vor einem Supermarkt ein paar Dutzend

Steintrümmer, darunter auch Tröge und Wasserspeier, die angeblich von der ehemaligen Raubritterburg stammten und an Interessenten verkauft wurden.

Hagenauer Geschichten

Auch die Großeltern Roos wünschten meinen Besuch. Wann die hohe Zollbehörde den Opa nach Hagenau versetzt und bei dieser Gelegenheit zum Oberzollrevisor befördert hatte, weiß ich nicht. Es muß schon zwei bis drei Jahre vor dem Krieg gewesen sein. An zwei Wohnungen habe ich noch recht gute Erinnerungen. Die erste, einfache, aber weitläufige Behausung befand sich in der dritten und höchsten Etage eines Ziegelsteinbaus, der sich seit Anfang des vorigen Jahrhunderts etwas außerhalb und dazu oberhalb der Stadt befand. Man konnte von dort aus den größten Teil von Hagenau überblicken. Im Haus selbst gab es noch ein Plumpsklo mit rundem Holzdeckel drauf. Obwohl das praktisch kaum zu befürchten war, hatte ich allemal Angst, durch die Öffnung zu fallen, in geheimnisvoll dunkle, übelriechende Tiefe. Ich konnte rasch bis fünf, sechs zählen, bevor unten der Klatsch erfolgte. Bedeutend lieber war mir eine weite, breite Terrasse mit Zierbäumen in Kübeln. Dort saßen wir beim Frühstück, zur Kaffeestunde, auch nach dem Abendessen, wenn das Wetter gut war.

Uns gegenüber standen vom Anfang der Straße beim Bahnhof bis ans Ende nahe dem Wasserturm eine Reihe von Kasernen, Gebäude aus braunrotem Ziegelstein mit staubigen Kasernenhöfen dahinter. Ferner gehörten dazu die langen Pferdeställe, sowie hochgewölbte Hallen mit Kriegsmaterial. Dahinter breitete sich das Manövergelände aus, das wir Kinder nicht betreten durften, was wir aber dennoch taten. Nie in meinem Leben habe ich jene Trompetensignale vergessen, mit denen damals die Soldaten geweckt oder alarmiert wurden. Wer bei offenem Fenster schlief, hörte alles und lauschte gespannt aufs nächste Signal. Zu Anfang

Ein Bild aus Hagenau, Brücke über dem Moderfluß.

hat mir der Großvater jedesmal erklärt, was die Signale zu bedeuten hatten. Auch beim Exerzieren auf dem Kasernenhof war es damals in allen Armeen der Welt üblich, jeden Befehl durch ein Signal zu geben.

»Im Gleichschritt... Marsch! Das Ganze halt! Die Augen... links! Sprung auf... marsch... marsch! Das Gewehr ab... rührt euch!« Die Trompete gab dafür das Zeichen. Außerdem wußte man für jeden Befehl auch noch eine spaßige Erklärung wie zum Beispiel: »Kartoffelsupp· Kartoffelsupp... immer nur Kartoffelsupp!« Eine der üblichen Fragen, die man dem Anfänger stellte, hieß: »Mit was... ohne was... darf wer... nicht über was gehen?« Manche von Opas Freunden stellten auch mir die Frage und waren baß erstaunt, wenn ich mit heller Stimme die Antwort wußte: »Mit brennender Pfeife ohne Deckel darf der Soldat nicht über den Kasernenhof gehen.«

Die ersten Hagenauer Besuche sind gewiß schon in die Zeit vor dem Oktober 1912 gefallen, denn ich weiß, daß noch alle Truppen

Vater auf seinem Dienstpferd.

die blaue Uniform mit roten Aufschlägen und blanken Knöpfen trugen. Die Infanterie zierte noch die bekannte, goldgelb schimmernde Spitze auf den blankpolierten Helmen, dagegen war es bei der Artillerie eine kleine Kugel. Die Ulanen führten noch Lanzen mit flatternden Fähnchen, auf den Helmen schwebten seltsame kleine Quadrate. Husaren gab es mit pelzbesetzten Mützen, geschmückten Jacken und Silberkordeln auf der Brust. Dann aber wurde relativ rasch die feldgraue Montur eingeführt. Natürlich war das bunte Tuch viel schöner gewesen und hatte auch den meisten Frauen und Mädchen besser gefallen.

Schön war mitanzusehen und zu hören, wenn mit klingendem Spiel die Kompanien, Bataillone und Regimenter zu ihren Übungen ausrückten. Da rasselten die Trommeln, dröhnte die Kesselpauke, und ein paar hundert genagelte Stiefel krachten aufs Kopfsteinpflaster. Dazu das Gerumpel der Kanonen und das Wiehern der Pferde. Die damalige Schnurrbartmode verlieh den Soldaten ein markiges Aussehen. Dazu blitzten ihre Augen vor

Unternehmungslust. Jeder ein Eroberer, zumindest von Mädchenherzen.
Vorneweg zu Pferde der Hauptmann, Major oder womöglich der Herr Oberst persönlich. Jeder Vorübergehende grüßte die Regimentsfahne mit dem Kaiseradler, rechts und links begleitet von Offizieren mit gezogenem Degen. Die Militärkapelle mit all ihrem Klimbim, mit dem klingenden Schellenbaum und seinen Roßschweifen, das sah nach was aus! Nicht zu vergessen der Tambourmajor, der unerhört geschickt seinen Stab wirbelnd in die Höhe warf und mit der Hand wieder auffing.
Kaum zwei Jahre später kam das unerbittliche Ende der stolzen Regimenter und ihrer Männer.
Einmal, im Übungsgelände hinter den Kasernen, erlebte ich ein durchgehendes Kutschpferd. Es gehörte einem zivilen Architekten, der mit seiner Kutsche zu einer Baustelle rollte, wobei der brave Bürger vergessen hatte, daß sein Gaul lange Jahre bei der Kavallerie gedient hatte. Als nun das Trompetensignal »Attacke ... Attacke!« ertönte, tat das Kutschpferd unverzüglich, was es beim Kommiß gelernt hatte: Es jagte hinter den angreifenden Schwadronen her, dem nicht vorhandenen Feind entgegen. Der Architekt rettete sein Leben durch einen Sprung. Seine Kutsche verlor alle Räder und zerfiel in ihre Bestandteile. Die Attacke ging weiter, mit einem reiterlosen Pferd in vorderster Linie, aber mit der Deichsel. Gelernt ist gelernt! Was haben wir gelacht! Bis sich herausstellte, daß der Kutscher mein Onkel Gerhard war. Als er wieder hergestellt war und ihm die Versicherung einen neuen Kutschwagen bezahlt hatte, erschien ihm die lebensgefährliche Fahrt als Riesenspaß, den er überall zum besten gab.
Die Kasernen stammten noch aus der Franzosenzeit, wie mein Opa sagte. Einige hatten schon dem Kaiser Napoleon für den gleichen Zweck gedient, dienten danach den Deutschen (1871–1918) und danach wieder den Franzosen (1918–1941), alsdann aufs neue den Deutschen (1941–1944) und seitdem wieder den Franzosen! Armes hin- und hergerissenes Elsaß!
Das liebste Lebewesen bei den Großeltern Roos war mir Koko, der Papagei. Ihn hatten die Großeltern bei ihrem Umzug von Straßburg nach Hagenau von Onkel Henri bekommen, dem Mann

Meine Großeltern Roos zu Besuch bei ihrer Tochter Delvaux in Genua.

meiner Tante Else. Koko war ein Grünpapagei mit roten Federn und selten gutem Charakter, eminent sprachbegabt. Leider hatte er nur Redensarten in portugiesischer Sprache im Schnabel, abgesehen von zweifelhaften Ausdrücken in Kongo-Dialekten.

Aber zunächst muß ich Onkel Henri vorstellen. Was nicht einfach ist, denn zeitlebens schillerte er in den verschiedensten Farben, und die lebhafte Phantasie seiner Frau trug noch viel zum diffusen Licht um ihn herum bei. Damals hatte ich den interessanten Onkel noch nicht gesehen, aber viel von ihm gehört. Überraschend hatte er meine Tante zum Altar geführt, ungefähr ein Jahr nach der Hochzeit meiner Mutter. Liebe Verwandte ließen hinter vorgehaltener Hand Bemerkungen fallen im Sinne von: es sei ja auch höchste Zeit gewesen.

Die zwanzigjährige Tante Else Roos unterrichtete damals bei Paris zwei kleine Prinzen in der deutschen Sprache und in guten Manieren. Ein zu Besuch weilender Vetter des Hauses, ein belgischer Leutnant, ebenso rassig wie stürmisch, blieb länger, als er sich vorgenommen hatte. Er war zu jener Zeit von der Aureole eines Helden umgeben. Denn Henri hatte sich zur Belgischen Kolonialarmee im Kongo gemeldet, wo zur damaligen Zeit verlustreiche Kämpfe im Gange waren. Er mag das schwarze Schaf der Familie gewesen sein, aber Henri Delvaux bedeckte sich schon als blutjunger Fähnrich, dann als neunzehnjähriger Leutnant mit großem Ruhm. Als einzig überlebender Offizier war er an einem militärischen Unternehmen beteiligt, das von der Kongo-Mündung bis in den fernsten Osten des Belgisch-Kongo führte, um dort gegenüber Deutsch-Ostafrika die Grenze festzulegen. Bei dieser Gelegenheit sollten arabische Sklavenjäger vertrieben werden, die im Begriff waren, ganze Stämme auszurotten. Der Anführer, Sultan Chivala, war ein erbitterter Gegner der Weißen. Als die drei Kompanien, zumeist aus schwarzen Soldaten bestehend, gegen die befestigte Stellung des Chivala rückten, soll Fähnrich Delvaux mit eigener Hand den Sklavensultan durchbohrt und auf der Stelle getötet haben.

Da die anderen Offiziere ausfielen, war Onkel Henri mit erst achtzehn Jahren Kommandant von etwa hundertfünfzig schwarzen Soldaten. Der Verwundeten wegen mußte er im befestigten Stand-

lager ausharren und es gegen mancherlei Art von Feinden halten. So wurde daraus nach und nach der einzig sichere Platz weit und breit, der auch die Händler anzog. Im Laufe der Zeit wurde aus diesem Standlager die Kolonialstadt Stanleyville (heute: Kisangani), mit schließlich über achtzigtausend Einwohnern. Im Kongo-Museum in Tervuren bei Brüssel sieht man in einer Vitrine das vergilbte Foto des Leutnants Delvaux und liest von seinen Heldentaten. Auch die Gründung der Stadt Stanleyville wird erwähnt.
Die Familie Delvaux besaß so weitreichende Beziehungen, auch zu den großen Maisons de Champagne, daß auch mein Onkel Henri gut versorgt wurde. Man überließ ihm die Generalvertretung der besten und teuersten Getränke mit Sitz in Genua. Gerade dort war das profitabel, weil die von Genua in die weite Welt auslaufenden Schiffe, besonders die damals so begehrten und meist ausverkauften Luxusdampfer, mit Likören, Schnäpsen, Whiskys und edlen Weinen versorgt werden mußten. Es blieb ihnen gar nichts anderes übrig, als bei Henri Delvaux zu bestellen.
Auch als Firmenchef war Onkel Henri ein umgänglicher, bis in die Fingerspitzen hinein kultivierter und sprachenkundiger Mann. Deutlich war an den zahlreichen roten Äderchen in seinem Gesicht zu erkennen, daß er besonders den edlen Rotweinen zugetan war. An dem sich immer weiter wölbenden Bauch war seine beste Eigenschaft noch deutlicher zu sehen, nämlich seine aktive Kenntnis der guten Küche. Er zelebrierte, wenn es darauf ankam, die Mahlzeiten in den Wirtschaftsräumen seines Hauses selbst und besorgte persönlich die Rohstoffe auf dem Markt von Genua. Alle möglichen Auszeichnungen kulinarischer Gesellschaften kamen auf ihn zu.
Tante Else, die ihm bald ein zweites Töchterchen schenkte, legte großen Wert auf Äußerlichkeiten, besonders auf ihre eigene Geltung in der guten Gesellschaft. Sie wurde im Laufe der Zeit zum ausgemachten Snob. Besonders gern hob sie die Adresse hervor, unter der man sie in Genua erreichen konnte, nämlich das Palais des Marquese Medici del Vascello. Auch wenn es sich dabei lediglich um einen modernen Anbau am fürstlichen Wohnsitz handelte, die Adresse war ebenso gut wie exklusiv. Doch war, davon abgesehen, Tante Else hochintelligent und ebnete ihrem

Gatten so manchen Weg zu höheren Ehren. Am Ende wurde er, allerdings nur ehrenhalber, Königlich Belgischer Generalkonsul in Genua.

Als weit bedeutender erschien mir Onkel Henri wegen seines wunderbaren Geschenkes an die Großeltern Roos, wegen des Papageis Koko. Aus den Urwäldern am Kongo stammte Koko, und zwar in direkter Linie. Erst wenige Wochen alt, war er das Opfer eines zweibeinigen Nesträubers geworden, hatte sich aber dann für längere Zeit in portugiesischen Familien aufgehalten, wo auch kongolesische Eingeborene zur Dienerschaft gehörten. Daher seine schwer verständlichen Sprachkenntnisse.

Weil Koko nicht wußte, daß er zur Gattung Papagei gehörte, fühlte er sich wie ein Mitglied der Familie. Er saß auf Opas Schultern und zupfte ihn gern am Schnurrbart, er spazierte über den Eßtisch, nahm am Frühstück teil und trank Kaffee aus Omas Löffel. Gern begleitete er, in der linken Rocktasche sitzend und daraus hervorschauend, den Großvater zum Stammtisch in den »Felsenkeller«. Nie hat der bei allen Freunden des Hauses beliebte Papagei sich unziemlich benommen, er wußte, wo er was fallen lassen durfte und wo nicht. Koko war überaus redselig, nur konnte ich leider keines seiner Worte verstehen, aber was er wollte und wünschte, war in den meisten Fällen durchaus klar.

Unnötig zu erwähnen, daß ich von Koko begeistert war, und ebenso herzlich erwiderte er meine Neigung. Für mich war Koko ein Mensch, ein verzauberter oder getarnter Mensch. Ich wußte, was man einem solchen Tier zumuten darf und was nicht. Keinem anderen Kind erlaubte ich, den Vogel zu berühren. Er war ja so sensibel! Keine hastige Bewegung, keinen schrillen Schrei, erst recht kein böses Wort konnte er leiden. Alle richteten sich danach, und mit inniger Zuneigung dankte er dafür. Papageien leben sehr lange, Koko lebte vierzig volle Jahre bei den Großeltern Roos und der Tante Cilly. Beide Weltkriege überstand er heil und litt keine Not.

In Hagenau spielte Hopfen die größte Rolle. Wenn man nur ein Stück stadtauswärts lief, begann schon gleich das Anbaugebiet. Rechts wie links waren zu gegebener Zeit die Hopfenhauer am Werk. Wie jeder weiß, verleihen die hohen Stangen der Landschaft ihr besonderes Bild. Aber speiübel wurde mir, als ich dem Beispiel eines Hagenauer Buben folgte, die Hopfenstengel hinten abschnitt, ansteckte und rauchen wollte wie eine gute Zigarre. Als ich von diesem »Tabakkollegium« heimkam, schob meine gute Oma gleich die Badewanne in die Küche und schrubbte mich von oben bis unten. Wenn der Opa heimkäme, sagte sie, würde er mich verhauen. Aber der hat nur gelacht. Seine Erfahrungen müsse jeder selber machen, sagte er.

Er selber, Gustav Adolf Roos, wußte das Leben zu genießen. Gern war er mit Freunden zusammen, und meist herrschte vergnügte Stimmung in ihrem Kreis. Der Dienst nagelte ihn nicht gar so fest an den Schreibtisch. Schon gegen zehn Uhr schritt der Oberzollrevisor zum Frühschoppen in den »Roten Hirsch«, ließ zu gegebener Zeit in der »Traube« den Mittagsschoppen folgen, traf sich zum Dämmerschoppen mit Gleichgesinnten im Ratskeller und begab sich nach dem Essen noch auf einen Sprung ins »Schnakenloch«. Es bekam ihm gut, und er war zur rechten Zeit wieder daheim. Die Oma mußte nie länger auf ihn warten, als es den Gewohnheiten jener Zeit entsprach.

Einer von Opas Freunden, ein pensionierter Zöllner, betrieb die Bienenzucht. Bei ihm lud mich eines Tages der Großvater, bevor er ins Büro ging, ab und bat ihn, mir die bienenfleißige Herstellung des Honigs zu zeigen. Das tat er, und zum Abschied schenkte mir der freundliche Imker eine Tüte voll summender Bienen. Er machte es mir zur Pflicht, daheim die Bienen am offenen Fenster frei zu lassen. Da würde ich sehen, wie alle in der gleichen Richtung nach Hause strebten. Sie hatten nämlich, wie er sagte, das richtige Heimatgefühl. Davon könnten auch die Menschen lernen.

Ein anderes Mal brachte mich der Opa für den ganzen langen Tag zu einem alten, tiefgebeugten Schuhmacher. Ein Mann, der noch selber Schuhe herstellte und schadhafte Schuhe reparierte. Beides mit jener Sorgfalt und handwerklichem Können, wie es schon damals selten geworden war. Halbdunkel war sein Arbeitsraum, erfüllt von zahlreichen, mir damals nicht bekannten Geräten und Gerüchen. Alles in größter Unordnung, an der Wand, auf dem Boden und in den Schubladen ein Sammelsurium seltsamster Art. Doch in greifbarer Nähe war jedes Utensil, und mit nachtwandleri-

Großvater Adolf Roos, Oberzollrevisor in Hagenau.

scher Sicherheit griff sich der Alte, was er brauchte. Auch während der Mittagsstunden schaffte er weiter, bekam dabei von seiner in unförmige Gewänder gehüllten Frau eine Brotsuppe. Darin löffelte er mit der linken Hand, während seine Rechte irgend etwas beklopfte. Auch ich bekam die Brotsuppe, mit Holzlöffel darin.
Ein andermal begleitete ich den Großvater im Einspänner zu einem Zollposten, wo ich mitansehen konnte, wie der »Kleine Grenzverkehr« besorgt wurde. Sogar in ein Arrestlokal nahm er mich mit, wo drei gar nicht so finstere Gestalten auf ihren Abtransport warteten. Sie waren dringend des Schmuggels verdächtig. Ich nehme an, es geschah planmäßig, daß mich der Großvater bei Imker, Schuster, bei den Zöllnern und anderen Berufen einführte.
An einem Samstag im Winter, als es aus tiefhängenden Wolken

pausenlos auf Dächer und Straßen regnete und Opa deshalb seine Freunde nicht treffen konnte, stellte er eine Flasche mit zwei Gläsern auf den Tisch und dahinter einen Spiegel: »Also Prost – alter Junge ... mit dir trinke ich am liebsten!«

Die zweite Wohnung der Großeltern, an die ich natürlich eine bessere Erinnerung habe, befand sich in der Bischweilerstraße, Nummer 4 a.

Seltsam, sogar unheimlich wirkte das lange Haus den Großeltern gegenüber. Es war kein Haus, das stand oder sich erhob, vielmehr lag es uns gegenüber und nahm meines Erinnerns die ganze andere Seite der Bischweilerstraße ein. Über dem Parterre war nur die erste Etage, darüber weiter nichts als Dachboden. Keine normale, keine gewöhnliche Tür gab es in der Vorderfront, nur ein breites, bogenförmiges Portal mit zwei Flügeln, von denen schon lange die Farbe abgeblättert war. Dort wohnte, als ich vor und im Ersten Weltkrieg viele Male die Großeltern besuchte, der Rudi mit zwei Schwestern und seinen Eltern. Er war schmal, klein und drahtig, hatte stechend schwarze Augen und dunkel glänzendes Haar, ein fremdartiger Typ. Davon abgesehen durch und durch ein Elsässerbub. Die Mädchen waren stille, farblose Wesen, dem lebhaften Bruder zutiefst ergeben.

Wir bestiegen den heute nicht mehr vorhandenen Wasserturm, der mit allen möglichen Figuren und Plantschbecken garniert war. Bis zum Dach reichten die Attribute eines spielerisch veranlagten Architekten. So konnten furchtlose Kinder einen Umgang erreichen, der nach außen wie innen mit Luken versehen war. Man sah dort hinab ins dunkle Wasser. Rudi meinte, wir sollten hineinpinkeln. Dann würde in ganz Hagenau Kaffee, Tee und Suppe nach unserem Wässerlein schmecken. Doch das hatten meine Großeltern nicht verdient! Deswegen tat ich's nicht und hielt auch den schlimmen Rudi davon ab.

Gleich neben dem Wasserturm war die »Herberge zur Heimat«, eine damals weit verbreitete, in dieser Art heute kaum noch bekannte Einrichtung karitativer Art. Für Wanderburschen war die Herberge gedacht, ihnen sollte sie für wenig Geld einfache Kost und saubere Übernachtung bieten. Auch Landstreicher machten davon Gebrauch. Die einen wie die anderen konnten dort Hemden und Hosen waschen, vor allem die müden Glieder ausruhen. Mein Großvater, herzensgut, spendete ihnen manchmal eine ganze Mark, fürs Bier. Als kleiner Enkel des großzügigen Spenders genoß auch ich Ansehen. Dem Rudi, seinen Schwestern und mir erzählten sie die schaurigsten Geschichten, gewissermaßen aus Dankbarkeit. Frevel und Schwefel spielten darin eine Rolle, auch Gespenster im Hagenauer Forst, die sich nach Lust und Laune in Teufelsbraten wie auch Schutzengel verwandeln konnten. Natürlich glaubten wir davon nur wenig oder gar nichts, denn wir waren aufgeklärt.

Zu Rudis Elternhaus gehörte zwar ein großer, vollkommen leerer Hof, aber kein Garten. Die Wohnung erstaunte mich durch ihre Größe. So viele Zimmer, in denen niemand wohnte, hatte ich noch nie gesehen. In einem der Räume hielten sich tagsüber die Eltern auf. Fast immer saß Rudis Mutter auf dem Sofa und sein Vater im Sessel. Sie taten nie etwas anderes, als dort zu sitzen und miteinander zu reden. Neben jeder Türe standen rechts und links mit Wasser gefüllte Blecheimer. Rudi sagte, so müsse das sein, um notfalls einen Brand zu löschen. Droben auf dem Dachboden war kein Gerümpel. Es sah aus wie in der Halle eines besseren Bahnhofs. Wir tobten herum, spielten mit Bällen und machten riesigen Krach, ohne daß sich jemand beschwerte.

Eine stille Straße noch heute, die Bischweilerstraße. Damals gehörte die Nummer 4a einem schon alten Ehepaar namens Adam. Sie selber wohnten auch im Haus und hatten gleich nach dem Einzug meiner Großeltern freundlichen Kontakt zu ihnen aufgenommen. Die beiden Adams baten das Ehepaar Roos zu Kaffee und Kuchen, was mit gleichem Anstand erwidert wurde. Der hohe, eisgraue Hausherr mit breiten Schultern steht mir immer noch deutlich vor Augen. Er trug einen weißen, wallenden Bart bis hinab zum Gürtel. Seine Frau habe ich nie ohne ein hübsches Häubchen aus schwarzer Seide gesehen.

Zunächst wußte ich nicht, daß ihre Etage bewohnt war, weil sich das Ehepaar Adam außerhalb seiner Wohnung nicht zeigte. Nur ein Dienstmädchen verließ frühmorgens das Haus, um so rasch wie möglich das Notwendige zu besorgen. Dennoch waren die Adams nicht menschenscheu, sie lebten nur sehr zurückgezogen. Das war

Das Wohnhaus der Großeltern Roos in Hagenau, Bischweilerstraße 4a.

nicht selten zu jener Zeit. Manche der betagten Ehepaare ließen sich, wenn der Mann in Rente gegangen war, nur noch bei ihren besten Freunden und Verwandten blicken, was jedoch allmählich immer seltener geschah. Sie glaubten, daß sie nicht mehr viel zu tun hätten mit dem Leben außerhalb ihrer Wände.

Mir gegenüber waren die beiden Adam lieb und freundlich, nachdem mich meine Großeltern bei ihnen vorgestellt hatten. Ich besuchte sie gerne, denn der Hausherr besaß eine stattliche Anzahl reich bebilderter Bücher über die ferne Welt. Mit rührender Geduld half er mir beim Durchblättern und erklärte, was auf den Bildern zu sehen war. Da gab es kohlschwarze Neger bei der Elefantenjagd, wilde Indianer beim Überfall auf einen dampfenden Zug. Melanesische Kannibalen, schrecklich anzusehen, saßen um einen Topf, in dem ein weißer Mann gesotten wurde. Bezopfte Chinesen erschienen auf den Bildern, tätowierte Matrosen und indische Maharadschahs auf goldenem Thron. Alles natürlich von Hand gezeichnet und kräftig koloriert.

Die Wohnung der Großeltern befand sich also im gleichen Haus wie die der Familie Adam.

Dort hatten die Oma und der Opa Roos ihre geräumigen, für beide allein viel zu vielen Zimmer. Aber es war zu jener Zeit so, daß man großzügiger wohnte als heutzutage. Es war üblich, Verwandte und gute Freunde bei sich unterzubringen, weshalb normalerweise zu jeder bürgerlichen Wohnung zumindest ein, oft auch zwei und drei Fremdenzimmer gehörten. So auch bei den Großeltern, den Meissners wie den Roos', weil der häufige Besuch von Kindern und Enkelkindern erwartet wurde. Die Zimmer und Kammern, die Küche und Diele der Hagenauer Großeltern lagen alle im ersten Stock des schon älteren Hauses. So steht es noch heute und hat sich während der bald siebzig Jahre in keiner Weise verändert. Ein Badezimmer gab es in der weiten Wohnung nicht, auch kein fließendes Wasser. Dafür besaß die altbürgerliche Wohnung anstelle eines Plumpsklos deren zwei, dazu noch einen vorsintflutlichen Abtritt im Hof.

Als ich das erste Mal dorthin kam, war meine gute Oma noch rundlicher geworden. Sie überschüttete ihren »Hanneli« mit Kuchen, Keks, Kakao und sonstigen Süßigkeiten. Koko kreischte vor Vergnügen, als ich ihn begrüßte, verließ den offenen Käfig, bestieg meine Schultern und rief mir alle möglichen Freundlichkeiten ins Ohr.

Natürlich hatten die Großeltern ein »Mädchen für alles«, anders ging es nicht. Wer von den Heutigen meint, das sei für einen Haushalt von nur zwei älteren Personen nicht nötig gewesen, hat keine Ahnung von der vielen Arbeit, die in einem Haushalt der alten Zeit zu erledigen war. Die Stadt Hagenau mit damals rund zehntausend Einwohnern lebte noch im 19.Jahrhundert. Für Straßburger war Hagenau noch tiefste Provinz. Auch bei den Großeltern fehlte elektrischer Strom. Gaslampen hingen von der Decke und mit Petroleum betriebene Lampen standen auf den Tischen. Das Anzünden war umständlich. Zwar schluckte der Küchenherd auch Kohlen, wenn es sein mußte, aber die Zimmeröfen durfte man nur mit Holz beheizen. Vorher mußte es in Scheite zerlegt werden, von irgend jemandem den man zu diesem Zweck zwei- bis dreimal im Monat kommen ließ. Das Grobholz, in meterlange Teile frisch geschnittene Stämme, erhielt der Opa als Oberzollrevisor kostenfrei ins Haus geliefert. So entsprach es altem Herkommen, es war gewissermaßen ein Deputat der Stadt Hagenau, die zur Hälfte Eigentümer ihres berühmten Forstes war. Jede Menge Wasser, die man im Haushalt brauchte, sei es fürs Essen, Trinken, Waschen oder was auch immer, mußte mit Hilfe eines Pumpenschwengels drunten im Hof aus der Tiefe geholt und in Eimer gefüllt werden. Viele Male am Tag schleppte die kräftige Therese schwappende Eimer nach oben. Wer baden wollte, üblicherweise an jedem Samstagabend, für den wurde eine große Blechwanne in die Küche gestellt. Kessel für Kessel heizte Omas Mädchen für alles auf dem Herd. Weil das umständlich war, diente das gleiche Badewasser der Reihe nach für alle Mitglieder der Familie. Ganz zum Schluß mußte auch Therese hinein, denn Oma Roos hielt sehr auf Sauberkeit.

Bis zum heutigen Tag begreife ich nicht, weshalb eine so herzensgute Seele, wie Großmutter Roos, mit ihrer Haushaltshilfe so hart war. Kein »Bitte« oder »Danke« kam über ihre Lippen. Kurz angebunden gab sie der braven Therese ihre Anweisungen, ließ öfter einen Tadel, aber nur selten lobende Worte hören. Alles war abgeschlossen. Wenn die Therese etwas brauchte, mußte die Hausfrau erst den einen oder anderen Behälter aufschließen. Zu diesem Zweck schleppte die Oma, wo sie ging und stand, einen schweren, stets leise klimpernden Schlüsselbund mit sich herum. Jede Scheibe Wurst und Schinken, überhaupt alles, was die Theres morgens, mittags und abends zu sich nahm, wurde abgewogen und zugeschnitten. Das arme Wesen erhielt nur Zichorien-Kaffee, nur ein halbes Zuckerstück pro Tasse, bekam nichts vom Kuchen, auch keinen süßen Nachtisch. So war das in fast allen Haushalten älteren Stils in damaliger Zeit.

Es wurde jedoch von den Betroffenen weder als kränkend, ja nicht einmal als unfreundlich empfunden. So viel mir bekannt, hat kein Dienstbote nicht genug zu essen bekommen. Das hätte die Hausfrau bei allen ihren Nachbarn in Verruf gebracht. Aber es wurde zugeteilt. Bei den kleinen Leuten auf dem Lande, selbst bei den Bauersleuten, ging es noch sparsamer zu. Mitunter führten sie, nach unseren Maßstäben, ein wahrhaft miserables Leben. Alle löffelten aus der gleichen Schüssel die gleiche Suppe. Nur an Sonntagen gab es Fleisch, Weißbrot nur zu Weihnachten, und Kuchen vielleicht zum Geburtstag. Wie dem auch sei, man muß bedenken, daß meine Großeltern noch ganz zur alten Generation gehörten. Damit verglichen waren schon meine Eltern liberale, soziale Menschen. Unsere Anna aß das gleiche wie die Herrschaft, sie bekam oder nahm sich, was sie wollte.

Schattenspiele

Ein Zeitvertreib, wenn es draußen dunkel war und drinnen so recht gemütlich. Eine echte Kunst für Kinder, an der auch die Erwachsenen ihren Spaß hatten. Seinerzeit in Hagenau und Straßburg habe ich oft Schattenspiele aus runden Augen bestaunt und mich daran begeistert.

Viele Vorbereitungen brauchte man dazu nicht, außerdem waren Schattenspiele ein spottbilliges Vergnügen. Es genügte eine weiße Wand oder ein straff gespanntes Bettlaken, dazu ein Tisch mit brennender Kerze. Auf einem bequemen Sessel zwischen Kerze und Wand ließen sich die Hauptpersonen nieder, meines Erinnerns nur Frauen, zumeist ältere Frauen. Die Künstlerin hielt ihre Hand in den Kerzenschein, daß die Schatten der beweglichen Finger auf die Wand oder aufs gespannte Bettlaken fielen. Nur die Hände reichten ins Licht und warfen Schatten.

Anfänger des Schattenspiels begnügten sich mit nur einem Arm, dagegen verstanden Fortgeschrittene das Spiel mit beiden Händen. Sie bewegten Hände und Finger dergestalt, daß sich bewegte Bilder auf dem hellen Hintergrund abzeichneten. Der Betrachter sah putzige Tiere, muntere Zwerge, kleine Hasen mit hochgestellten Ohren, einen Wolf mit aufgesperrtem Rachen und sogar den Teufel mit Bratspieß. All das bewegte sich, und wer die Figuren hinzauberte, gab dazu auch die notwendigen Erklärungen. Manche der Schattenspieler konnten regelrechte Geschichten darstellen. Da war Jonas zu sehen, wie er vom Walfisch verschlungen und dann wieder ausgespuckt wurde, auch Rotkäppchen mit dem bösen Wolf. Gute Feen erschienen auf der Wand, auch lustige Kobolde, kleine Drachen und sonstige Fabelwesen. Sie huschten über die Wand, neckten und stritten sich und führten regelrechte

Kämpfe auf. Es war ähnlich wie ein Kasperltheater, aber ohne Puppen und Theater. Meine Tanten Olga Halblaub und Mathilde von Manger entwickelten diese Kunst noch weiter. Sie traten gemeinsam auf mit ganzen Märchen, mit Sprechen und Singsang, mit Lachen, Pfeifen, Hilferufen und hellem Jubel.

Ebenso wie meine Großeltern Meissner besaßen Opa und Oma Roos eine Laterna Magica. Als Lichtquelle diente eine Petroleumlampe, und so wie man heute Dias an die Wand projiziert, so geschah es damals mit bunten, handgemalten Glasbildern. Dargestellt wurden exotische Landschaften und Tiere aus einer fernen, vielleicht nur in der Phantasie bestehenden Welt. Kaiser und Könige, auch furchterregende Krieger und ebenso menschenfressende Ungeheuer wurden gezeigt. Die modernste Darstellung dürfte der Untergang des Riesenschiffes Titanic gewesen sein. Nur stehende Bilder wohlgemerkt, und in viel zu grellen Farben. Auch die Sage von Siegfried dem Drachentöter, bestehend aus einer Bilderfolge, sah ich auf diese Weise. Später, im Religionsunterricht, folgten noch packende Szenen aus der biblischen Geschichte.

Außerdem gab es bei den Großeltern ein Kaleidoskop. Es war in allen bürgerlichen Familien vorhanden und eine sehr praktische Sache. Wer wollte, konnte schon Säuglinge damit amüsieren. Mit bunten Steinchen und dergleichen war das Kaleidoskop gefüllt, wenn man es gegen das Licht hielt und daran drehte, erzeugten farbige Gläser in den verschiedensten Formen die wunderbarsten Konstellationen. So wie meine Großeltern besaßen alle Omas und Opas noch eine Reihe von Spielen, um ihre Enkel anzulocken. Da gab es daumenlange, filigranartige Figuren, die man in einem Häuflein von etwa hundert auf den Tisch schüttete. Jeder versuchte sodann, mit einem kleinen Haken möglichst viele der Dingelchen aus dem Häuflein zu ziehen, ohne daß es in Bewegung geriet. Wer das letzte holte, hatte gewonnen. Stehaufmännchen nach einmaligem Anstoß so zu bewegen, daß sie möglichst oft »Ja« nickten oder »Nein« schüttelten, war ein anderes Spiel. Bei all dem war das Schönste für alle Beteiligten, daß die ganze Familie gemeinsam um einen runden Tisch saß. Auf wunderbare Weise war man sich nahe.

Nicht zu vergessen der Anker-Steinbaukasten. Gerade weil alles darin so einfach und handlich war, hatten auch die noch kleinen Kinder daran ihren großen Spaß.

Auf der Straße, im Garten oder im öffentlichen Park trieben Kinder mit Hilfe eines Stöckchens etwa meterhohe dünne Reifen vor sich her. Kreisel, von Peitschenhieben angetrieben, drehten sich schnell und schneller auf dem Pflaster. Manche Arten von Hüpfspielen gab es dazu, wobei man in einem System von Kreidefiguren und Quadraten herumsprang, nach ganz einfachen Regeln für kleine Kinder und nach recht umständlichen für jene über zehn Jahre alt. Ganz anders der Zeitvertreib der bösen Buben. Die schlichen hinter harmlosen Passanten her, um ihnen einen weißgepuderten Lappen auf den Rücken zu werfen. Der hinterließ auf der Jacke oder dem Mantel einen Eselskopf, vielleicht sogar ein schlimmes Wort. Eines der Opfer, dem Vernehmen nach Gerichtsdiener von Beruf, bemerkte es und verstand keinen Spaß. Meinen armen Freund, den Robert Schreckenbach, erwischte der Unmensch und legte ihn übers Knie. Als Roberts Vater dazukam und die Gründe erfuhr, tat er noch einmal dasselbe. Er war Garnisonspfarrer und wollte in aller Öffentlichkeit ein Exempel statuieren, wie man seinerzeit zu sagen pflegte.

Einige Jahre vor dem Krieg kamen Rollschuhe in Mode, die zunächst allein für die Erwachsenen gedacht waren. Ähnlich wie auf dem Eis schwebten geschickte Rollschuhläufer über den Asphalt der zu diesem Zweck hergestellten Rollschuhplätze. Am Nachmittag und an Feiertagen spielte dazu Musik, drei bis vier Mann mindestens, und mit Vorliebe spielten sie Walzer. Paarweise rollten die Herren und Damen, einander an den Händen haltend, im Takt über die Bahn. Erst solche Beispiele weckten den Kinderwunsch nach Rollschuhen. Weil aber die Kleinen auf der Bahn gestört hätten und man Eintritt bezahlen mußte, rollten wir Kinder auf Gehsteigen, wobei wir nur selten Rücksicht auf andere Leute nahmen. So geschah es oft, daß friedliche Passanten angerempelt wurden, die sich bitter beschwerten. Unser Schutzmann vom Brantplatz, der allgemein beliebte Jean Baptiste, genannt Schambertiss, mußte öfter eingreifen. Aber seine Drohung, uns »in ein dunkles Loch« zu stecken, führte er nie aus. Mich brachte er alle vier Treppen hoch zu meiner Mutter, weil ich drunten mit voller

Wucht in die mit Paketen beladene Madame Bichler gerollt war. Als ihm meine Mutter die Hand drückte, war wohl etwas drin, denn er hat so freundlich gegrüßt.
Unterhaltung bot auch der Besuch aus Genua, als Tante Else mit Onkel Henri in Straßburg erschien. Das waren andere Menschen. Weder paßten sie in unseren Freundeskreis, noch in eine von den Schubladen, der meine Eltern, Verwandten und Bekannten entstammten. Dabei war Tante Else meiner Mutter leibliche Schwester, eine von den drei Roos-Töchtern. Dennoch dachte und fühlte sie verschieden. Rein äußerlich war sie es schon dank ihres dunklen Haars, den dunklen Augen und ihrer überaus selbstbewußten Art. Tante Else war eher der französische Typ.
Onkel Henri, geboren in Belgien, in Frankreich aufgewachsen und mit zahlreichen französischen Verwandten gesegnet, wirkte und verhielt sich wie ein Franzose vom reinsten Wasser. Lebhaft war er, von Unruhe erfüllt. Er gab sich gesellig und glänzte als amüsanter Erzähler, war liebenswürdig zu den Damen, höflich und weltgewandt, mit anderen Worten, ein Kavalier der alten Schule. Die Else Roos war keine Deutsche mehr, nicht einmal mehr eine Elsässerin. Sie gab sich als waschechte Französin, und als der Krieg ausbrach, war Madame Delvaux ganz und gar auf französischer Seite. Aber zu Spannungen innerhalb der Familie kam es deswegen nicht.
Was ich bestimmt den beiden nicht vergesse: Ich wurde überall mit hingenommen. Wir machten Ausflüge in einer zweispännigen Kutsche und sogar in einem gemieteten Automobil. Zum ersten Mal in meinem Leben betrat ich das seinerzeit feinste Restaurant von Straßburg, das »Valentin«, verzehrte Eis und Schokolade im »Savarin« und ging mit Tante Else in Geschäfte, die sich meine Mutter nicht leisten konnte. Sehr wahrscheinlich war ich mit Onkel Henri zum ersten Mal in einem Kino, und zwar in einem Etablissement gegenüber dem Kaufhaus Tietz. Einen schrecklich aufregenden Film sahen wir dort, der spielte zur Zeit der alten Römer. Der Vesuv brach aus, und Pompeji wurde von glühender Lava überschwemmt.
Vaters Reserve gegenüber Tante Else und Henri Delvaux kann ich noch heute spüren. Entweder haben die beiden sich nicht wahrgenommen oder geflissentlich übersehen.

Tante Else hatte viele Jugendfreundinnen in Straßburg, die sie am laufenden Band besuchte. Aber keine von ihnen hat je bei uns verkehrt. Sie hatte nur jene Jugendfreundinnen ausgewählt, die »französisch« waren. Dabei waren sie alle waschechte Elsässer und sprachen, wenn kein Fremder zuhörte, untereinander Elsässerdeutsch. Nach außen hin gaben sie vor, Franzosen zu sein. Sie wünschten sich nichts lieber als die »Heimkehr« des Elsaß in die französische Republik. Tante Else sympathisierte mit ihnen, nahm von uns niemanden zu diesen Besuchen mit und sprach auch möglichst wenig darüber. Sie führte eine Art Doppelleben.

Der Krieg bricht aus

So friedlich war Freudenstadt im Schwarzwald, wie man es sich heutigentags nicht mehr vorstellen kann. Nur drei Automobile gab es in der Stadt, kein weiteres im ganzen Landkreis. Wer ankam oder abreiste, fuhr im allgemeinen mit einer Pferdekutsche durch die holprigen Straßen. Manche wohlhabende Familie hielt sich privat ein so praktisches Fahrzeug, für das ein PS genügte.
Drei Wochen Ferien hatte Vater, die er mit Frau und Kind bei Freudenstadt verbringen wollte. Das um so mehr, weil ich mit fünf Jahren durchaus imstande war, viele Stunden zu marschieren. Angefeuert von meines Vaters Gabe, über Wald, Tiere und Menschen zu erzählen, war ich stets gerne mit von der Partie.
Allerdings, das Waldeck-Hotel konnten wir uns nur für zwei, drei Tage leisten. Es war zu teuer für einen Regierungsrat, ein echtes Nobelhotel der damaligen Zeit. Überhaupt war die kleine Stadt ein Geheimtip der guten Gesellschaft, ein sommerlicher Treffpunkt der bürgerlich vornehmen Welt.
Da konnten wir nicht bleiben, da gehörten wir nicht hin. Das bescheidene Klosterreichenbach war unser Ziel. Großvater Meissner hatte es für uns entdeckt. Einer seiner Kameraden aus dem Siebziger Krieg, der Klump hieß, hatte ihn des öfteren eingeladen. Dafür kam Freund Klump hin und wieder nach Straßburg, denn die beiden hatten sich viel zu erzählen. Klump war Sanitäter in jenem Krieg gewesen und hatte auch Opa Meissners zerschmettertes Bein versorgt. Weil es der Klump gewesen war, der ihn behandelt hatte, pflegte Großvater zu sagen, er habe jetzt einen Klumpfuß. Immer noch nützte Klump seine medizinischen Kenntnisse als Heilgehilfe. Außerdem besaß er eine von seiner Frau geführte Pension in landschaftlich schöner Lage.

Mein Vater als Hauptmann der Reserve in Rumänien.

Bei seinem letzten Besuch im Klumpschen Haus hatte sich Opa Meissner die Pension Haisch angesehen, gleich am Waldrand oberhalb des Dorfes gelegen. Für zwei Personen mit Kind, in zwei Zimmern untergebracht, hatte man nicht mehr zu zahlen als täglich zehn Mark.

Das ließ sich machen, dorthin wollten wir.

Nun hatte aber mein Vater einen Freund in der Gegend. Bei verschiedenen Manövern im Elsaß hatten sich die Herren kennengelernt, der Reservehauptmann Wilhelm Bässler und der Oberleutnant d. R. Meissner. Da das Hotel Waldeck dem Freund gehörte, das heißt, er hatte dort eingeheiratet, blieben wir für zwei, drei Tage in seinem gastlichen Haus. Dort erfuhren wir die beiden schlimmsten Nachrichten des Jahres 1914. Vater plante gerade eine Wanderung entlang dem Teuchelesweg über das Vera Brünnele hinauf zur Hornisgrinde. Da kam Wilhelm Bässler ohne sein Hotelierlächeln. Er schwenkte den frischen »Grenzer« und meinte, das sei eine schöne Bescherung. »Sieht übel aus, Meissner …«, sagte er, »sieht verdammt übel aus … beide ermordet, das kann sich keine Großmacht gefallen lassen!«

Heute weiß jeder, wer damals ermordet wurde, am 28. Juni 1914 in Sarajewo: der Thronfolger des Österreich-Ungarischen Reiches, Erzherzog Ferdinand mit seiner Frau, während eines Staatsbesuches in Sarajewo, Hauptstadt der damals österreichisch-ungarischen Provinz Bosnien-Herzegowina.

Viele Stimmen schwirrten durcheinander. Manche der Damen brachen in Tränen aus, während die meisten Herren aussahen, als wollten sie gleich ihren Degen ziehen. Mein Vater und Freund Bässler faßten sich zuerst. »Man muß wohl sein Haus bestellen …, vorsichtshalber Koffer packen, den feldgrauen Koffer«, worauf auch meine Mutter zu weinen begann. Der nächste Zug nach Straßburg, mit Umsteigen in Hausach und Appenweiler, fuhr in etwa einer Stunde.

Wir sollten nach Klosterreichenbach, entschied mein Vater, und dort die weitere Entwicklung abwarten. Mutter meinte statt dessen, in solch schwerer Zeit gehörte die Frau an die Seite ihres Mannes. Auf meinen Vater machte das keinen Eindruck. Wo Geschütze donnerten, könne man Frauen und Kinder nicht brauchen. Sie solle aufhören, zu heulen, das mache ihn nur nervös. »Ab mit euch beiden nach Klosterreichenbach, dort bleibt ihr und rührt euch nicht vom Fleck!«

Stille vor dem Sturm… Klosterreichenbach

Von Freudenstadt nach Klosterreichenbach gelangte man auf zwei Wegen, entweder per Zahnradbahn oder seit 1913 per Omnibus. Für mich war beides interessant, denn bisher war ich weder mit einer Zahnradbahn gefahren noch mit einem von Motorkräften getriebenen Omnibus. Mutter entschied sich für die Zahnradbahn, und das war eine tolle Fahrt, zwölf Kilometer mit der Zahnradschiene zwischen den Gleisen.

In Klosterreichenbach gab es einen Gepäckträger namens Markus. Wir waren angemeldet, und so holte er uns ab, mit einem struppigen Pferd vor dem zweirädrigen Karren. Ich weiß noch heute, wie beim Bahnhof alles ausgesehen hat, sehe vor mir die hölzerne Rampe, und sehe die Bäume des nur bescheidenen Kurgartens. Genauso, völlig unverändert, sieht das heute noch aus.

Die Pension Haisch gefiel Mutter und mir vom ersten Augenblick an. Wir hatten ein großes, helles, einfach möbliertes Zimmer mit Balkon. Von dort sahen wir über das Wiesental auf die Berge. Ein blühender, wohltuend verwilderter Garten umgab das Haus. Darin war eine gemütliche Laube, und ein Bach schlängelte sich mitten durch.

Mutter Haisch und Tochter Lina führten das Haus, schafften in der Küche, versorgten die Tische und brachten die Zimmer in Ordnung. Fleißige, freundliche Leute, nicht mehr jung und zuweilen barsch im Gespräch, weil die Arbeit zuviel war. Es gab sechs oder sieben Gastzimmer. Deren Bewohner aßen gemeinsam an einem langen Tisch zu bestimmter Zeit. Wer zu spät kam, wurde nicht mehr bedient. So war es seinerzeit üblich, auch in besseren Hotels.

Das Schönste an der Pension war meines Erachtens ein Terrarium, in dem sich mehrere Salamander, Molche und Blindschleichen

Mit Mutter im Garten der Pension Haisch in Klosterreichenbach nach Ausbruch des Krieges 1914.

und zwei faustgroße Kröten befanden. Deren Körper waren von vielen Warzen bedeckt, wunderschön waren dagegen ihre großen goldschimmernden Augen. Schon der Opa hatte mir von den Wundertieren erzählt, und wirklich erfüllten sie alle meine Erwartungen.

Gegenüber der Pension Haisch lag der Waldknechthof, ein langer, schlichter Bau mit tief hinabgezogenem Dach, wohl der reichste und schönste Bauernhof. Da gab es vier Kinder, drei Mädchen und einen Buben, alle ungefähr in meinem Alter. Wir vertrugen uns gut, vom ersten Augenblick an.

Was die alles hatten! Hunde, Hühner, Enten und Gänse, Vieh und Pferde, dazu einen richtigen Esel. Vor dem Hof standen zwei alte, große und breite Brunnen aus Rotsandstein. Dort pflegten die großen Vierbeiner zu trinken, und wenn es so richtig heiß war,

Hans-Otto, Hanneli genannt, mit feldgrauer Mütze, Koppel und Seitengewehr, aber weit entfernt vom feindlichen Feuer.

planschten die Kinder vom Waldknechthof, der Nachbarschaft und ich in den Brunnen. Sehr gemütlich und mollig war es im Backofen, besonders wenn gestern noch runde Brote darin gewesen waren. Dem ganzen Dorf stand der freistehende Ofen zur Verfügung. Es konnten sich sechs bis sieben Kinder darin aufhalten.

Bisher hatte ich nicht für möglich gehalten, daß es einem Menschen gelingen könnte, Forellen mit der Hand zu fangen. Die Kinder vom Waldknechthof zeigten es mir. Es ist, wenn man's richtig versteht, ganz einfach. Alle die grünen Wiesen rings um Klosterreichenbach wurden durch kleine, von den Bauern angelegte Rinnsale bewässert. Gern standen die Forellen im bewegten Wasser, meist im Schutz eines Überhangs. Wenn man eine Hand eintauchte und sie langsam gegen den Strom in Richtung eines Fischleins bewegte, von der Rückseite her, da merkte es nichts. Nur durfte dabei kein Schatten auf die Forelle fallen. Alsdann mit offener Hand sachte darunter gleiten, da merkte die Forelle immer noch nichts. Dann blitzschnell zugreifen, aber so, daß vorn die nicht ganz geschlossene Hand noch eine Öffnung zeigte. Durch sie wollte das Opfer flüchten. Also rasch raus mit der Hand und die Forelle in den Eimer. Nach vielen Versuchen gelang es auch mir.

Da war noch die Sägemühle Haisch mit ihrem Teich, ein idealer Tummelplatz für Kinder, und davon hatten die Haischs allein fünf. Mein guter Freund war der Fritzel Haisch. Wir hatten in dem großen, von der Sonne angewärmten Teich unsere helle, weithin schallende Freude. Gelegentlich waren auch die Mütter dabei. Sie trauten sich nicht, über die glatten, glitschigen Baumstämme zu laufen, die einzeln oder gebündelt im Wasser schwammen. Aber wir turnten, sprangen und liefen darüber, als sei das nichts. Dabei drehten sich die entrindeten Stämme unter den Füßen. Wer geschickt war, konnte noch helfen, daß sich die Stämme schneller drehten.

Von der Schandtat in Sarajewo hatte ich nicht viel verstanden. Auch die Erwachsenen in Klosterreichenbach kümmerten sich kaum um den Doppelmord. Von drohender Kriegsgefahr war keine Rede. Telefon gab es nicht im Dorf. Deshalb schickte Freund Bässler meiner Mutter ein Telegramm mit der Bitte, sie möge nach Freudenstadt kommen. Keinen Grund hatte er angegeben, auch nicht gesagt, ob sie Kind und Gepäck mitbringen solle. Deshalb weiß ich noch, wie aufgeregt Mutter war. Nur einen Handkoffer packte sie, und meinen Bär nahm ich auf den Arm.

In Freudenstadt war es wieder Wilhelm Bässler, der auf uns zukam. Er wandte sich nicht an eine bestimmte Person, statt dessen verkündete er mit lauter Stimme allen Gästen: »Der Kaiser hat mobil gemacht... alle Reservisten sind einberufen... schon morgen oder übermorgen wird der große Krieg beginnen.« Meine Mutter, riet Bässler, solle hier in seinem Haus bleiben und abwarten.

Sie tat das Gegenteil. Überhaupt entwickelte Mutter von diesem

Im Sägemühlenteich der Familie Haisch in Klosterreichenbach, im Sommer 1914. Von Mutters Hand wird Hanneli gehalten.

Tag an Eigeninitiative, die selbst ich bemerkte. Nicht viel später wurde davon auch mein Vater überrascht, und so ganz gefiel ihm das nicht. Vermutlich ihr selbst nicht bewußt, handelte Mutter von nun an eigenmächtig und jeweils fest entschlossen. Erst in dieser Situation begriff sie, daß ihr schwere Zeiten bevorstanden, ohne die Führung und ohne Bevormundung durch ihren Mann. Hatte sie bisher nichts getan, ohne seinen Rat, seine Entscheidung einzuholen, blieb ihr nun nichts anderes übrig, als sämtliche Schritte selbst zu unternehmen. Was früher ihre Eltern getan hatten, danach der autoritäre Gatte, nämlich das Schifflein des gemeinsamen Lebens zu steuern, das war mit einem Mal ihre Sache geworden.

Schon waren wir am Freudenstädter Bahnhof. Wann der nächste Zug nach Straßburg ginge, wollte Mutter wissen. Keiner mehr für Zivilisten, der bisherige Fahrplan war gestrichen. Erst kamen die Truppen, die Kanonen, die Munition und die Versorgung. Doch ein schnaufender Zug hielt, weil die Maschine Wasser brauchte, natürlich ein Zug voller Soldaten. Als der Bahnhofsvorsteher rief, niemand solle einsteigen, waren Mutter und ich schon drin.

Ein paar junge Männer standen auf, um Platz anzubieten. Wohin die Reise ging, wußte keiner, jedenfalls nach Westen. Nicht lange, da erschien ein Feldwebel der Feldpolizei, der fragte, was denn Zivilpersonen im Militärtransport wollten. Ihm erklärte Mutter, daß sie ihren Mann noch mal sehen müsse, bevor er einrücke. »In Ordnung«, sagte er und salutierte. Ihr und dem Kind mußte man helfen, das war klar. So bekamen auch wir Truppenverpflegung, überhaupt war das eine großartige Fahrt.
Wer hätte gedacht, daß es auf der Welt so viele Soldaten gab! Sie reisten in Personenwagen jeder Art, füllten unzählige Güterwagen, standen massenhaft auf jedem Bahnsteig. Alle schwerbepackt und schwitzend in der hochsommerlichen Hitze, mit Gewehr und Tornister, auf dem noch Wolldecke und Kochgeschirr festgeschnallt waren. Seitengewehr am Gürtel, dazu Feldflasche und Brotbeutel. Manche trugen außerdem Spaten und Beil. Stahlhelme gab es noch nicht im deutschen Heer, statt dessen waren die üblichen Helme, die blanken Pickelhauben, mit feldgrauem Überzug bespannt. Es sollte das verräterische Glitzern verhindern. Die Offiziere reisten in Abteilen zweiter Klasse, Stabsoffiziere in der ersten Klasse.
Der Zug hielt, der Zug rangierte. Bestimmte Truppenteile mußten rasch zur Front, andere blieben vorläufig in Reserve. Neben uns, an uns vorbei bewegten sich Tieflader mit schweren Geschützen, mit Kistenbergen voller Munition. Dann wieder Pferde noch und noch, begleitet von ihren feldgrauen Reitern und Pflegern. Selbst komplette Gespanne, mit Ausrüstung hochbeladen, wurden auf dem Schienenweg befördert. So kamen sie rascher nach Westen als auf Landstraßen, die damals noch nicht geteert oder gar asphaltiert waren.
Die Menschen waren begeistert, besonders die Soldaten. Es wußte ja noch keiner, was ein moderner Krieg zu bedeuten hatte. Die jungen Männer sangen, sie lachten, sie strahlten und winkten. Frauen und Mädchen reichten Blumen durchs Fenster, selbstgebackene Kuchen, Süßigkeiten und Körbchen mit Eiern.
Ich wäre so gern im Zug geblieben. In Hausach an der Murg, wo sich unser Zug nicht weiter bewegte, entschloß sich Mutter auszusteigen. Sie wollte so rasch wie möglich nach Straßburg, auf

irgendeine Weise. Da war jedoch nichts zu machen, obwohl sich ein Bahnhofsoffizier sehr darum bemühte. »Morgen früh um sieben Uhr kommt ein leerer Lazarettzug, da werde ich was arrangieren, daß Sie mitfahren können.«
Wir fanden ein Zimmer im »Gasthof zur Murg«, stellten unsere sieben Sachen aufs Bett und nahmen Platz vor dem Haus, wo in diesen Tagen noch ein gutes Abendessen serviert wurde.
Wirklich kam gegen sieben Uhr ein Lazarettzug, Mutter und ich durften hinein, wo freundliche Schwestern uns mit Kakao und süßem Keks verwöhnten. Leider aber dauerte die bequeme Reise nicht lange. In Appenweiler war wieder Schluß, dort wurde das rollende Hospital nach Norden umgeleitet. Doch schon kam ein sogenannter Kommandozug, gedacht als rollende Befehlszentrale. Der sollte, sagte der Stationsvorsteher, direkt nach Straßburg gehen. Ohne weiteres schritt meine Mutter darauf zu. Zwei Kavaliere öffneten uns die Coupétür, schließlich war ja meine noch junge Mutter eine schöne Frau.
So reisten wir in der Ersten Klasse, und ich genoß sehr die Betriebsamkeit in diesem Zug. Ordonnanzen eilten hin und her, auch Offiziere mit zusammengerollten Karten unter den Armen. Wenn der Zug hielt, was oft geschah, spannte man sofort Telefondrähte zum Postbüro im Bahnhof. Ein Hauptmann erklärte mir, soeben habe das Kaiserliche Hauptquartier »Feuer frei auf Paris« befohlen. Es war natürlich nur Spaß, aber ich nahm ihn erst.
In Kehl, vor der Rheinbrücke, war Schluß, aus welchem Grund auch immer. Mutter meinte, wir brauchten nur über die Brücke zu gehen und könnten drüben die Straßenbahn nehmen. Nummer zehn fuhr durch die Rupprechtsauer Allee und brachte uns bis vor die Haustür. Auf der Brücke marschierten zwei feldgraue Marschkolonnen nebeneinander, alle frisch, fröhlich und siegesgewiß. »Ach, die netten, armen Kerle«, rief meine Mutter, »was wird aus ihnen werden?«
Ein paar hörten es und riefen empört zurück: »Wir sind keine armen Kerle, wir freuen uns auf die Front, wir sind alle Freiwillige.«
Vater war noch zu Hause und ging jeden Tag ins Büro. Was weiter werden sollte, sagte er nicht. Er wußte über seine kommende

Aufgabe Bescheid, hielt sie aber vor Frau und Kind geheim. Das war für mich ebenso spannend wie interessant.
Viel hatte sich nicht verändert in der Stadt, nur allenthalben feldgraue Uniformen. In der Trambahn gab es nun Mädchen mit Schaffnermützen, die Billetts verkauften und knipsten. Zwar trugen sie noch lange Röcke, wie sich das gehörte, aber die waren von der gleichen Farbe wie bei richtigen Schaffnern. Unser Postbote war schon Soldat, dafür kam ein anderer mit grauen Haaren, den man aus dem Ruhestand geholt hatte.
Ähnliches war meinem Großvater Meissner geschehen. Obwohl er nahe an Fünfundsechzig war, hatte man ihm gesagt, er müsse jüngere Leute vertreten, die für den Krieg gebraucht wurden. Er war froh darüber und stolz, noch weiter dem Vaterland dienen zu dürfen und wurde gleich befördert.
Auch Opa Roos, erst sechzig Jahre alt, wurde vom Krieg betroffen. Ihn hatte man zum Chef des Hagenauer Zollamtes bestimmt, weil der bisherige Chef an der Ostfront gebraucht wurde. Wenn er damit zum Oberzollrevisor aufstieg, war das nur recht und billig. Vorstellen konnte ich mir darunter nichts.
Schambertiss (geschrieben Jean Baptiste), unser Schutzmann vom Brant-Platz, war auch nicht mehr da. Manche der engsten Freunde meiner Eltern »standen vor dem Feind«. Ihre zurückgebliebenen Frauen und meine Mutter waren ständig beisammen.
Schön wäre zu berichten, wie in jenen Tagen mein Vater, hoch zu Roß, an der Spitze seiner Kompanie, durch Straßburgs mit Fahnen und Girlanden geschmückte Straßen zum Bahnhof, hinaus ins Feld, zog. Winkende Menschen, klingendes Spiel, weinende Frauen und im festen Marschschritt zu allem entschlossene Soldaten. Ein erhebendes Bild – und wirklich sah es so aus. Aber das war nur eine Schau fürs zahlreich erschienene Publikum. Wir standen auf dem schön geschmückten Balkon guter Freunde. Ich fand es herrlich, meine Mutter weniger. Tief ergriffen schauten die Großeltern meinem Vater hinterher. Der saß auf einem braunen Pferd und salutierte mit gezogenem Degen. Doch abends saß er wieder bei uns am Tisch und trug schlichtes Zivil.
Dann war mein Vater plötzlich doch weg! Ohne tränenreichen Abschied. Ein feldgrau gestrichenes Automobil hatte ihn abgeholt,

schon gleich bei Anbruch des Tages und mit unbekanntem Ziel. Nicht lange danach bekam ich hohes Fieber und hustete ohne Ende. Der Hausarzt riet zur Luftveränderung, möglichst hoch droben im Schwarzwald. Mit anderen Worten, in Klosterreichenbach, wo ja noch immer die großen Koffer standen. Schon ging es wieder besser mit den Bahnverbindungen. Ich litt an Keuchhusten, er hatte aber den Vorteil, daß mein Zustand einen gewissen Dr. Hans Breyer aus Freudenstadt nach Klosterreichenbach lockte, und zwar in einem dreirädrigen Automobil. Als er kam, lief die gesamte Jugend des Dorfes vor der Haisch-Pension zusammen. Sogar einige Bauern liefen herbei, um das Wunderwerk zu bestaunen. Nur drei Räder hatte das Ding, aber mit ihrem Zwei-Zylinder-Motor fuhr die »Gebirgszyclonette« aus dem Hause Delahaye ebenso flott wie zuverlässig. Acht Betriebsjahre über rauhe und steile Straßen, über enge, holprige und tiefe Waldwege hat der Doktorwagen ausgehalten, bei jedem Wetter.

Welch guter Kenner einer Bubenseele der Dr. Breyer war, geht schon daraus hervor, daß er mich als erstes aus dem Bett hob und hinunter an sein Auto brachte, damit auch ich sehen konnte, was schon alle Dorfkinder bestaunten. Natürlich hob das meine Stimmung enorm und mein Vertrauen zum Doktor grenzenlos. Aber nach gründlicher Untersuchung mußte er meiner Mutter Sorgen machen:

Ich bekam zum Keuchhusten noch Diphtherie. Schon erschien die gute Oma in Klosterreichenbach, um meiner Mutter beizustehen. Bei Tage saß Mutter, bei Nacht die liebe Oma an meinem Bett.

Man müsse, sagte Dr. Breyer, der selber schier verzweifelt war, wirklich mit dem schlimmsten rechnen! Schlimm und noch schlimmer wurde es tatsächlich. Blau lief ich an und drohte zu ersticken. Es kam soweit, daß bisweilen mein Herz nicht mitmachte. Schon Diphtherie allein war damals die Kinderkrankheit mit der höchsten Sterblichkeit. Zwar hatte man 1884 den Erreger entdeckt, und 1893 war es Dr. von Behring gelungen, ein Heilserum dagegen zu entwickeln. Doch waren bisher nicht alle klinischen Versuche abgeschlossen.

Was damals sehr schwierig war, zudem noch furchtbar teuer, besonders in den ersten Wochen des großen Krieges, nämlich das

Telefonieren über große Entfernungen, das versuchte der bewundernswerte Arzt viele Stunden lang. Ein Kurier, weil es ja um Stunden ging, brachte das womöglich rettende Serum von irgendwoher nach Freudenstadt, wo man den Arzt aus dem Bett holte. Mitten in der Nacht rollte Breyers Cyclonette vor die Pension Haisch.

»Ich kann nur spritzen... Sie können beten«, erklärte er beiden Frauen, »und das sollten Sie jetzt tun.«

Während zur gleichen Zeit in der schicksalhaften Marneschlacht viele tausend Soldaten ihr Leben verloren, durfte ich meines behalten.

Im Straßburger Münster gingen wir zur Schule

Nur während der ersten anderthalb Jahre, um Lesen und Schreiben zu lernen, mußten wir ins Münster. Damals, im Jahre 1915, ging der Krieg ins zweite Jahr. Für die vielen Verwundeten reichten die bestehenden Krankenhäuser und Lazarette nicht aus. So wurde es üblich, die Schulen für sie zu räumen.

Das Kaiserliche Lyzeum war sehr groß, hatte einen weiten Hof und lag verkehrsgünstig im Herzen der Stadt, gleich neben dem Münster.

Wer auf dem Schloßplatz (Place du Château) steht, das Rohan-Schloß im Rücken, hat meine alte Schule zur rechten Seite. Das heute *Fustel de Coulanges* genannte Schulgebäude erstreckt sich entlang der ganzen Front des Schloßplatzes, reicht um die südliche Ecke, weiter um die folgende Ecke und wieder hinauf bis zur Brüdergasse. Der riesengroße, rosafarbene, klassizistische Bau stammt aus dem Jahre 1757 und verdankt seine Entstehung dem Jesuitenorden.

Oft machte mich mein Vater auf die klassische Tradition unserer gemeinsamen Schule aufmerksam. Eine Pflegestätte des Humanismus sei sie von Anfang an gewesen, Quelle antiker Weisheit, Philosophie und Dichtung. Mein Vater hatte daran viel Freude gehabt, zumal er unerhört sprachbegabt war. Er zitierte Ovid, Horaz oder Catull im Original, genauso Abschnitte aus der Ilias und Odyssee.

Was humanistische Bildung betrifft, hinkte ich meilenweit hinter ihm her. In Latein konnte ich schon froh sein, wenn mein häufiges »Mangelhaft« vor der Versetzung in »Noch genügend« aufgebessert wurde. Mit Griechisch fing ich zum Kummer meines Vaters gar nicht erst an.

Trotz der Kriegszeiten brachte es meine Mutter fertig, mir an jenem großen Tag die bekannte Schultüte in den Arm zu legen. Nach meiner Erinnerung war die Tüte annähernd so groß wie ich selbst. Wichtiger noch erschien mir die Schulmütze. Sie war grün, mit einem dreifarbigen Band ringsherum, das jedem Straßburger die Klasse verriet. In meinem Falle war es die Nona. Solch eine Mütze zu tragen, war damals Vorschrift, wobei für kleine Jungen das Problem darin bestand, die Mütze auch dann zu behalten, wenn eine Rotte böser Gassenbuben scharf auf sie war.
Zunächst konnte mir nichts passieren, weil ich während der ersten Wochen an der schützenden Hand meiner Mutter ging, da die Chauffeure der Militärwagen rücksichtslos herumsausten. Ich mußte erst den Ernst des Lebens lernen. Natürlich war es immer derselbe und kürzeste Weg, vom Brantplatz entlang der Ill und dann hinüber durch enge Gassen zum Münsterplatz, gegenüber dem Rohan Schloß. Eine halbe Stunde, länger durfte ich für den Schulweg nicht brauchen. Es gab praktisch noch keine Verkehrszeichen, keine Verkehrspolizisten, Ampeln, Zebrastreifen und dergleichen. Jeden Hofeingang habe ich noch vor Augen, ich sehe den vollgefressenen Hund des Metzgers und den goldgelben Piepmatz im Fenster der Witwe Robinard. Beim dritten Haus in der Kälbergasse, wo im Hinterhof eine Kesselschmiede lärmte, mußte ich aufpassen. Dort hausten zwei, drei freche Buben, die mit Dreck nach mir warfen. Sicherer war der Rückweg, weil anfangs noch ziemlich viele Mitschüler denselben Weg hatten. Da trugen wir stolz und tapfer unsere Mützen, waren auch guter Dinge. Wenn sich dann mehr und mehr die Gruppe auflöste, sank mein Mut und ganz zum Schluß, als ich allein lief, strebte ich möglichst rasch nach Hause.
Auf dem Hinweg geriet ich natürlich auch in den Strom der großen Schüler. Sie konnten ihre Klassenzimmer durch eine hohe Tür im Hauptgebäude erreichen. Ich mußte dreißig Schritte weitergehen bis zu jener flachen Sandsteintreppe, die jeder Besucher von Straßburg kennt, denn über sie kommt er zu jenem Seitenportal des Münsters, wo man die Astronomische Uhr bewundern kann und wo viele der Führungen beginnen. Die Mutter wunderte sich, mit welcher Selbstverständlichkeit der so kleine Bub das ehrwür-

dige Portal durcheilte, um im Halbdunkel der hohen Kathedrale zu verschwinden.
Lachend, rufend, Tornister und Schiefertafel auf dem Rücken, fanden wir die Umgebung ganz lustig. Die hochaufstrebenden Säulen, der wunderbar gewölbte Innenraum des gewaltigen Münsters machten keinen nennenswerten Eindruck auf sechsunddreißig muntere Knaben. Der Schimmer gedämpften Lichtes, das durch die herrliche Rosette über dem Hauptportal fiel, wurde von uns gar nicht bemerkt.
Eine schmale Seitenpforte führte in unseren Klassenraum, der bisher Teil der Sakristei gewesen war. Schulbänke für je zwei hatte man hineingestellt, davor auf erhöhtem Podest das Pult für den Lehrer. Hinter seinem Stuhl eine riesengroße, schwarze Tafel, daneben an langem Bindfaden ein nasser Schwamm mit kleinem Eimer. Ein paar Kreidestücke lagen auch herum. Außerdem stand hinten in einer Ecke der runde, rostige Eisenofen. Das war alles, abgesehen von einem halben hundert Kleiderhaken an der Wand.
Die beiden Fenster gingen zum Schulhof hin, den wir nicht betreten durften. Es kamen dort Rotkreuzwagen mit Verwundeten an, Schwestern und Sanitäter halfen ihnen heraus. Ein ständiges Kommen und Gehen in dem weiten Hof, der schon so vieles gesehen hatte und noch Schlimmeres sehen sollte. Weil das lebhafte Bild die Kinder ablenkte, blieben während des Unterrichts die Fenster geschlossen.
Unser Lehrer war noch jung, Mitte der Zwanzig ungefähr, aber schon früh aus dem Krieg zurück. Nur weil sein linker Ärmel leer war, konnte er wieder seinen Zivilberuf ausüben. Er tat es mit Freude und Zufriedenheit.
Bei uns im Münster schrieben wir noch mit dem Griffel auf die Schiefertafel. Die krakelige Schrift entfernte man mit dem eigenen Schwamm. Ich kann nicht sagen, daß mir die Schule zuwider war. Mir machte es Spaß, wie allmählich die Buchstaben besser wurden und Bedeutung erlangten.
Der junge einarmige Lehrer hielt Ordnung, ohne jemals den Rohrstock zu benutzen oder Backenstreiche zu verteilen, wie es damals noch üblich war. Als Strafe begnügte er sich mit dem Eckenstehen. Weil wir, ich erwähnte es schon, während der Pause

nicht in den Schulhof durften, hatte man für uns den Schloßplatz vorgesehen, heute ein übervoller Parkplatz, aber noch immer von Platanen beschattet. Wo sich seinerzeit eine grüne Rasenfläche ausdehnte und im Sommer Blumen blühten, durften wir frei herumlaufen, auch lärmen und kreischen. Unser Lehrer war stets dabei, pflichtbewußt bemühte er sich, mit seiner Trillerpfeife die Bande zusammenzuhalten.

Immer derselbe Schulweg, das wurde langweilig auf die Dauer. Hin und wieder, als ich meiner Sache hinreichend sicher war, ging ich auf Abwege, meist mit anderen Buben, die sich auskannten und mit möglichst vielen: je höher die Zahl, desto besser der Geleitschutz gegen angriffslustige Gassenjungen. Sehenswert waren die fleißigen, ewig schwatzenden Weiber auf den Waschbooten. Diese bürgerfreundliche Einrichtung, kostenfrei von den Stadtvätern den Straßburger Frauen und Mädchen zur Verfügung gestellt, gehörten damals zum Stadtbild auf beiden Armen der Ill. Mehr als hundert davon sollen die Gewässer der Innenstadt gesäumt haben. »Wäschpritsch« war dafür das übliche Wort und »Wäschpritschwiwer« nannte man die auf ihren Waschbooten tätigen Frauen. Nicht eine der zehn bis zwölf Meter langen, etwa vier Meter breiten, blaugestrichenen »Wäschepritschen« blieb erhalten. Sie waren beiderseits offen, aber mit einem Dach versehen. Sie lagen hintereinander und oft so dicht aufgeschlossen, daß man trockenen Fußes über eine ganze Reihe von ihnen gehen konnte. Stets blieben sie am gleichen Fleck, weil ja innerhalb der Stadt beide Ill-Ufer gut zu begehen waren. Platz für so viele »Wäschpritschen« war vorhanden, weil sich die Ill innerhalb von Straßburg in zwei Arme teilt. Aus allen Quartieren der Stadt erschienen fleißige Bürgermädchen und brave Hausfrauen mit Körben auf dem Kopf. Sie waren das Tragen so gewohnt, daß zum Festhalten eine Hand völlig genügte.

Die »Wäschpritschwiwer« konnten die Wäsche im Fluß schwenken und auf einem Waschbrett in der Bootsmitte schrubben, rubbeln und mit Keulen schlagen. Natürlich machte das großen Lärm, aber die Stimmen von zwölf bis zwanzig Frauen übertönten alles. Wenn wir Kieselsteine vom Ill-Ufer aufs Dach so einer »Wäschpritsch« warfen, liefen die Wiwer hinaus und schimpften, fluchten und

Von diesen alten Waschpritschen am Ufer der Ill ist keine übrig geblieben. Mehr als hundert gab es im alten Straßburg.

schrien, daß es für uns eine wahre Wonne war. Der geistreiche, sehr bekannte Straßburger Schriftsteller André Germain hat über das seinerzeit weithin hörbare Geschrei der Waschweiber in Elsässerdütsch eine besonders hübsche Darstellung verfaßt, von ihm genannt: »Waschpritschwiwergschrie«.

War Wochenmarkt auf dem Rabenplatz (Place des Corbeaux), hatten Buben unseres Alters ihren Spaß daran. Allein schon das Streiten, Schimpfen und Protestieren gegen angeblich zu hohe Preise ließ sich hören. Von einem Stand zum anderen bekämpften sich die Konkurrentinnen. Als im Krieg noch das lästige Problem mit den Lebensmittelmarken hinzukam, wurde der Markt zum Gefechtsplatz der Worte.

Wer die Ohren aufsperrte, konnte sich an manch lustiger Unterhaltung ergötzen. Da ging es um eine frischgerupfte Gans, zum Sonderpreis natürlich, und der war gesalzen! Prüfend beroch die Kundin das teure Angebot von allen Seiten. Schließlich auch den

Sterz. Das war für die Bauersfrau zu viel, deshalb rief sie: »Do hinne, Madamchen, rieche Sie oa net guet!«
Überhaupt, die Landleute schämten sich gar nicht vor den Stadtmenschen. Wenn eine Marktfrau den Drang verspürte, ihre Blase zu leeren, tat sie es auf der Stelle, gelegentlich während eines Verkaufsgespräches. Sie trugen ja während des Sommers unter ihren Röcken nichts.
Selbstverständlich war es, die Ware auf dem Kopf zu transportieren. Körbe mit Gemüse, Säcke, Schachteln und Kisten, Fleischpakete. Manche Bauern zogen aus ihren Dörfern weit draußen vor der Stadt mit Kopflasten zum Markt auf dem Rohan-Platz. Zum Aufladen und Absetzen der Last gab es seinerzeit an vielen Stellen besondere Gestelle in passender Höhe.
Wer beim Heimweg von der Schule nach Umwegen suchte, hatte reiche Auswahl. Es gab entlang beider Ill-Arme nicht nur Trottoirs und Promenaden, sondern auch schmale Fußpfade direkt am Wasser, Reste der ehemaligen Treidelpfade, über die Mensch und Tier die Lastkähne bewegten, und das bisweilen noch während der ersten Kriegsjahre.
Gegenüber am Fischerstaden (Quai des Pêcheurs), gleich nachdem sich die Ill-Arme vereint haben, gab es am steil abfallenden Wiesenhang eine Grotte, gerade so hoch und tief, daß sich darin ein Mensch vor Regen schützen oder verbergen konnte. Kein Treppchen führte dorthin, auch kein Weg vorbei. Welche Überraschung war es für uns, dort einen Mann vorzufinden, einen Mann mittleren Alters, mit grauem Gesicht, struppigem Haar und lumpigen Kleidern. Das Auftreten von drei bis vier kleinen Jungen schien ihn zu erschrecken, nicht minder unsere Wißbegier. Was wollte er hier? Warum ließ er sich draußen nicht blicken? War etwa ein Schutzmann hinter ihm her?
Er versteckte sich, das war uns klar. Vermutlich hatte er Hunger und kein Geld. Ihm fehlten auch richtige Schuhe, nur Reste von Schaftstiefeln trug er an den Füßen. Vielleicht brauchte er eine Wolldecke während der Nacht. Sicher schlief er in der feuchten Höhle, wo sollte er anders hin? Dem Manne mußte geholfen werden! Also brachten wir ihm, was zu Hause greifbar war, und er bedankte sich sehr. Aber leider blieb den Müttern nicht verbor-

gen, was wir fortschleppten. Irgend jemand sagte es dem Schutzmann. So war beim nächsten Besuch der Höhlenmensch nicht mehr da.

Das erste Halbjahr in der Schule war vorüber, eine endlos lange Zeit meines Erachtens. Viele Male hatte uns schon gleich nach dem ersten Läuten der Lehrer wieder heimgeschickt, weil »Sieg« war. Wo unsere tapferen Soldaten wieder einmal gesiegt hatten, wurde uns anhand einer Landkarte erklärt, die vor der Schiefertafel hing. Beim Zuhören mußten wir den Tornister auf die Bank legen und durften keine blöden Fragen stellen. Gleich danach standen wir auf, nahmen die Hände an die Hosennaht und riefen laut: »Unser deutsches Vaterland, unsere tapferen Soldaten, Seine Majestät, der Kaiser und König, hurra, hurra, hurra!« Alsdann sangen wir die Nationalhymne: »Heil Dir im Siegerkranz«, danach mahnte der Lehrer: »Ab mit Euch nach Hause und keinen Unfug auf dem Heimweg!« Unterdessen waren fast alle Häuser schwarz-weiß-rot oder rot-weiß mit der Fahne des Reichslandes geschmückt. Außerdem läuteten die Glocken der ganzen Stadt. Das klang besonders feierlich, wenn auch vom hohen Münsterturm die Glocken dröhnten.

Als der Winter kam, der strenge Winter von 1915 auf 1916, gab es so viel Schnee in Straßburg wie seit langem nicht. Wir konnten mit Rodelschlitten losziehen und fanden bei den alten Wällen ein paar Abhänge, um hinunter zu rutschen. Näher bei uns gab es den stillgelegten Bauplatz am Tauler Ring, der eine kurze, aber steile Abfahrt erlaubte. Dort ist die Germaine Gauer mit voller Wucht in eine Rolle Stacheldraht gesaust, und ganz furchtbar hat es geblutet. Aber wunderbar erschien es uns, wie sie unter rollenden Tränen lachen konnte.

Überraschend kam mein Vater auf Urlaub, natürlich mit seinem Burschen, dem gutherzigen, getreuen Jakob. Dieser Jakob, von dem ich nicht weiß, ob das sein Vorname oder der Name seiner Familie gewesen ist, stammte aus Thann im Oberelsaß, wo auch seine Frau und zwei kleine Kinder lebten. Leider war aber gerade diese Ecke des Elsaß schon gleich während der ersten Kriegstage von französischen Truppen besetzt worden und blieb es bis zum Ende, als ganz Elsaß-Lothringen vom Feind (von den »Befreiern«, sagten die Franzosenköpp) eingenommen wurde. Also konnte der Jakob während seines Urlaubs nicht nach Hause reisen. Deswegen hat ihn jedesmal mein Vater zu uns mitgebracht. An seiner linken Brust trug Vater die Erste Klasse des Eisernen Kreuzes, dazu im obersten Knopfloch das Band eines anderen Ordens. Wie das seine Art war, ließ er nichts über seine gewiß aufregenden Kriegserlebnisse verlauten. Vater war nicht mehr bei seinem angestammten Regiment, stattdessen hatte man ihn wegen seiner Erfahrungen als Bahnbeamter zu den Eisenbahnpionieren versetzt.

Wie meine Mutter erst jetzt erfuhr, hatte er einige Zeit im Lazarett verbracht, und zwar in Brest-Litowsk. Auch da war Vater kaum einen Tag untätig geblieben, sondern hatte Russisch gelernt, was sich in Bad Dürkheim zeigte, wo wir zwei Wochen verbrachten. Im Kurhaus hatte man unter anderem russische Stabsoffiziere untergebracht, Schwerverwundete, die wie deutsche Offiziere behandelt und nicht bewacht wurden. Mit ihnen unterhielt sich Vater, als rede er mit deutschen Partnern. Keiner wollte glauben, daß er nicht schon vor dem Krieg mehrere Jahre im Zarenreich verbracht hatte. Als Vater von seiner Versetzung nach Bukarest hörte, ins Generalkommando der Militäreisenbahn, meinte er: »Da habe ich Gelegenheit, Rumänisch zu lernen.«

Ein kleines Stück Blech

Mitunter konnte ich meine Mutter nicht begreifen. Sie legte allzu großen Wert auf äußere Formen und Klassenbewußtsein. Da waren wir einmal zusammen mit Tante Cilly im Straßburger Hauptpostamt, um Briefmarken zu kaufen. Gerade gingen wir durch die Halle auf einen der Schalter zu, als plötzlich meine Mutter stehen blieb. Was sie sah, hatte im gleichen Moment auch Cilly gesehen. »Rasch weg, bevor die Leute was merken«, rief sie und drehte sich schnell herum. Mich fest an der Hand haltend lief Mutter eilends dem Ausgang zu, die Tante ebenso rasch hinter uns her. »Das geht wirklich nicht«, bemerkte Cilly, heftig ihren Kopf schüttelnd. »Wenn uns jemand an diesem Schalter gesehen hätte«, fügte meine Mutter hinzu, »gar nicht auszudenken, das Gerede!«

Ihr Schwiegervater hinter einem Schalter! Wie konnte er das nur tun? Eine derart untergeordnete Funktion, der Postrat und Vater eines Regierungsrates! Da konnte er unmöglich hinter einem Schalter sitzen und Postkunden persönlich bedienen. Der ruhmreiche Held der Spicherer Höhen hatte sich deklassiert zum Briefmarkenverkäufer *hinter dem Schalter*! Solch ein Handlangerdienst fürs gewöhnliche Publikum stufte Mutter und Vater um ein bis zwei Klassen hinab. Wenn das die Leute merkten ...!

Dem Großvater jedoch, zu seiner Ehre sei es gesagt, ging Pflichtbewußtsein über alles. Infolge des kriegsbedingten Personalmangels mußten vor einem der Schalter die Leute Schlange stehen und ziemlich lange warten. Da hatte der Oberpostrat rasch einen anderen Schalter geöffnet und sich dahinter gesetzt. Doch hat zum Glück Opa Meissner von der Entrüstung meiner Mutter und ihrer Schwester nie etwas erfahren.

Dann kam, wohl im März 1916, jener große Tag, an dem Großvater

Meissner dem Kaiser, König und dem Vaterland fünfzig Jahre gedient hatte, die Militärzeit eingerechnet. Das fünfzigste Jubiläum eines Staatsdieners ist eine seltene Sache. Eine besondere Ehrung war fällig, auch wenn nicht allzu weit von uns entfernt die Materialschlacht um Verdun ihren Fortgang nahm.
Die Doppeltür zum sonst nicht benützten Roten Salon war geöffnet, und eine illustre Gesellschaft hatte sich darin versammelt. Ehrenwerte Männer, gekleidet in die frischgebügelte Ausgehuniform der Kaiserlichen Post, ein paar altgediente Kameraden aus dem Siebziger Krieg sowie vollschlanke Senioren im feierlichen Bratenrock und natürlich Opa selber mit goldglitzernden Epauletten, alles so wie vor der neuen, der feldgrauen Zeit. Unvergeßlich bis heute blieb mir der Ausdruck seines Gesichtes: tiefbewegt und im Bewußtsein der ein halbes Jahrhundert hindurch erfüllten Pflicht. Die feierlich gekleideten, zumeist schon älteren Damen hielten sich im Hintergrund.
Was die meisten schon im voraus wußten, erfolgte in geziemender Form. Es erschien mit gebotener Verspätung, die seinem Rang entsprach, der Kaiserliche Oberpostpräsident des Reichslandes, hinter ihm sein Stellvertreter mit einem schmalen Lederkasten unter dem Arm. Alsdann entfaltete der höchste Postbeamte in Elsaß-Lothringen ein Dokument mit großem Wappen. Was darin geschrieben stand, und zwar in Schönschrift von eines Künstlers Hand, wurde vom Oberpostpräsidenten langsam, würdevoll und feierlich verlesen. Natürlich habe ich den Wortlaut vergessen, zumal mein Blick in Liebe und Verehrung allein auf Großvater gerichtet war. Der Ausgezeichnete atmete so schwer, daß man deutlich das Ausmaß seiner Freude hören konnte. Als am Ende der Präsident hinzufügte: »... gezeichnet von des Kaisers eigener Hand im Großen Hauptquartier...« geschah, was ich nie für möglich gehalten hätte. Mein Großvater weinte... helle Tropfen rollten über seine Backen, durch den Schnurrbart und tropften auf die Uniform. Mein Großvater war für den Rest seines Lebens ein zutiefst glücklicher Mann. Sein Kaiser hatte ihn ausgezeichnet... mit einem Stück Blech!

Die Augen werden größer

Lesen und Schreiben hatte ich ohne Mühe gelernt, aber meine Schrift wurde mit den Kriechspuren von Küchenschaben verglichen. Auch hatte ich gelernt, Landkarten zu lesen, nicht in der Schule, sondern bei den Großvätern, um die großartigen Siege unserer Truppen zu begreifen. Aber dem bedauernswerten Pädagogen, dem schon in den ersten Tagen des Krieges ein Granatsplitter den Arm fortgerissen hatte, stellten wir schwierige Fragen.
»Wenn wir jeden Abend den lieben Gott bitten, daß wir den Krieg gewinnen, wird er das auch wirklich tun?«
»Ja, sicher, der liebe Gott gibt uns den Sieg, bestimmt!«
Wir wollten's aber genau wissen und fragten weiter: »Aber drüben, die Kinder in Frankreich und England, die bitten auch den lieben Gott, daß sie gewinnen...«
»Ja, wahrscheinlich beten drüben die Kinder auch für den Sieg.«
»Was macht dann der liebe Gott?«
Unser Lehrer drückte eine Weile herum, bevor er meinte, die gerechte Sache werde siegen, und weil eben unsere Sache die gerechte sei, bekämen wir mit Sicherheit den Sieg.
Bei drohender Kriegsgefahr hatten sich bereits einige tausend Elsässer ins Ausland begeben, in erster Linie natürlich die »Franzosenköpp«. Von denen gingen die meisten nach Frankreich, aber viele auch in die Schweiz und andere Länder, von denen anzunehmen war, daß sie neutral blieben. Groß war nämlich ihre Furcht, die Franzosen würden auch die Elsässer internieren, weil sie Deutsch sprachen und deutsche Namen trugen. Zu den vielen Tausend Elsaß-Lothringern, die allein schon wegen ihres deutschen Passes jahrelang hinter Stacheldraht gerieten, gehörte auch meines Vaters Studienfreund, Albert Schweitzer!

Was die Erwachsenen miteinander sprachen, ihre erschütterte Hoffnung, ihre wachsende Sorge ums tägliche Brot, die Kleidung, Heizung usw. konnte auch Kindern nicht verborgen bleiben, wohl oder übel mußten sie daran teilnehmen. Das meiste für die Küche gab es nur noch auf Karten. Ich hungerte deswegen nicht, aber mit der Freude am Essen war es so ziemlich vorbei. Oft brannte nur noch wenig Gas im Küchenherd, und Kohlen wurden immer weniger zugeteilt, weshalb sich viele Hausfrauen mit der Kochkiste behalfen. Auch wir hatten so ein Ding. So konnte unsere Anna beide Mahlzeiten gemeinsam schon am Vormittag ankochen, bis zum Abend blieben sie warm in der Kochkiste und garten. Nur einmal brauchte man den Küchenherd zu heizen. Vater konnte Reis aus Rumänien schicken, den Mutter teilweise gegen andere Lebensmittel tauschte. Von Opa Roos bekamen wir hin und wieder einen selbstgeschossenen Hasen und Bienenhonig von seinem Freund.

Wenn ich daran denke, wie rasch es im Kriege der Industrie gelang, ein vielfältiges Angebot von Kriegsspielzeug herzustellen, staune ich noch immer. Da gab es U-Boote, etwa zwölf bis fünfzehn Zentimeter lang, die in der Badewanne tauchten. Es gab Flugzeuge mit Propeller, die nach dem Aufziehen ihres Federwerks über den Teppich liefen und sich sogar für zwei, drei Sekunden knapp vom Boden erhoben. Kaum las man in der Zeitung von Bombenflugzeugen, deren Abwürfe die Menschen in Angst und Schrecken versetzten, gab es sie schon für Kinder. Sogar zwei kaffeebohnengroße Bomben hingen an dem kleinen Ding, und wer ein Vergrößerungsglas zu Hilfe nahm, konnte darauf in winziger Schrift die Worte lesen: »Gott strafe England!«

Eines Tages erschien mein Vater ohne Voranmeldung auf Urlaub. Wenn auch die Kleiderordnung allen Soldaten und Offizieren gebot, daß sie stets Uniform trügen, erst recht in Kriegszeiten, wurde sie nicht allgemein befolgt. Auch mein Vater hielt sich nicht daran. Er trug wie die meisten seiner Kameraden, durchweg Reserveoffiziere, Zivil während des Heimaturlaubs. Niemand wurde deswegen gerügt. Nur wenn meine Eltern abends eingeladen waren oder ins Theater gingen, wählte mein Vater Uniform, natürlich die Ausgehuniform.

Aus den Unterhaltungen meiner Mutter mit ihrer Schwester Cilly fing ich auf, daß mein Vater nicht mehr so heiter und gelöst war wie früher. Cilly hatte ihn noch nie so ernst erlebt. Sein Wesen hatte sich verändert. Als ihm Mutter die Laute in die Hand drückte und bat, er möge ihr doch ein Lied vorspielen und singen, hing er die mit bunten Bändern geschmückte Laute wortlos an die Wand. Er hat sie nie mehr in die Hand genommen.

Wie jeder Urlauber wollte auch Vater ein warmes Bad genießen, aber – so weit war es schon gekommen – die Gaszuteilung reichte nicht aus. Wir waren schon zufrieden, wenn sie gerade fürs tägliche Kochen reichte. So gingen wir ins städtische Freibad, das ich nie zuvor gesehen hatte. Ein echter Prachtbau war das, mit viel Marmor, Messing und springenden Brunnen. Die deutsche Verwaltung hatte es gebaut, um den Elsässern zu imponieren. Nach ungefähr vierzehn Tagen verschwand mein Vater so unauffällig, wie er gekommen war. Mutter und ich fuhren nach Klosterreichenbach, weil sie meinte, dort die Trennung besser zu ertragen als in Straßburg.

Flieger in Feldgrau

Wieder mal in Hagenau. Meine Mutter war nicht dabei, statt dessen Tante Cilly, wie stets begleitet von der Liesel, ihrem wohlgenährten, freundlich mit dem Schwanz wedelnden Dackel. Wir drei also rollten nach Hagenau, im dampfenden und puffenden, an jeder Station haltenden Bummelzug. Noch hatte jedes Coupé seine eigene Tür, und der Kontrolleur bewegte sich draußen auf dem Trittbrett von einer Coupétür zur anderen.

Im Bummelzug gab es keine Erste Klasse und nur einen halben Waggon mit der Zweiten. Alle anderen Coupés waren Dritter oder Vierter Klasse. Die Vierte war bestimmt für »Reisende mit Traglasten«, und sie bestand daher nicht aus den sonst üblichen kleinen Coupés, sondern aus einem großen Raum, von einem Ende des Wagens zum anderen, den man durch mehrere Türen besteigen konnte. Sitzbänke gab es nur an den Wänden, so daß in der Mitte möglichst viel Platz für Traglasten vorhanden war.

Natürlich warteten bei unserem Eintreffen in Hagenau die Großeltern am Bahnhof, der Opa in seiner neuen, dunkelgrünen, mit allen möglichen Litzen und Tressen verzierten Uniform. Er trug sie gerne, nicht nur weil sie schön war, sondern auch, weil sie auf schlichte Gemüter einen ungewöhnlichen Eindruck machte.

Der neuerdings bei Hagenau entstandene Flugplatz war ein häufiges Ziel meiner Spaziergänge mit Opa. Oft lief ich auch mit anderen Buben hin. Immer gab es dort allerhand zu sehen, es hat uns auch niemand fortgejagt.

Noch besser wurde es für uns Herumtreiber, als draußen ein Pfarrer erschien, ein Militärgeistlicher zur Pflege des christlichen Glaubens bei den durchweg jungen Fliegersoldaten. Und das war ausgerechnet unser lieber Freund, Pfarrer Claude.

Selber noch jung, meist frohgestimmt und zudem ein Künstler am Klavier, war er der richtige Mann für die sorglosen und leichtsinnigen Flieger vom Hagenauer Polygon. Wir Kinder banden Blumensträuße und sogar die schönsten Girlanden, dafür machte er für uns mitreißende Musik, besonders liebten wir flotte Märsche.
Ein Flugplatz fürs Militär war deswegen so unerhört spannend, weil damals noch die todesmutigen Männer in fliegende Kisten kletterten. Einer von Tante Cillys Kavalieren, Leutnant Petersen, der schon sieben Abschüsse hinter sich hatte und demgemäß ein »Himmelsritter« war, konnte ohne weiteres einen Buben in seine Maschine heben und mit ihm über den Platz rollen. Leider aber durfte er mit so kleinen Passagieren nicht in die Luft steigen.
Im Kasino bekamen wir Kaffee und Kuchen, hörten Witze mit an, die wir nicht verstanden, und erhielten Ratschläge für unsere spätere Laufbahn als kühne Piloten. Wirklich, es war allerhand, was uns Kindern geboten wurde, von den Männern, die täglich mit dem Tod zu tun hatten. Hagenau war ja gleichermaßen Ausbildungs- wie Flugplatz. Die Front lag in der Luftlinie kaum sechzig Kilometer entfernt. Die Flieger konnten von Hagenau aus über den Vogesen aufklären und vielleicht ein paar von jenen Bomben abwerfen, die uns heute wie ein Kinderspielzeug erscheinen, und die selbst dann, wenn sie trafen, nur geringen Schaden verursachten. Auch zu Zweikämpfen hoch droben ist es bei Hagenau gekommen. Mehrmals zeigte mir der Opa drei oder vier Maschinen, die in Ringen und Schleifen umeinanderkurvten. Anfangs beschossen sich die Männer mit Pistolen und schleuderten Handgranaten, dann bekamen sie Maschinengewehre, ihr Geknatter hörte man kilometerweit.
Alle Flieger waren sehr jung. Schneidig wollte jeder von ihnen sein. Offensichtlich waren sie fast immer guter Laune und redeten von Luftkämpfen, als sei das ein toller Sport. Wenn einer nicht wiederkam, wurde sein Gedeck abgeräumt, und drei Tage lang blieb sein Platz unbesetzt.
Ich weiß noch, wie eines Tages ein Franzose mit frisch verbundenem Kopf erschien. Er lachte und winkte wie der deutsche Offizier neben ihm. Sein Flugzeug war von einer Leuchtpistole im Tank getroffen und zur Landung gezwungen worden. Seine Rettung

Zwei Doppeldecker vom Polygon Flugplatz über dem Rhein bei Straßburg, 1912.

feierten die Gegner gemeinsam. So und nicht anders war es Brauch unter Fliegern. Einen Krieg unter »jungen Herren« hat es mein Großvater genannt. Die Piloten von beschädigten Maschinen versuchten, wenn nur irgend möglich, den Polygon von Hagenau zu erreichen. Dort gab es die besten Werkstätten und Mechaniker und ein gutes Feldlazarett. War nicht mehr an eine glatte Landung zu denken, konnte man noch in die Baumwipfel rauschen. Bei geringer Geschwindigkeit mit stehendem Motor mochte die Sache gelingen. Pfarrer Claude nahm mich des öfteren in seinem Dienstwagen mit, um solche Maschinen zu sehen. Meist hingen sie zerdrückt droben im Astwerk eines Baumes. Der glücklich entkommene Pilot stand drunter auf dem Boden. Bei solchen Gelegenheiten drückte der Geistliche beide Hände des Mannes, und sie redeten leise miteinander. Ein- oder zweimal war dem Flieger die Baumlandung nicht geglückt. Da lag er zwischen zersplittertem Sperrholz und Leinwandfetzen mit kalkweißem Gesicht. Schnell zog mich Pfarrer Claude fort. Zum ersten Mal in meinem Leben hatte ich einen Toten gesehen.

Beim nächsten Besuch rieselte Schnee auf die grauen Straßen. Wieder kam der Frühling mit viel Betrieb am Flugplatz. Schon waren die Maschinen größer und schneller geworden. Fast alle hatten nun Maschinengewehre, und es kam vor, daß man einen Piloten heraushob, dessen Uniform blutrot gefärbt war.

Ein rollendes Lazarett

Das Straßburger Stadtbild wurde grau und grauer, kein Vergleich mehr mit der lebenslustigen Atmosphäre friedlicher Zeiten. Dennoch gab es weiterhin Konzerte, an jedem Abend eine Vorstellung im Theater und schon mehrere »Kinotheater«. Mit anderen Frauen aus unserem Freundeskreis, deren Männer draußen im Krieg waren, ging meine Mutter häufig zu abendlichen Veranstaltungen. Aber nicht mehr im Abendkleid, erst recht nicht in fröhlicher Laune. Bälle und sonstige Tanzereien hatten aufgehört. Kam ein Kriegsteilnehmer aus unserem Bekanntenkreis auf Urlaub, wurden er und seine Frau reihum eingeladen.

Verwundete Offiziere, deren Genesung Fortschritte machte, konnten einen Kremserwagen bekommen. Der Kremser war ein offener Wagen mit Verdeck, von zwei Pferden gezogen. Acht bis zehn Menschen fanden Platz darin, zwei bis drei weitere auf dem Kutschbock. Im Wagen selbst saß man sich zu viert oder fünft gegenüber. Der Kremser war das beliebteste Ausflugsfahrzeug der vormotorisierten Zeit, das auch beim Heer für alle möglichen Zwecke verwendet wurde. Aber er war in einem modernen Krieg ohne militärischen Wert. Deshalb die Möglichkeit für Urlauber und Verwundete, solche Kremser mit Kutscher zu leihen. Weil es nicht darauf ankam, wer mitgenommen wurde, konnten auch meine Mutter und ich des öfteren an solchen Ausflügen teilnehmen. Weit rollte man im Kremser nicht. Alles in allem wurden den Pferden bis zu fünfundzwanzig Kilometer im Verlauf eines Tages zugemutet. Meist fuhren wir in den Rheinwald, wo die Zugtiere über weichen Boden trabten. An einer vorher bestimmten Stelle machten wir halt, für zwei bis drei Stunden, für ein Picknick auf grünem Rasen. Meist war eine wassergefüllte Kiesgrube in der Nähe, wo man die Kinder baden ließ.

In der Schule gab es schon bald eine große Veränderung: Ich wurde von der Nona in die Octava versetzt, und die ganze Klasse zog um ins Hauptgebäude. Wir waren ja nun vergleichsweise »große Schüler«. Das neue, sehr große und helle Klassenzimmer befand sich links der Einfahrt in den weiten Schulhof.

Damals, im Jahre des Unheils 1916, kaum daß wir uns in dem großen Klassenzimmer umgesehen hatten, bekamen wir schulfrei. Aber keinen Sieg hatten unsere Soldaten errungen, ein schwerer Verlust war zu beklagen. Kaiser Franz Joseph war an jenem 21. November 1916 gestorben, im Alter von sechsundachtzig Jahren, nachdem er länger als irgend jemand sonst, nämlich achtundsechzig Jahre hindurch, den Vielvölkerstaat Österreich–Ungarn regiert hatte.

Mein Vater kam auf Urlaub, sogar zweimal im Sechzehner Jahr. Er war diesmal nicht verpflichtet, über Fronterlebnisse zu schweigen. Sie waren ausgeblieben. Die deutschen Truppen, unter Führung des Generalfeldmarschalls von Mackensen, hatten Rumänien so rasch erobert, daß nirgendwo die Eisenbahnpioniere unter Feuer kamen.

Weil Vater Klosterreichenbach zu eintönig war, verbrachten wir vierzehn Tage in Bad Schramberg, das andere Mal vierzehn Tage in Bad Triberg. Als leidenschaftlichem Anhänger des schönen Dorfes am Reichenbach, wo ich so viele gute Freunde besaß, paßten mir die anderen Orte nicht. Aber was soll man im Alter von sieben oder acht Jahren machen? Nicht einmal Mutter konnte mitreden, wenn es um die Wahl des Ferienplatzes ging.

In solchen Kurorten gab es mehr Lazarette als zivile Unterkünfte. Verwundete auf Krücken und Stöcken und in Rollstühlen bewegten sich über die Promenade. Die Kurkonzerte ließen sich noch ertragen. Aber nicht die pausenlose Ausfragerei, eine neue, mir überaus lästige Angewohnheit meines Vaters. Bei unseren Wanderungen durch Wald und Flur erzählte er mir nicht mehr so wie früher die schönsten Geschichten aus der alten Zeit, sondern kontrollierte meine schulischen Fortschritte. Das fing an mit der Rechtschreibung seltener Wörter und hörte mit dem Rechnen noch lang nicht auf. Er hakte nach und bohrte weiter, räusperte sich verärgert, wenn ich falsche oder keine Antworten gab. Er nannte mich einen »Dämlack«, einen »Blechkopf« und anderes mehr. So weit kam es an schlechten Tagen, daß nachmittags der Kuchen ausfiel, ebenso der Nachtisch beim Abendessen. Die unbeschwerte Kindheit, schien mir, war vorüber.

Als ein Offizier am Nachbartisch bemerkte, daß ich keinen Pudding bekam, wollte er mir eine Tüte Bonbons schenken. Weil ich doch ein so besonders hübscher Bengel sei! Selten habe ich meinen Vater so wütend gesehen: »Machen Sie mir den Buben nicht zum Affen«, rief lauter als notwendig mein Vater, »seine Erziehung ist allein meine Sache!«

Auf dem Weg vom Bahnhof hörte ich, wie Mutter zu Großvater Roos mit leiser Stimme sagte, daß ihr Otto sehr besorgt sei über die Kriegslage. Wie sich das Unheil auswirkte, sah ich eines Tages selber. Es war auf einem Nebengleis des Straßburger Hauptbahnhofs, ziemlich weit draußen, wo sich kein Dach mehr über den Bahnsteig wölbte. Meine Mutter hatte häufig dort zu tun, sie verteilte dort Kaffee, Kakao und belegte Brötchen an durchreisende Soldaten.

Eines Tages nahm mich unsere gute Anna mit zum Bahnhof. Die Trambahn Nr. 10 brachte uns hin, aber wir mußten uns noch eine gute halbe Stunde durchfragen bis zu jenem Perron, wo Mutter beim Roten Kreuz behilflich war. Dort kamen Lazarettzüge frisch von der Front. Im Abstand von nur ungefähr einer Stunde machten sie Halt draußen im Rangierbereich, der für Unbefugte abgesperrt war. Nur die gerade verstorbenen und die nicht mehr transportfähigen Männer wurden ausgeladen. Dann fuhr der Zug weiter. Das sagte ein beinamputierter Bahnbeamter, der uns am Weitergehen hindern wollte. Aber wir hatten ein Telegramm, das wir meiner Mutter bringen wollten. Sie war nicht zu entdecken, dafür aber kam aus dem Westen der nächste Zug.

Der fuhr so langsam, wie ich es noch nie gesehen hatte. Die Räder drehten sich so hinhaltend, als würden sie von einer unsichtbaren Hand nur zögernd bewegt. Leuchtend rote Kreuze auf weißem Kreis an jedem Wagen und auf allen Dächern. Weil das Wetter so heiß war, hatte man die meisten Fenster heruntergelassen. Dahinter erhoben sich zwei oder drei Betten übereinander, in jedem ein verwundeter Soldat, manche halbsitzend, die meisten liegend.

Krankenschwestern, Sanitäter und Ärzte, alle im weißen Kittel, schoben sich durch die Gänge, standen zwischen den Betten und wechselten Verbände. Schneckenlangsam glitt der Operationssaal vorbei. Dann hörte ich, als endlich die Wagen zum Stehen gekommen waren, Gestöhn und Gewimmer, Schmerzensschreie von mehr als hundert Schwerverwundeten. Man trug jene heraus, die seit dem letzten Halt verstorben waren. Sie wurden auf den Boden gelegt und mit blutverkrusteten Laken zugedeckt. Es folgten Schwerverwundete, von denen man glaubte, sie würden die Weiterfahrt kaum überstehen. Auf Bahren wurden sie fortgetragen und mit pferdebespannten Wagen in Straßburger Lazarette transportiert. Direkt an mir vorbei trugen Sanitäter auf verschränkten Händen Männer ohne Beine. Von Schwestern geführt, wankten Blinde vorüber. Ich sah Soldaten, die beide Arme verloren hatten, und solche mit blutgetränkten Verbänden, die ihr ganzes Gesicht verhüllten. Tragbahre neben Tragbahre wurde auf den Perron gestellt. Schwestern und Sanitäter wechselten in fliegender Hast scheußlich stinkende Laken, andere spritzten in freigelegte Adern. Deutsche, Franzosen, Engländer durcheinander – Ärzte beugten sich über sie und gaben Anweisungen.

Schließlich sah ich meine Mutter, kniend neben einer Bahre, darauf ein junger Mann, der allem Anschein nach Englisch sprach. Erst Tage später erzählte mir Mutter, daß er sie gebeten hatte, seinen Eltern in England letzte Grüße zu senden.

Ich bekomme eine Schwester

Es gibt so manches in der Familie, was Kinder nicht erfahren. Eltern halten vor ihnen geheim, was sie Verwandte und Freunde wissen lassen. So habe ich damals nicht gewußt, daß sich meine Eltern noch weitere Kinder wünschten. Sie blieben jedoch während der folgenden Jahre aus. Meine Mutter erlitt mehrere Fehlgeburten. Sicher war der Kummer groß, aber ich bemerkte nichts davon, und ich konnte mich weiterhin aller Vorteile eines Einzelkindes erfreuen.

Was die Schule betraf, ging es mir einigermaßen gut, bedeutend besser jedenfalls als in späteren Jahren, wo ich stets befürchten mußte, sitzenzubleiben, eine Schande für damalige Begriffe. Unser trefflicher Lehrer, ein geborener Preuße, folgte vermutlich Anweisungen von oben, wenn er versuchte, uns klar zu machen, wie gut doch die Elsässer und Lothringer im Verband des Deutschen Reiches aufgehoben seien. Weil auch die reichsländischen Soldaten so treu und tapfer fürs gemeinsame Vaterland stritten und fest zum Kaiser hielten, wolle man sie demnächst besser belohnen als bisher schon geschehen. Zwar hörten wir zu, verstanden aber nur ungefähr, was gemeint war.

Schon im Mai 1911 war Elsaß-Lothringen ein Bundesstaat innerhalb des Reiches geworden. Man sagte zwar noch Reichsland, aber Bundesland wäre richtiger gewesen. Es stand ja nun im selben Rang wie Bayern, Baden, Hessen oder Württemberg. Allerdings hatte Elsaß-Lothringen keinen König, Großherzog, Herzog oder Fürsten, auch kein demokratisch gewähltes Oberhaupt, wie etwa die Hansestädte. Der elsaß-lothringische Landesherr war nach wie vor der Kaiser selbst, vertreten durch den Reichsstatthalter. Das war seit Anfang 1914 der frühere Staatssekretär von Dallwitz. Was dem Reichsland zum Bundesstaat noch fehlte, war allein das Recht einer Verfassungsänderung. Demnächst, versicherte uns der Lehrer, sollte auch das noch kommen. Immerhin hatte man schon jetzt die eigene, selbst gewählte Volksvertretung, nämlich den Landtag in Straßburg. Wenn erst der Krieg vorbei war, dann erhielte unsere Heimat alles, was sich alteingesessene Elsässer und Lothringer nur wünschen konnten. Amtsträger und Behördenchefs sollten im Lande geboren sein.

Was wir Jungen nur schemenhaft verstanden, begriffen die Erwachsenen besser, besonders mein Großvater Meissner, der meinte, es wäre von Anfang an besser gewesen, das alles gleich zu machen, schon im Jahr 1871. Im übrigen sei es ein schwerer Fehler gewesen, auch die französisch sprechenden Teile Lothringens mit ins Deutsche Reich zu nehmen. Selbst wenn das früher Regionen gewesen seien, die zum Heiligen Römischen Reich Deutscher Nation gehört hätten, das liege sehr weit zurück, darauf könne man sich nicht mehr berufen.

Nahe liegt die Frage, wie sich denn nun die franzosenfreundlichen, deutschfeindlichen Elsässer verhielten. Da kann ich aus eigenem Erinnern nur sagen, daß sich diese Leute verblüffend ruhig verhielten, was neuerdings auch von der modernen französischen Geschichtsschreibung bestätigt wird. Zweimal, wenn ich recht erinnere, kam in diesem Jahr der Kaiser nach Straßburg. Beim ersten Mal mußten alle Schulkinder, wie das allenthalben der Brauch war im Deutschen Reich, mit schwarz-weiß-roten Fähnchen in der Hand Spalier stehen. Aus den Fenstern, meines Erachtens aus allen Fenstern, hingen die deutschen, wie auch die reichsländischen Fahnen. Ganz so zahlreich wie früher war das zivile Publikum allerdings nicht. Viele Feldgraue und auch Verwundete, von Rot-Kreuz-Schwestern begleitet, hatten sich eingefunden. Auf dem Kléber-Platz, wo die Wache ins Gewehr trat und Seine Majestät kurz anhielt, hatte sich in Landestracht eine Gruppe elsässischer Frauen und Mädchen aufgestellt. Irgendein Verein hatte das gewiß organisiert. Sie trugen oben im rechten Flügel ihrer Schlupfhauben die schwarz-weiß-rote Kokarde. Dagegen behaupten zahlreiche Veröffentlichungen der Nachkriegsjahre, daß sich beim Kaiserbesuch und dem Besuch anderer deutscher

Fürsten, des Königs von Bayern zum Beispiel, keine Straßburger gezeigt hätten, und niemals hätten sich Frauen und Mädchen des Landes durchs Tragen schwarz-weiß-roter Schleifen entwürdigt. Ich weiß es besser ... ich war dabei.

Meine Mutter und ich standen wie schon bei früheren Gelegenheiten unter der schützend ausgestreckten Hand des »Onkel Kléber«, das heißt auf den Stufen seines Denkmals, gegenüber dem Haupteingang der Aubette. So konnte ich Wilhelm II., den deutschen Kaiser und König von Preußen, unmittelbar aus der Nähe sehen. Auch er trug Feldgrau, darunter unter feldgrauem Stoffbezug die altbekannte Pickelhaube. Über der Uniform einen weiten, feldgrauen Umhang. Sein Haar, soweit sichtbar, sowie der markante Schnurrbart waren grau geworden. Des Kaisers Gesicht zeigte keine Bewegung. Starr schaute er durch alles hindurch und lächelte nicht. Er war, so würde man es heute ausdrücken, innerlich weggetreten. Beim Anhalten des Wagens stand der oberste Kriegsherr mit rascher Bewegung auf, trat aufs Pflaster und grüßte in militärisch straffer Haltung die vor ihm präsentierende Wache. Schnell war er wieder im Wagen, der im gleichen Augenblick davonfuhr. Wie auch mir erst viel später klar wurde, hat Wilhelm II. weder den Krieg geführt noch durch eigene Entschlüsse das militärische Geschehen bestimmt. Er war, so scheint es, nur noch Symbolfigur nach außen. Aber dennoch gab er für alle Feinde die Zielscheibe propagandistisch aufgeheizter Haßgefühle ab. »To the gallows the Kaiser ... an den Galgen mit dem Kaiser!« war das Schlagwort auf der anderen Seite.

Wie stets, wenn Wilhelm II. die Hauptstadt des Reichslandes besuchte, wohnte er im Statthalterpalais am Broglie-Platz, in der heutigen Präfektur. Der eigens für seine Besuche, gewiß mit gewaltig hohen Kosten, erbaute Kaiserpalast (heute Palais du Rhin) am Kaiserplatz (heute Place de la République) hat ihm gar nicht gefallen. Angeblich stammt von ihm selber die Bemerkung, daß ihn der mit Symbolen und Dekorationen beladene Palast an einen »Elefantenstall« erinnere. Womit vermutlich das unlängst von ihm eingeweihte Elefantenhaus, im Berliner Zoologischen Garten, gemeint war. Wer beides kennt und über einige Phantasie verfügt, hält den Ausspruch für möglich.

Gegen Mitte des Jahres 1917, als schon die Umstände meiner Mutter sichtbar wurden, erhielt ich Aufklärung, nicht über das Entstehen eines Kindes, nur über die Entwicklung des Embryos, und zwar recht eingehend. Das fand ich furchtbar und grausam für die arme Mutter. Wie gut, daß ich ein Mann war, der mit Kinderkriegen nichts zu tun hatte!
Die Herztöne des Ungeborenen durfte ich belauschen, auch die Bewegung im Mutterleib fühlen. Was so eine arme Frau nicht alles durchmachen mußte, bis es so weit war! Man konnte eine werdende Mutter gar nicht genug verwöhnen! Ich bastelte einen niederen Schemel und bezog ihn mit Stoff, weil mir die Oma gesagt hatte, es sei gut für eine schwangere Frau, wenn sie ihre Füße abstützen könne. Ich wollte jedes Päckchen tragen, auch Schirm und Handtasche, ich öffnete eilfertig die Türen und legte weiche Kissen auf Mutters Stuhl. Richtig lästig soll ich gewesen sein, des öfteren ging ich meiner Mutter auf die Nerven mit dem albernen Getue.
Sie sei nicht krank, sie leide an gar nichts! Im Gegenteil sei sie glücklich und zufrieden, weil bald das Schwesterchen kommen werde. Weshalb »Schwesterchen«, dachte ich bei mir? Wenn es statt dessen ein Junge wird, wollte sie ihn vielleicht nicht haben? Natürlich drehte sich alles um den noch ungeborenen Säugling. Als Hauptperson im vierten Stock der Rupprechtsauer Allee Nr. 3 war ich abgemeldet. Keine Geschenke, keine Kindergesellschaft, nicht einmal besondere Segenswünsche wurden mir zuteil aus Anlaß meiner Versetzung in die Septima. Dabei stand ich jetzt nur noch ein Jahr vor dem Übertritt ins eigentliche Gymnasium. Alle taten so, als seien Fortschritte ganz natürlich.
Seltsame Nachrichten kamen von Vater. Nicht mehr aus Bukarest erreichten uns seine Feldpostbriefe, sondern irgendwoher aus Rußland. In Kiew, der ukrainischen Hauptstadt, hatte sich eine Regierung gebildet, die der Roten Armee widerstehen wollte. Zu ihrer Unterstützung waren deutsche Verbindungsoffiziere in Kiew erschienen, die für den notwendigen Nachschub aus dem Reich sorgten. Auf weiten und beschwerlichen Wegen schafften sie Kriegsmaterial für die Ukraine heran. Die sollte dafür so viel Getreide wie nur möglich liefern. Von der Eisenbahn hing alles ab.

So gab es viele Gründe für eine deutsche Militäreisenbahndirektion in Kiew. Dorthin war Vater versetzt worden.

Es nahte der Herbst des Jahres 1917. Ein langer, schneereicher, aber nicht so kalter Winter stand uns bevor. Eines Tages, am 19. Dezember, als ich aus der Schule kam, lief mir aufgeregt die Anna entgegen: »Die Mutter ist eben fortgefahren, mit Tante Cilly in die Klinik, das Schwesterchen kommt!« Wie alle vom »Schwesterchen« überzeugt waren!

Natürlich wollte ich gleich an Ort und Stelle, aber ich hatte keine Ahnung, wo die Klinik war. Unruhig war ich natürlich, sehr beunruhigt. Was ich vom Kinderkriegen wußte, reichte immerhin für die Vorstellung, daß meine arme Mutter zur Zeit schreckliche Schmerzen litt. Endlich beugte sich Tante Cilly über mein Bett: »Du hast ein Schwesterchen!« Also doch, wie hatten sie das nur gewußt? Erst am späten Nachmittag, als es schon dunkel wurde und Oma Roos aus Hagenau angekommen war, durfte ich mit ihr und der Tante bei meiner Schwester Besuch machen.

Den Weg dorthin werde ich nie vergessen. Schneeflocken fielen aus sternlosem Himmel, sie blieben liegen und wurden bald zu einem tiefen, weichen Teppich, in den wir knöcheltief einsanken. Niemand war unterwegs, keine Fahrzeuge weit und breit. Vom Broglie-Platz mußten wir zu Fuß gehen, tief in die Innenstadt, wo die Straßen zu Gassen werden. Beiderseits hohe, spitzgieblige Fachwerkhäuser.

»Kling, klang, klingeling«, sagte unvermutet die Oma, »ich hör' Glöckchen bimmeln, wo kommt das her?«

Es kam aus der Gerbergasse, der wir zustrebten. Da erschien vor unseren Augen ein Bild, so märchenhaft, daß wir stehen blieben. Das Christkind saß auf einem Esel, der vom getreuen Knecht Rupprecht am Halfterband geführt wurde. Ernst und würdevoll sah er aus, bis zum Boden reichte sein dunkelbrauner, pelzverbrämter Mantel. Der weiße, mit Schneestaub bestreute Bart berührte den Gürtel des alten Mannes. Seine tiefrote, mit Sternen besetzte Kapuze ließ von dem Gesicht nur wenig erkennen. Auf dem Rücken trug Knecht Rupprecht den schweren, prall gefüllten Sack mit Geschenken für brave Kinder, in der linken Hand dagegen eine Rute, um böse Kinder zu bestrafen.

Das Christkind, ein lieblich, lächelnder Engel, trug schulterlanges Blondhaar und ein Silberkleid mit libellenzarten Flügeln. Es hielt in seinen Händen den schönsten Weihnachtsbaum, den ich je gesehen hatte, klein, aber wunderbar anzusehen. Seine Lichter brannten, flackerten jedoch nur wenig in der stillen Nacht. Wenn Flocken in die Flämmchen fielen, hörte man ein leises Zischen.
Dann kamen wir zum Schwesterchen, zu meiner Mutter in der Klinik am Gerberplatz. Ich ging auf Zehenspitzen durch die nach scharfen Putzmitteln riechenden Gänge. Eine Schwester in Nonnentracht öffnete die Tür. Mutter hatte geschlafen, erwachte aber sogleich. Sie lächelte und duftete nach Kölnisch Wasser. Es ginge ihr gut, sehr gut sogar, antwortete sie auf meine besorgte Frage.
»Und wie gefällt dir dein Schwesterchen?«
Das hatte ich ganz vergessen, meine Mutter war bei Gott viel wichtiger. Das Wesen, das man später auf den Namen Hildegard taufte, war kaum zu sehen. In einem Gewusel von hellen Tüchern und Windeln lag es in Mutters rechtem Arm. Die Händchen hatte es verkrampft, sie zuckten. Ein Häubchen verbarg fast vollständig den Kopf. Oma Roos schob den Stoff ein wenig zurück, aber besonders sehenswert war es nicht. Ein Baby, wie andere auch, vielleicht noch kleiner als jene, die ich bisher gesehen hatte. Es gab keinen Grund, in helles Entzücken auszubrechen. Weshalb sollte ich behaupten, so etwas Süßes hätte ich noch nicht gesehen?
»Wirst du auch immer lieb zu deinem Schwesterchen sein?« fragte meine Mutter. Ich nickte, fragte allerdings zurück: »Wird das Schwesterchen auch immer lieb zu mir sein?« Man wird ja noch fragen dürfen.

Kein Goldkettlein hält fester...!

Was so ein Winzling alles verändern konnte, davon hatte ich mir keine Vorstellung gemacht. Aber dann war es so weit. So klein das Schwesterchen auch war, es verbreitete Unruhe in allen Räumen. Mal stand die Wiege in Mutters Schlafzimmer, mal im Eßzimmer oder im Salon. Selbst vor Vaters verlassenem Schreibtisch verlor man allen Respekt. Hildchen in dem großen Korb wurde einfach draufgestellt. Auch in der Küche, im Bad und auf dem Balkon erschien der piepsende und krähende Säugling. Man wußte nie, wann und wo gerade das süße Baby im Schlummer lag. Es wurde nur noch geflüstert, auf Zehenspitzen gegangen, und die Türen schloß man im Zeitlupentempo. Schrie der Liebling, liefen alle Frauenspersonen durcheinander und waren in größter Sorge, was ihm fehlen könne. Nichts natürlich! Wie bekannt, gehört Kleinkindergebrüll zur Entwicklung der Lungen. Weshalb ich es bestimmt ablehnte, die Wiege zu bewegen. Wurde sie vom braven Bruder geschaukelt, konnte das dem Hildchen so gut gefallen, daß es womöglich immer wieder danach verlangte.
»Wo kommt man da hin«, meinte auch der Robert Streckenbach von nebenan, der ähnliches erlebt hatte. Er bot mir Zuflucht in seinem Kinderzimmer. Aber nicht auszuhalten war es bisweilen einen Stock tiefer, wo mir am laufenden Band versichert wurde, daß Kleinhildchen noch viel hübscher sei, als ich jemals gewesen war.
Zu allem Überfluß wurde das Baby auch noch krank. Eine diplomierte Babyschwester mußte kommen, um Tag und Nacht das Wurm zu pflegen. Eine richtige Tracht trug die Schwester namens Gerda, was mir sehr imponierte. Sie war dazu breit, kugelrund und relativ jung. Unter ihrer Haube quollen Unmengen von blondem Haar hervor.

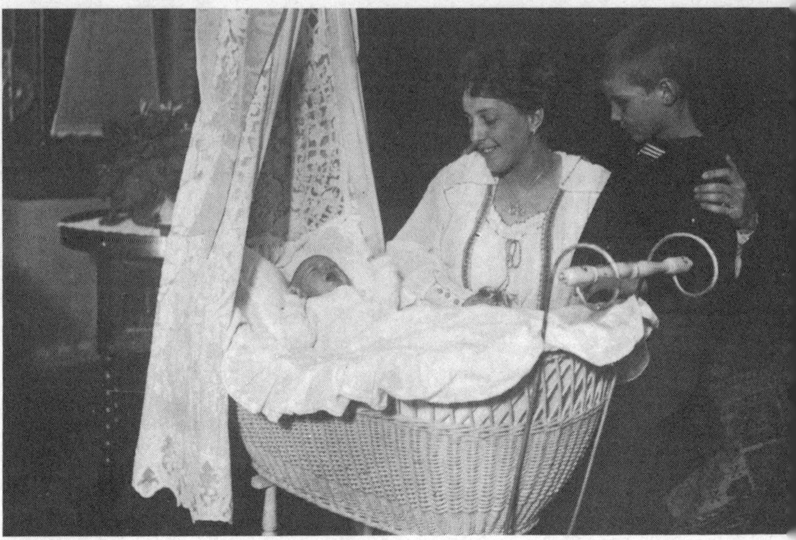

An der Wiege meiner Schwester Hilde, geboren im Dezember 1917.

So reizend war das Baby meines Erachtens nicht, auch nicht nach seiner Gesundung. Wie eine gerupfte Ente sah das rosarunde Ding aus und roch ekelhaft, wenn es wieder mal gewickelt wurde. Natürlich machte man dabei keine Aufnahme vom sogenannten Engelchen, umso mehr vom lächelnden Liebling in seiner Wiege. Da mußte ich daneben stehen, leicht vorgebeugt, und in meinem Gesicht sollte brüderliche Freude zum Ausdruck kommen. Ich tat mein bestes, doch entdeckte später meine Mutter auf den Fotos, daß mein Ausdruck zu wünschen übrig ließ.
Alle Verwandten und Bekannten vertraten die Ansicht, daß es für mich kein schöneres Weihnachtsgeschenk geben könne, als so ein liebreizendes Schwesterchen. Genaugenommen hatten sich meine Eltern das Kind gewünscht, ein Mädchen ganz besonders. Mich hatte niemand gefragt. Damit nicht genug, mußte ich vor allen Leuten den mir bald zum Hals heraushängenden Spruch hören:

Kein Goldkettlein hält fester
als Brüderlein und Schwester.

Im letzten Jahr des Großen Krieges

Als die Sommerferien kamen, meine letzten auf dem Kaiserlichen Lyzeum, wurde ich zu einer fremden Familie geschickt. Meine Mutter mit dem halbjährigen Hildchen konnte mich nicht brauchen. Beide begaben sich zu den Großeltern Roos nach Hagenau und nahmen auch die Kinderschwester mit.

Ich mußte zu einer Familie nach Säckingen am Rhein. Freunde hatten sie ausfindig gemacht. Es gab dort einen Jungen meines Alters, Heini mit Namen. An seinem guten Benehmen und an seinen preisgekrönten Schularbeiten sollte ich mir ein Beispiel nehmen. Sein Vater war Architekt, und die Familie bewohnte ein gepflegtes Haus mit blumenreichem Garten, der sich zum Rhein hinabsenkte. Gleich daneben lag die Badeanstalt.

Aber tiefe Schatten hatten sich vor kurzem erst über Vater und Sohn gesenkt. Die Hausfrau fehlte, sie hatte sich in den Rhein gestürzt. Der Junge wollte daraufhin in dem dunkelgrünen, schnell dahinströmenden Fluß nicht mehr baden. Wie sich denken läßt, folgte ich seinem Beispiel und teilte somit die düstere Stimmung im Haus.

Natürlich schrieb ich meiner Mutter und der Hagenauer Oma davon, worauf die herzensgute Großmutter nach Säckingen reiste. Sie brachte süße Geschenke auch für den mutterlosen Kameraden. Sie war überaus sanft, lieb und verständnisvoll und lud mich zu einer langen Kutschfahrt ein, ohne den Kameraden, denn wir beide wollten allein sein.

Ich sei nun alt genug, begann die Oma, ein neunjähriger Junge könne auch ernste Dinge begreifen, und davon müsse sie jetzt reden. Sehr trübe sehe es aus. Sehr wahrscheinlich würden wir den Krieg verlieren. Damit gehe wohl auch Elsaß-Lothringen für

Deutschland verloren. Vermutlich würden die Franzosen nach Straßburg kommen, unsere Heimat bekomme andere Herren. Nicht mehr Kaiser Wilhelm werde Landesvater sein. Nicht mehr Schwarz-weiß-rot werde man aus den Fenstern hängen, sondern die quergestreifte, blau-weiß-rote Fahne der Franzosen. Alle Deutschen müßten dann fort aus Straßburg und überhaupt aus ganz Elsaß-Lothringen. Das heißt, alle die nicht im Lande geboren waren, die Schwowe, die Binnendeutschen, die »sales boches«. Wahrscheinlich werde man ihnen vor der Vertreibung alles wegnehmen.
Das alles und noch Schlimmeres wußten die meisten Leute im Reichsland aus der französischen Presse, weil die Zensur und Kontrolle nicht überall sein konnte und die Grenze zur Schweiz, je länger der Krieg dauerte, desto durchlässiger wurde. Es kamen Zeitungen und antideutsche Schriften aus französischen Quellen, in denen zu lesen war, was drüben die in Paris herrschenden Kreise vorhatten, mit den Elsässern und Lothringern, die so unklug gewesen waren, sich als Deutsche zu fühlen oder gar aus Binnendeutschland ins Reichsland zu kommen.
Auf meine Bemerkung, daß meine Eltern und ich selber geborene Elsässer seien, sagte sie: aber nicht der Opa Roos und Opa Meissner. Sie waren dazu noch Staatsbeamte und hatten dem deutschen Kaiser ewige Treue geschworen, genauso wie mein Vater, der ja auch Beamter und Offizier war. Die Opas hatten dazu noch im Siebziger Krieg gegen die Franzosen gekämpft.
In den ersten Septembertagen war ich wieder in Straßburg. Dort bekam man auf Marken im Herbst 1918 pro Tag gerade noch dreihundert Gramm Brot, fünfzig Gramm Wurst an jedem dritten Tag, dreißig Gramm Fett und pro Woche ein kostbares Ei. Viele Leute liefen hinaus aufs Land, um nicht ganz zu verhungern. Dennoch blieben Ruhe und Ordnung erhalten.
Wie nun mehr und mehr die Unruhe stieg, Hoffnungen auf der einen und Befürchtungen auf der anderen Seite, das konnte auch Kindern nicht verborgen bleiben. »Ihr müßt weg«, sagte Germaine Gauer zu den Sonnemann-Kindern, während sie mir gegenüber meinte, wir könnten vermutlich bleiben. Aber einen verdammten Prussien wie den Robert Streckenbach, werde man vom Balkon auf

Vaters letzter Urlaub im Sommer 1918. Er wollte seine Tochter kennenlernen.

die Straße werfen. Was den Binnendeutschen gehörte, die sich im Elsaß schamlos bereichert hätten, werde natürlich konfisziert. Den Schutzmännern mitsamt ihren verdammten Pickelhauben würde man die Hände mit ihrem eigenen Säbel abhacken und sie dann vor die Trambahn legen. Dem Statthalter und seinen Mitarbeitern sowie den hohen deutschen Offizieren drohe die Enthauptung auf dem Kléber-Platz. Das meiste waren Ausgeburten einer üppigen Phantasie. Vernünftige Leute lachten darüber. Andererseits machte wieder jenes Wort die Runde, das Georges Clemenceau, der große französische Patriot und fanatische Deutschenhasser, Ministerpräsident und Kriegsminister auf der anderen Seite, schon vor dem Krieg hatte verlauten lassen, daß es nämlich »zwanzig Millionen Deutsche zuviel gebe und man dagegen etwas machen müsse«. Ob er das wirklich in diesem Sinne gesagt hat – ich bin mir dessen nicht gewiß. Aber es gab einfache und ängstliche Gemüter, die allen Ernstes meinten, er beabsichtige die Beseitigung der überzähligen Millionen von Deutschen auf gewaltsame Weise.
Bei Tage zitterten die Fenster, bei Nacht leuchteten die Mündungsfeuer von den Vogesen. Endlose Wagenkolonnen mit Frischverwundeten bewegten sich durch die Straßen. Wer laufen konnte, schleppte sich auf eigenen Füßen ins Lazarett. Hager und halbverhungert die Gesichter, verschlissen die Uniformen, durchgelaufen die Schuhe.
Gleich daneben aber ging das Leben weiter wie zuvor. Manche Erinnerungen passen nicht in das düstere Bild. So kam die grauhaarige Auguste Viktoria, die ganz in Weiß gekleidete Gemahlin Kaiser Wilhelms II., noch im späten März 1918 nach Straßburg, aus privaten Gründen. Ich sah sie auf der offenen, allen Blicken preisgegebenen Terrasse einer Villa am gegenüberliegenden Koch-Staden der Ill. Sie hielt ihren neugeborenen Enkel im Arm, das erste Kind ihres jüngsten Sohnes Joachim von Preußen, der sich nicht weit von Straßburg bei irgendeinem Stab befand. In der großen Villa am Ufer der Ill hatte sich seine Frau mit dem Kind niedergelassen. Vor dem Gartenzaun standen ein paar Dutzend Neugierige und eine Bande von lauten Buben war in die Bäume geklettert. Alle starrten hinüber. Manche riefen böse, andere freundliche Worte hinüber. Es wurde auch viel gelacht. Die beiden

Schutzmänner sagten und taten auch dann nichts, als einige des öfteren riefen: »Kaiserin, Scheißerin!«
Anfang Oktober 1918, knapp sechs Wochen vor dem endgültigen Untergang des Kaiserreiches, erhielt Elsaß-Lothringen die vollen Rechte eines Bundeslandes im Reich mit uneingeschränkter Selbstbestimmung für all seine inneren Angelegenheiten. Der bisherige Reichsstatthalter, Freiherr von Dallwitz, ein pflichtgetreuer, doch farbloser Verwaltungsbeamter, wurde durch den Altelsässer Rudolf Schwandner aus Kolmar ersetzt, den Führer der elsaß-lothringischen Volkspartei und bisher Bürgermeister von Straßburg. Ein anderer Altelsässer wurde Staatssekretär für das Reichsland und damit Chef der Landesregierung. So rasch wie möglich sollten alle maßgeblichen Stellungen bei der Staatsverwaltung durch Altelsässer ersetzt werden. Es war aber, wie sich denken läßt, viel zu spät, und die gewünschte Wirkung verpuffte. Wie Großvater Meissner, der zeitweise in der Hauptpost für die Briefzensur verantwortlich war, erfahren hatte, führten elsaß-lothringische Parteiführer einen lebhaften Briefwechsel mit hohen Schweizer Beamten. Man wollte klären, ob nicht anstelle der Franzosen Schweizer Truppen das Elsaß besetzen könnten. Ihre Aufgabe sollte es sein, eine wirklich freie Abstimmung der Elsaß-Lothringer über ihre politische Zukunft zu garantieren. Nichts ist daraus geworden, auch dafür war es schon viel zu spät.

Ein Brief aus Kiew

Endlich erhielten wir Nachricht von meinem Vater. Ein vielgestempelter, an den Ecken beschädigter Brief aus Kiew. Drei Wochen und drei Tage hatte er von der Ukraine bis zu uns gebraucht. Mutter konnte kaum den überaus vorsichtig abgefaßten Sinn verstehen. Freunde mußten dabei helfen. Sie gelangten zu folgender Erkenntnis: Der Otto ist nicht mehr, was er war, dein Otto, liebe Hilde, ist nun Diplomat! Geheimrat im Auswärtigen Amt. Er vertritt das Deutsche Reich bei der ukrainischen Regierung.

Mutter verschlug es die Sprache. Natürlich glaubte sie nicht die Hälfte davon. Vaters Sprung in die übernächste Schublade war nicht zu begreifen. Eine ganz andere Welt war es dort, von der wir kaum etwas wußten, eine Welt, die gerade im Begriff stand, unterzugehen.

In diesem Winter des Untergangs wurde Europa von einer Virusgrippe heimgesucht. Sie erzeugte schweres Fieber, ergriff die Luftwege, das Nervensystem, Glieder und Gelenke. Weil die meisten Menschen unterernährt waren, viele Millionen von Kriegsopfern die Lazarette füllten und allenthalben das medizinische Personal nicht mehr ein noch aus wußte, nahm die Grippe das Ausmaß einer mittelalterlichen Epidemie an. Auch das Elsaß wurde nicht verschont. Als erstes bekam Hildchen das unheimliche Leiden, sodann meine Mutter und ich, zuletzt auch die gute Anna. Allein verschont blieb unsere dicke Gerda, und sie bewährte sich. Nicht nur strotzte Gerda vor Gesundheit, sie lief Tag und Nacht hin und her mit Spritzen, Medikamenten, feuchten Tüchern und Eisbeuteln, mit Windeln und Töpfchen. Ich weiß noch genau den Tag, an dem wir alle wieder einigermaßen gesund waren: Es war ein historischer Tag, der für alle Zeiten in die Geschichte einging, der 9. November 1918.

Vom Münster weht die Rote Fahne

Die Mutter und ich, wir sahen es deutlich, denn weit war es ja nicht von unserem Balkon bis zum Münsterturm, und der Tag war hell. Was war los in unserer Stadt? Hatten Bolschewisten die Macht übernommen wie ihre Brüder in Moskau und Petersburg? Die Franzosen hatte man erwartet, nun sah es aus, als seien die Roten gekommen.

Revolutionäre Matrosen und ihre Mitläufer waren bis nach Straßburg gelangt. Sie verteilten sich auf die Kasernen und forderten die Truppen auf, zu meutern. Sie erzielten damit rasche Erfolge. Viele Soldaten rissen sich die Achselstücke mit der Regimentsnummer von den Schultern und warfen sie aus den Fenstern. Von Kindern wurden sie eifrig aufgesammelt, auch ich konnte später auf dem Tauschweg etwa ein Dutzend von den Stoffdingern erwerben.

Was wir Kinder aufschnappten, waren noch recht maßvolle Redensarten wie etwa: »Ebert – Noske – Scheidemann, sind der Freiheit Dreigespann.« Andere Leute riefen: »A bas la Prusse ... vive la France ... die Schwowe müsset zum Ländle nüss...« Gelegentlich wurde hinzugefügt: »Und doch wäret mer froh, se bliebet noch do...« Kein Tag, um in die Schule zu gehen. Da klingelte und klopfte es an unsere Tür. Zwei Männer, bekleidet wie Schwerarbeiter, standen davor und hielten Eisenstangen in den Händen. Anna schrie auf, weil sie dachte, die Männer wollten unsere Möbel zerschlagen. Mutter aber merkte gleich, daß sie nichts Böses im Schilde führten. Sie kamen vom Arbeiterrat, der sich am Bahnhof gebildet hatte. Sie waren Streckenarbeiter, hatten aber heute früh den Auftrag erhalten, Wohnung und Familie des Regierungsrates Otto Meissner zu schützen. Sie erhielten zwei Sessel aus dem Salon, saßen aber bald danach bei Kaffee, Bier und hartem Brot in der Küche.

Sie berichteten uns, was sich in der Stadt zugetragen hatte. In Kehl war zwei Stunden nach Mitternacht der telegrafisch angemeldete Sonderzug mit meuternden Matrosen aus Wilhelmshaven eingetroffen, darunter auch viele Elsässer, denn beliebt war gerade bei ihnen der Dienst in der Kaiserlichen Marine gewesen. Nun also kamen die blauen Jungs mit roten Armbinden nach Hause, in Gesellschaft von vielen aus Binnendeutschland stammenden, schwer bewaffneten Revolutionären. Zunächst wollten sie über die Rheinbrücke rollen. Aber der Kommandant des Kehler Bahnhofs wollte sie nicht durchlassen. Als sich ein paar Matrosen auf die Lokomotive schwangen und sich deren Räder in Bewegung setzten, ließ er das Feuer eröffnen. Wenn es auch nur einen Mann traf, so doch ausgerechnet jenen Matrosen, der die Lokomotive übernommen hatte. Ein anderer Lokführer war nicht zu finden. Nachdem es den Meuterern gelungen war, das in Kehl liegende Pionierbataillon in einen roten Rausch zu versetzen, machten sich alle zu Fuß auf den Weg über die Brücke hinüber nach Straßburg. Die Fahne ganz oben auf dem Turm war rot! Die Fahne der Revolution, das wußte jeder.

So verwirrt und verängstigt war meine Mutter, daß sie gleich zur Wiege eilte, das Kind fest an sich drückte und bitterlich weinte. Für mich die Gelegenheit, schnell in Kleider und Schuhe zu schlüpfen, rasch zur Tür hinaus und in den Hof hinunter. Da waren schon andere Kinder aus der Nachbarschaft. Wir mußten sehen und wissen, was los war in der Stadt und liefen über den Brantplatz, wo nach wie vor der Schutzmann die Obrigkeit repräsentierte. Heute sei keine Schule, sagte er. Wir sollten gleich wieder heim.

Doch hatten wir ohnehin mit der Schule nichts im Sinn. Sogar meine Mutter war heute fürs Fortbleiben vom Unterricht.

Wir wollten Näheres wissen und auch der Schambertiss wollte Verschiedenes sagen, aber da rief ihm ein Radfahrer etwas zu. Auch der schien ein Schutzmann zu sein, war aber nicht mehr so angezogen, wie sich das gehörte. Sein Säbel hing vorn an der Lenkstange, die blaue Uniformjacke hatte er ausgezogen und sich den Pickelhelm unter den Arm geklemmt. Was er rief, haben wir nicht verstanden, doch unser Freund schien erschreckt. Gleich nahm der Schambertiss seinen Helm vom Kopf und lief, so schnell ihn seine Beine trugen, in die Apotheke gegenüber, wo seine Frau bediente. Wir wußten nicht, daß der lange, leicht gekrümmte Säbel und der blanke Helm, die sogenannte Pickelhaube, als die verhaßten Symbole der Fremdherrschaft, der preußischen Stiefelherrschaft galten.

Wir eilten in Richtung der Schwarzwaldstraße. Von dort hörten wir singen und sahen eine Menge deutscher Soldaten. Endlose Marschkolonnen bewegten sich in Richtung der Kehler Rheinbrücke. Aber so wie sonst marschierten sie nicht: die meisten mit offenem Kragen, viele ohne ihre Schulterklappen mit der Regimentsnummer. Manche trugen statt des gewohnten Tornisters einen prall gefüllten Rucksack, die Gasmaske sah man gar nicht mehr, und vielen fehlte sogar das Gewehr.

Die Kolonne, in Kompanien gegliedert, hielt aber noch zusammen, und bespannte Fahrzeuge und Gulaschkanonen rollten mit. Offiziere waren dabei, viele ohne Rangabzeichen. Hier und dort eine rote Armbinde, aber oft waren es nur mit Blutflecken durchsetzte Verbände.

Wir liefen neben der Kolonne her und fragten die Männer, wohin es gehe und was eigentlich los sei. Nach Hause gehe es, erst mal über den Rhein, denn auch hier kämen bald die Franzosen. Sie würden jeden deutschen Soldaten gefangennehmen, die geborenen Elsässer ausgenommen. Die müßten jetzt alle Franzosen werden, ja, auch die Kinder, sogar die Säuglinge in der Wiege. Ja, es stimme, der Krieg sei zu Ende, alles umsonst. Der Kaiser habe abgedankt und sei über die Grenze nach Holland geflohen. Dem müsse jetzt keiner mehr gehorchen.

Ein Offizier mischte sich ein, ein schon älterer Mann mit wütendem Gesicht: »Seine Majestät haben allerhöchst geruht, zu desertieren, Fahnenflucht statt Kugel in den Kopf.« Wie durfte er nur solche Worte gebrauchen! Unser Kaiser konnte doch nichts dafür, wenn die ganze Welt sich auf uns gestürzt hatte.

Wir machten kehrt, liefen erst durch die Goethestraße und hinein in den Botanischen Garten. Bald erreichten wir den Universitätsplatz, wo sich gleich linker Hand das Haus der »Germania« befand. Eine Gruppe von Leuten verschiedenen Alters lärmte durch die Gegend und trampelte durch die Gärten. Sie kamen vom Goethe-

Denkmal, wo sie den Dichterfürsten mit roten Schleifen bekränzt hatten. Wir sahen einen Schutzmann im »Germania-Haus« verschwinden, offenbar auf der Flucht vor rabiatem Gesindel.
Da erschien ein älterer, noch vollständig uniformierter Major, der ungerührt am Fischerstaden in Richtung Innenstadt ging. Er trug einen graumelierten Bart, seine Pickelhaube mit feldgrauem Bezug und an der Seite den nur noch selten mitgeführten Offiziersdegen. Die Menge auf ihn mit Gebrüll! Sein Schicksal schien besiegelt. Da jedoch stoppte, obwohl hier keine Haltestelle war, eine Trambahn der Linie 7. Ohne unwürdige Eile stieg der Major ein. Die Meute aber war schon da und wollte ihn hinausziehen. Ein paar Hände zerrten an seinem Mantel. Da zog der alte Soldat seinen Säbel und ließ die Klinge durch die Luft zischen. Gleich ließ der Mob los, und mit scharfem Ruck fuhr die Tram an.
Ich weiß nicht mehr, ob es an diesem Tag war oder einige Tage später, als man Kaiser Wilhelm I. zu Leibe rückte. Gegen 9.30 Uhr jenes Tages dachte ich an die Schule. Als Sextaner wollte man nach Möglichkeit nicht mehr die Schule schwänzen. Sogar eine Revolution ist dafür kein ausreichender Grund. Weshalb mich mein Pflichtgefühl in Richtung Lyzeum führte. Ich wollte gerade die Kalbsgasse überqueren, da war mit einem Mal hallender Donner zu hören. Das klang, als würden gleich mehrere Glocken im Münsterturm geschlagen. Dazu vernahm ich das Gejohle vieler Menschen und grölenden Gesang.
Da war auf dem Kaiserplatz inmitten des Parkes, zwischen dem Landtag einerseits und dem Kaiserpalast andererseits, eine Menschenmenge versammelt. Sie umlagerte das Kaiserdenkmal. Den Kanonendonner verursachten schwere Schmiedhämmer. Damit wurde das Bronzeroß mißhandelt. Bald war ein Pferdebein zertrümmert. Das in seinem Trab gehemmte Roß neigte sich vornüber. Schon wurden starke Stricke und Ketten über das Haupt des Kaisers geworfen. Während sich einige bemühten, das niedersinkende Pferd vom Podest zu reißen, griffen unzählige Arme nach der Kette. Inmitten gewaltigen Lärmes schlugen endlich Roß und Reiter auf den Boden, wo sich die Hammerschwinger im Schweiß ihres Angesichts bemühten, das Kaiserhaupt vom Rumpf zu trennen. Von Jubelrufen begrüßt, rollte Wilhelms Bronzekopf davon.

Es hat viel Mühe gekostet, um das Reiterdenkmal Kaiser Wilhelms I. zu zertrümmern, so geschehen am Tage (22. Nov. 1918) vor dem Einzug der französischen Truppen.

Aber damit war man noch nicht zufrieden. Ein kräftiges Pferd wurde herangeführt. Mit einem Bohrer wurde in den Hals des Opfers ein Loch gebohrt, flinke Hände brachten einen Haken an und daran einen Strick. Das andere Ende wurde an den Schweif des Pferdes gebunden. Dann mußte das Pferd antraben. Hinter sich schleppte es die klirrende, dröhnende Beute, den Kopf Wilhelms I., über Pflastersteine, Trambahnschienen, Gossen und Trottoirs. So ging es über die Illbrücke hinweg, vorbei am Theater bis zum Broglie-Platz. Umgeben war das Roß von lauthals jubelnden, höhnenden Menschen, deren Zahl sich ständig vergrößerte. Vive la France! Es lebe die Revolution! Allons Enfants de la Patrie! Proletarier aller Länder vereinigt euch! A bas la Prusse! Alle sales Boches müsse zum Ländle nüss! Schlagt sie tot, schlagt sie tot! Wen man totschlagen sollte, war nicht klar zu verstehen.
Auf dem Rathaus die Rote Fahne. Ein Volksrat hatte sich dort zum

Herrn über Stadt und Land aufgeschwungen. Man verbrannte Akten und schleppte sie davon, es wurde auch geplündert. In anderen Ämtern jedoch herrschte noch Ordnung und wurde gearbeitet. Dem Vernehmen nach gab es noch Dienststellen mit deutschen Soldaten und Offizieren, an die sich kein Roter herantraute. So recht kannte sich niemand aus. Von den Siegern, den Franzosen fehlte jede Spur.

Ich lief im dichten Gedränge mit, sah den verbeulten Kopf Wilhelms I. am Pferdeschwanz, sah das geschundene Haupt auf und nieder hüpfen, hörte das anschwellende und fallende Geschrei der Leute.

Weiter ging es durch Straßen und Gassen zum Kléber-Platz, wo das Denkmal meines sagenhaften Onkels stand. Eine Leiter wurde an das Denkmal gelehnt. Viele Arme halfen, den geschundenen Kaiserkopf zu heben. Alsdann legte man ihn vor die Füße des Generals der Französischen Revolution. Weshalb gerade mein Onkel das Haupt des vor dreißig Jahren verstorbenen ersten Wilhelm als Ehrengabe erhielt, wie sollte ich das verstehen?

Wir plündern die Kaserne

Nun überraschte mich die Meldung nicht mehr, daß es mit dem Kaiserköpfen noch weiterging. Andere Kinder hatten es gerade erfahren. Am Gebäude der Hauptpost sollte es sein, wo bis gestern noch mein Opa Meissner beschäftigt war. Drei Kaiser gab es dort über dem Hauptportal, alle aus Stein gemeißelt: Wilhelm I., sein Sohn Friedrich, der 1888 nur neunundneunzig Tage regiert hatte, und Wilhelm II.

Dennoch fiel die Entscheidung schwer, dorthin zu eilen, denn wir hörten lautes Geschrei vom Taulerring, einer Nebenstraße unserer Allee, wo außerdem Fenster klirrten und auf dem Trottoir Möbel splitterten. Leute mit hochbeladenen Handkarren und vollgestopften Säcken kamen von dort. Sie hatten geplündert. In der Gailerstraße und der Schwarzwaldstraße sollte auch allerhand los sein. Aber nach kurzer Beratung entschlossen wir uns doch für die Hauptpost. Viele Leute waren dort versammelt: Vive la France! A bas la Prusse! Runter mit den Scheißern, Kopf ab den Kaisern!

Schon hatte man Leitern geholt, aber sie waren zu kurz. Auch Lassowerfern gelang es nicht, den Figuren Schlingen um die Hälse zu schleudern. Kurz entschlossen gab einer Alarm für Großfeuer, damit die ganz langen Leitern kamen.

Ein toller Anblick: jeder Wagen von sechs Pferden gezogen. Die Straßburger Freiwillige Feuerwehr fegte laut klingelnd und mit scheppherndem Getöse um die Ecke, drei Löschzüge hintereinander.

Als aber die Männer sahen, für welchen Zweck man sie alarmiert hatte, bebten sie vor Empörung. Der Brandmeister persönlich, ein Altelsässer, verweigerte den Mißbrauch seiner Leute und der langen Leitern. Tatsächlich rückten die Löschzüge wieder ab.

»Die drei Geköpften«, mit dieser Beschriftung wurden noch lange die Postkarten verkauft, worauf die Reste der »enthaupteten« Kaiser Wilhelm I., Friedrich III. und Wilhelm II. zu sehen sind.

Indessen wurden ein paar Stehleitern herbeigeschafft. Sie reichten zwar nicht ganz, erlaubten es aber den Lassoschwingern, bis auf zwei, drei Meter an die Opfer heranzukommen. So trug denn bald jeder Kaiser seine Schlinge um den Hals. Der war aus Sandstein und leistete den Henkersknechten nicht den gleichen Widerstand wie der aus Bronze gegossene Wilhelm I. Als erster kam der zweite Wilhelm dran. Auf der Granitplatte des Trottoirs zerbarst sein Haupt in viele Stücke. Es folgte sein Großvater, gleich danach Friedrich III. Die enthaupteten Körper ließ man stehen.
Dann ging's ans Plündern. Kaum daß der folgende Morgen anbrach, noch bevor meine Mutter mich am Verlassen des Hauses hindern konnte, war ich schon drunten. Wie von selbst ergab es sich im Hof, daß noch ein paar Buben und Mädchen aus der Nachbarschaft hinzukamen. Einer brachte seinen Leiterwagen mit, und auch ich holte meinen aus dem Keller. Ein Mädchen entsann

sich des Kinderwagens ihrer kleinen Schwester und nahm ihn mit, obwohl ein Rad eierte.

Auf ging's zur Pionierkaserne in der Schwarzwaldstraße, die von den Deutschen verlassen war und deren Vorräte niemand mehr bewachte. So etwas liegt in der Luft, es teilt sich gewissermaßen von selbst mit. Andere Leute hatten das gleiche vor, erwachsene Männer und Frauen, die mit Handkoffern, Rucksäcken und Schubkarren dem gleichen Ziel zustrebten! Die Tore und Türen der weitläufigen Anlage standen offen, keine Wache, kein Soldat weit und breit.

Weil sich zufällig im ersten Raum ein Stapel von Gasmasken befand, verstauten wir davon ein Dutzend im Kinderwagen. Dann griff ich zu feldgrauen Taschenlampen und zu den Batterien. Woanders lagen bis unter die Decke kiloschwere Säcke aus weißem Leinen, gefüllt mit weißem, im Licht glänzenden Pulver. Die Mädchen hielten das Zeug für Mehl und meinten, unsere Mütter würden sich sehr darüber freuen. So packten wir einen Vorrat davon auf meinen Wagen. Einer fand neue, noch mit Fett bestrichene Armeepistolen und legte sie auf das Wägelchen, ein paar Gurte Munition hing er sich um den Hals. Die Mädchen hielten sich lieber an die karierten Bettbezüge. So viel sie konnten, schleppten sie herbei. Zu schwer für uns waren riesige, mit Maschendraht umwickelte Rollen vom blauen, grünen und feldgrauen Uniformstoff, aber einen halbmeterhohen Stapel verluden wir auf einen Leiterwagen. Mit vielen Paketen voll weißer Wachskerzen deckten sich andere ein. Ich fand Kisten mit Werkzeug, darunter ein paar Spaten zum Ausheben von Schützengräben, Handgranaten in Lederbeuteln und ein funkelnagelneues Feldtelefon.

Wir schafften, bis unsere Fahrzeuge überladen waren. Dann setzten wir uns in Richtung Rupprechtsauer Allee in Bewegung. Noch bevor wir die Straße erreichten, sahen wir ein paar unvergeßliche Bilder. Denn es waren inzwischen brave Bauersleute aus der Straßburger Umgebung gekommen, die meisten mit pferdebespannten Fuhrwerken. Sie konnten natürlich mehr wegschleppen als wir mit Leiterwagen und Kinderwägelchen. Frauen, Mädchen und halbe Kinder waren bei weitem in der Überzahl, denn die

Männer befanden sich zum größten Teil noch an der sich auflösenden Front. Ein dralles Weib mit herabhängendem Haar füllte ihren sonst für den Rübentransport verwendeten Wagen mit schlichten Feldflaschen. Ein fesches Mädchen hob große Pakete mit Feldstechern und Zielfernrohren auf ihr Ochsengespann. Andere trugen Kisten mit Blechgeschirr aus der Kaserne, wieder andere Feldbetten, Tragbahren, medizinische Geräte. Kisten, Kästen, graue Säcke und große Weidenkörbe schleppte man zu den Pferdefuhrwerken. Nachdem wir Kinder unseren Raub in verschiedenen Räumen des Kellers versteckt hatten, wollte ich meiner Mutter berichten. Doch da pflanzte sich Germaine vor uns auf, mit freudestrahlenden Augen und in triumphierender Haltung. Jawohl, ihr Vater war da, der uns kaum noch bekannte Monsieur Gauer. Den ganzen Krieg hindurch war er drüben gewesen, hatte als Franzose mit den Franzosen gegen die Deutschen gekämpft, für die Heimkehr unseres Landes Elsaß-Lothringen in die République Française. Aber dennoch und trotzdem, als freier Mann am Tage seines Sieges gab er jedem von uns die Hand, strich über unsere Köpfe und sagte, bald werde alles wieder gut sein. Die Freunde seiner Tochter Germaine wären auch seine Freunde. Dann holte die Germaine für jeden von uns ein Stück Streuselkuchen.

Gefährliche Spiele

Zu lange blieben wir nicht so nah der elterlichen Wohnung und mütterlichen Aufsicht. In der Kaserne, wo die Pioniere gewohnt hatten, war noch viel zu holen. Was wir zu fassen bekamen in dem großen Durcheinander, waren vor allem Infanteriegewehre, Stahlhelme, Schaftstiefel und jede Menge von Brotbeuteln, die wir mit vielen, vielen Patronen füllten. Unsere Wagen waren danach noch schwerer zu schieben als beim ersten Mal. Aber es mußte sein, wir konnten ja nicht anderen Leuten unser Raubgut überlassen. Als wir schon bei der Adler-Apotheke am Brantplatz waren, wurde uns Halt geboten. Großvater Meissner hielt uns auf. Eine Weile überlegte der Opa und schien unser Verhalten von verschiedenen Seiten zu betrachten. »Du kannst doch lesen, Junge, du hast doch das Plakat vom Bürgermeister gelesen? Da steht Schwarz auf Weiß, daß die Eltern verantwortlich sind für das Verhalten ihrer Kinder. Und da schämst du dich nicht, wenn deine arme Mutter hinter Schloß und Riegel kommt, weil du, weil ihr alle beim Rauben und Stehlen mitmacht!«
Wir versicherten dem Großvater, daß so schlimme Folgen undenkbar seien, außerdem sei ja kein Schutzmann mehr vorhanden. Daraufhin entschloß sich der alte Mann, die Sache von anderer Seite zu sehen. »Also, ich helfe euch ziehen, bis zur Ill-Brücke komme ich mit. Dort machen wir Schluß mit dem Unfug!«
So ging es dann zu besagter Brücke, wo der Opa die Deichsel meines Leiterwagens losließ. Ohne weitere Worte packten seine Arme die schwerste Blechkiste und warfen sie mit Schwung die Ill hinunter. Sein Blick enthielt den Befehl, das gleiche zu tun. Wir konnten nicht anders, packten zu und schoben unsere Beute aufs Brückengeländer. Wirklich schade um die schönen Sachen! Aber

immerhin gab es jedesmal einen tollen Platscher, außerdem brummte Großvater zufrieden. Hatten wir doch deutsches Heeresgut dem feindlichen Zugriff entzogen.

Wir könnten uns noch weiter verdient machen, schlug Großvater vor, indem wir die Wappenschilder der studentischen Verbindungen abschraubten und gut versteckten. Als erstes dachte ich selbstverständlich an das Wappen der Burschenschaft »Germania«, und so liefen wir dorthin. Die Tür war geschlossen, aber zwei Fenster standen offen. Robert fand gleich den Werkzeugkasten unter der Stiege zum Hochparterre. Mit Zange, Schraubschlüssel und Stemmeisen liefen wir hinauf zum Balkon. Obwohl einer den anderen bei der Arbeit störte, hatten wir bald die Schrauben gelockert und zogen mit dem geretteten Schild ab. Zwei Korpsschilder an Häusern in der gleichen Straße ließen wir auch noch mitgehen. Andere mußten wir der Schändung überlassen. Ihre Schrauben waren verrostet oder wir kamen nicht ins Haus. Keines davon hat den nächsten Tag überlebt.

Sodann war es unsere Aufgabe, die geretteten Schilder so gut zu verbergen, daß sie eines Tages die Burschenschaften und Korps unbeschädigt wiederfanden. Weil ein Mädchen meinte, der Dachboden sei dafür am besten geeignet, schafften wir die Schilder hinauf. Wir entdeckten eine Bodenkammer ohne Gerümpel, wo sich im Fußboden lose Bretter befanden. Wir hoben sie ab und schoben die Schilder unter den festgefügten Boden. Dort liegen sie vielleicht heute noch.

Von verschiedenen Tanten, die uns alle Tage besuchten, war viel zu erfahren. Sie kamen herum in der Stadt, mischten sich unter die Leute und hatten überall gute Bekannte. Im Justizpalast regierten die Roten, sie hatten auch die Rote Fahne aus dem Fenster gehängt. Im Rathaus saßen die Republikaner, und zwei Bürgermeister gab es, von denen man nicht wußte, wer der richtige sei. Vom Balkon der Aubette am Kléber-Platz und von seinem Denkmal wurden wüste Reden gehalten. Im Statthalterpalais saß noch immer der altelsässische, aber noch vom Kaiser bestimmte Statthalter oder vielleicht auch eine elsaß-lothringische Regierung. Wer auf welche Obrigkeit hörte, war nicht zu erkennen. In der Stadtkommandantur herrsche noch Ordnung, sagten die Tanten. Da säßen noch deutsche Offiziere am Schreibtisch, und Wachen mit Stahlhelmen ständen vor der Tür. Außerdem gebe es noch das Generalkommando in der Schwarzwaldstraße und auf dem Polygon die Flieger mit all ihren Gehilfen.

Es gab Soldatenräte, die in gestohlenen Autos mit roter Fahne rücksichtslos durch die Straßen sausten und alle Leute durch Schüsse in die Luft erschreckten. Andere gab es, die sich ganz manierlich benahmen. Manchmal gehörten sogar adlige Offiziere zum Soldatenrat, der vor allem dafür sorgte, daß seine Leute genug zu essen hatten. Von den Arbeiterräten, besonders von den Rüstungsarbeitern und -arbeiterinnen, war nichts zu befürchten. Sie befürchteten ihrerseits den Verlust ihrer Rente und der sozialen Sicherheit, die ihnen das Deutsche Reich garantiert hatte. So was gab es bei den Franzosen nicht.

Bei den Banken waren alle Guthaben der Altdeutschen gesperrt, über ihr Eigentum durften sie nicht verfügen, sie sollten das Land verlassen. Aber nähere Bestimmungen fehlten, und es war niemand da, um dies oder jenes zu erzwingen. Hinten herum, durch gute Beziehungen, war so gut wie alles zu machen. Verhaftungen hatte man vorgenommen, ohne daß ein System zu erkennen war. Wie stets, wenn die öffentliche Ordnung zusammenbricht, bildeten sich Banden, wurden Leute überfallen, und eingebrochen wurde am hellen Tag. In manchen Straßen formierten sich deshalb Bürgerwehren. Sie waren mit Knotenstöcken, Gartenschaufeln, Eisenstangen und anderem Schlagwerkzeug bewaffnet. Auch Opa Meissner, seinen Freund, den Maler Anton Daubner, sowie noch ein paar ältere, würdige Herren konnte ich bei ihren Rundgängen um den Contades bestaunen.

In unserem Keller lag noch die Ausbeute des ersten Raubzuges. Irgend etwas mußten wir damit anfangen. So klopften wir Patronen auf, schütteten das Pulver auf den Boden und steckten es an. Das knallte zwar nicht, aber es gab eine lautzischende, bläulich emporschlagende Flamme. Weil einer wußte, wie man Handgranaten abzieht, liefen wir mit einem Dutzend Stielgranaten ans Ill-Ufer hinter der Orangerie. Am Ring ziehen, zweimal herumwirbeln und möglichst weit werfen. Erreichten wir den Fluß und sank die Granate, explodierte das Ding auch unter Wasser. Der Knall war

nur dumpf, aber das Wasser schäumte meterhoch. Beim übernächsten Mal krepierte die Granate in der Luft, weil wir erst bis drei zählten. Ohrenbetäubend war die Detonation und groß das Aufsehen in der Nachbarschaft. Während sich alle Fenster öffneten, gaben wir uns den Anschein, selbst erschreckt zu sein, und fragten, was denn hier los sei.
Doch damit war unser Tatendrang noch nicht erschöpft. Weil es keine Schule gab und die mütterliche Aufsicht fehlte, befaßten wir uns mit dem Inhalt der weißen Beutel. Mehl war das nicht. Die Männer der Eisenbahn, die zu unseren besten Freunden geworden waren, erkannten den hellglitzernden Staub als Leuchtpulver. Damit war natürlich einiges zu machen, und das wollten wir auch. Explosive Wirkung hatte das Leuchtpulver nicht, hatten uns die Eisenbahner versichert. Aber auf keinen Fall dürfe man nahe herangehen. Am besten war es nach meiner Ansicht, wenn wir ganz unauffällig zu Werke gingen. Weshalb wir für unser Vorhaben den Kinderwagen der Inge Sonnemann benützten. Er wurde ohnehin nicht mehr gebraucht, und ein Loch in den Boden zu bohren, war einfach. Ein ziemlich großer Trichter aus dem Haushalt wurde in das Loch gesteckt, sodann der obere Teil mit Leuchtpulver gefüllt und ein Korken ins Loch gesteckt, den man, wenn es soweit war, mit Leichtigkeit herausziehen konnte.
So begaben wir uns, listig lächelnd, aber harmlos wirkend, auf den Mittelweg der Rupprechtsauer Allee zum Eingang der Orangerie. Es war soweit. Den Korken unten im Trichter konnte ich nun entfernen. Kaum begann in fingerdünnem Strahl das Pulver auf den Boden zu rieseln, schoben wir den Kinderwagen ein Stück weiter, immer entlang der von hohen Bäumen beschatteten Promenade zwischen den beiden Fahrbahnen unserer Straße. Bis ganz zum Brantplatz reichte der Vorrat nicht, kurz vorher war es damit zu Ende.
Weil wir Jungen sehr vernünftig waren, brachten wir zuerst die Mädchen auf's Trottoir. Dann erst entzündete jeder von uns ein Streichholz und hielt es mit ausgestrecktem Arm an die Pulverspur. Was dann geschah ... eine Stichflamme hinauf bis in die Baumwipfel und ein Gezische, wie es nur aus dem Schlund von Drachen steigen kann. Wer in der Nähe war, konnte wirklich glauben, das

Ende der Welt sei angebrochen. Die grelle, blendendhelle Stichflamme eilte mit der Geschwindigkeit eines Blitzes durch die Allee bis zum Eingang der Orangerie. Kaum zehn Sekunden dauerte das hinreißende Schauspiel, aber alle in der Nähe wohnenden Menschen und die Leute auf der Straße wurden von Entsetzen hingerissen. So schnell, wie sie gekommen war, fiel die Feuerwelle in sich zusammen. Niemand und nichts wurde beschädigt.

Nun weht die Fahne blau-weiß-rot

Manche Leute meinten, die Franzosen ließen Straßburg bewußt im eigenen Saft kochen, und warteten deshalb mit dem Einmarsch. Doch gab es dafür gute Gründe. Im Waffenstillstand war, was das Reichsland betraf, eine Räumungsfrist von zehn Tagen vorgesehen, es sollten an allen Fronten und in allen besetzten Gebieten die deutschen Truppen Gelegenheit erhalten, zu verschwinden.

Dann endlich, endlich war es soweit. Morgen, so hieß es, kommen die Franzosen. Ein Vorkommando, Kraftfahrer, Lastautos und einige Tanks erschienen schon in der Nacht vom 20. auf den 21. November. Roten Wein und weißes Brot brachten sie mit und verteilten es an Leute. Das löste große Freude aus, nicht allein bei denen, die etwas bekamen, sondern auch bei allen, die davon hörten. Weißes Brot – kaum einer wußte noch, wie es aussah und schmeckte.

Erst kamen sie nicht in Marschkolonnen, nicht mit Fanfaren und Fahnen, sondern in kleinen Verbänden mit Kradschützen und motorisierten Fahrzeugen voraus. Sie konnten ja nicht wissen, ob es irgendwo Wahnsinnige oder Verzweifelte gab, die sich einer siegreichen Armee widersetzen wollten. Immerhin wehte ja die rote Fahne in der Stadt, radikale Gruppen hatten die bolschewistische Weltrevolution ausgerufen und andere die sozialistische Republik Elsaß-Lothringen. Nun aber zeigte sich, daß so gut wie nichts dahinter stand. Weitaus die meisten Straßburger begrüßten den Einzug der Franzosen mit lautem Jubel, und wer sich nicht zu Jubel und Fahnenschwenken hinreißen ließ wie die Binnendeutschen, fühlte sich zumindest erleichtert. Von den Franzosen war weder Chaos noch Anarchie zu befürchten. Es gab wieder eine Ordnungsmacht!

Der triumphale Einzug sollte erst später folgen, wie in der Presse zu lesen war. Allenthalben hingen Plakate zur Begrüßung der Befreier vom teutonischen Joch, umrandet von den Farben der Trikolore, die meisten in französischer Sprache, andere in Elsässerdütsch, in der Steckelburger Mundart. Deutsch war nicht mehr vertreten. Die Besiegten konnte man, sollte man vergessen. Mit allen Zeichen der Freude, so hieß es auf Elsässerdütsch, solle man die Erlöser vom fremden Joch begrüßen und die Mädchen »hübsch Strümpli anziehe«.

Es kamen in jenen ersten Stunden nicht nur Franzosen, es kamen auch Engländer, vor allem Offiziere in offenen Autos. Bei den Franzosen sah man viele schwarze Soldaten, Marokkaner und Senegalesen, außerdem junge Männer mit mongolischen Gesichtern, Annamiten, Kongolesen und sogar Südsee-Insulaner aus Tahiti. So ein großes, weltumspannendes Kolonialreich, wie es damals noch den Franzosen gehörte, hatte viel zu bieten. Wie vom Winde verweht, verschwanden die Roten. Ihre Fahnen hatten sie bereits eingeholt, bevor die ersten Franzosen erschienen.

Was uns Kinder in der Rupprechtsauer Allee betraf, so hatten wir große Angst, französische Agenten könnten unsere militärischen Vorräte entdecken. Auf das Plündern von Kriegsgerät, so hatte ein Freund gehört, stand die Todesstrafe. Deshalb trugen wir nachts alle unsere Schätze mit schlotternden Knien zur Ill-Brücke. Ein Seufzer der Erleichterung quittierte den letzten Platscher.

Meine Mutter und ihre Freundinnen befanden sich in heller Aufregung, weil schon kurz nach Ankunft der Sieger ein wahres Gewitter neuer Verordnungen auf die Straßburger Bürger niederging. Wir hatten nun eine französische Militärregierung, die, wie Opa Meissner sagte, bei weitem strenger sei als das relativ milde deutsche Regime. Im Palais des deutschen Reichsstatthalters residierte ein französischer General, der nicht den geringsten Widerspruch duldete. Anschläge in französischer und deutscher Sprache, die überall zu sehen waren, drohten mit sofortiger Verhaftung, mit vielen Jahren Zuchthaus oder dem Tode für ganz verschiedene Missetaten. Wer jedoch die Liste von Anfang bis Ende durchgelesen hatte, der meinte, ganz so schlimm sei es nicht.

Dementsprechend groß war unser Respekt vor der französischen

RÉPUBLIQUE FRANÇAISE

VILLE DE STRASBOURG

Concitoyens !

Le président du Conseil des Ministres, **M. Georges CLÉMENCEAU** arrivera à Strasbourg **Mardi** matin et séjournera parmi nous jusque mercredi soir. Il sera accompagné de la plupart des ministres. Voici le programme de ces deux journées, qui feront époque dans notre histoire.

MARDI, 4 NOVEMBRE, à 9 heures précises. Réception à la gare par les autorités civiles et militaires, ainsi que par une délégation d'Alsaciennes qui remettront des fleurs à nos hôtes.

A 3 heures. Discours de M. Clemenceau au Palais des Fêtes. Entrée réservée aux hommes munis de cartes d'invitation.

A 7 heures du soir. Lunch offert par la municipalité aux autorités, dans les salons de l'Hôtel-de-Ville.

A 8 heures du soir. Grande Retraite aux flambeaux, formée par les musiques des Sociétés et celle de la garnison. La retraite partira de la place Kleber pour se rendre au Broglie par la rue de la Mesange. Devant l'Hotel-de-Ville, exécution de la **Marseillaise.**

MERCREDI, 5 NOVEMBRE, à 11½ heures. Réception des Alsaciennes de Strasbourg par M. Clemenceau et les ministres dans les salons du Palais du Commissaire Général de la République, rue Brulée, 17. Toutes les jeunes filles y sont conviées en costume national.

A 11½ heures, présentation des Eclaireurs. Boys Scouts. Le soir, départ pour Paris.

Concitoyens !

Nous acclamerons le vénérable homme d'état qui dirige les destinées de la patrie d'une main ferme, du patriote qui défend les intérets de la France avec une opiniatreté inlassable. Nous acclamerons aussi en lui le dernier survivant des vaillants députés français qui, en 1871, ont refusé de signer la cession de l'Alsace-Lorraine à l'Allemagne, de Celui qui, toute sa vie durant, a travaillé au triomphe de l'immanente justice prédite par Gambetta.

Nous acclamerons le grand Français qui a imposé le commandement militaire français aux armées alliées, Celui dont la foi a sauvé la Patrie et que le peuple a surnommé avec raison le **Père la Victoire.**

Nous lui prouverons que les idées absurdes de neutralisme ou d'autonomie qui germent dans les cerveaux mal équilibrés de quelques énergumènes sont repoussées avec dédain par tous ceux qui ont l'âme alsacienne, et nous acclamerons avec Clemenceau notre union indissoluble avec la mère-patrie si longtemps pleurée, enfin retrouvée.

Pavoisez vos façades, concitoyens! sortez les drapeaux et qu'un seul cri nous unisse à jamais.

VIVE LA FRANCE !

Concitoyens !

Der Herr CLÉMENCEAU kummt ! Alli Fæhne mien erüs, um dene Mann ze begriesse, der vor 48 Jòhr verweigert het sine Name ze-n-unterschriewe unter de schmæhlige Kuntrakt der s'Elsass von Frankreich losgerisse het. ER het 48 Jòhr lang immer de Gedanke hoch g'halte dass s'Elsass widder franzœsch muess ware. ER het de Marechal Foch an d'Spitz von d'r Heerfüehrung gebròcht. ER het de Sieg versproch un het sin Verspreche g'halte! DEM Mann han mer ze verdanke dass der franzœsch Fahne uf'm Muensterzipfel weht, un dass MIR Herre sin in unserem Ländel.

Am Diensta morje um 9 Ùhr erwarte mer ne am Bahnhof. Am Diensta owe, um 8 Ùhr, grossi RETRAITE. Uf'm Breujel, vor d'r Mairie, singe mer d'MARSEILLAISE, un jeds Wort soll e neier Bewies dervor bringe, dass mer vun dene verkappte Schwòwe, wo sich Neutraliste nenne, nix wisse welle un vun ganzem Herze unserm Muederland trèi bliewe.

Am Mittwuch um 11½ Ùhr vormida sin alli unseri Elsaessere (**die mit de baumwollene ewwe so güet wie die mit de sidene Strüempfle**) ingelade ins Palais ze kumme zuem Herr Clémenceau, Brandgass N 17. Un 's Herz muess dem Mann lache, wenn er alli die nette Mamselle um sich her flattere si eht, wo er so oft dervon getraimt hett!

Pour le comité de réception
FRITZ KIEFFER

Alle Straßburger werden zur Teilnahme an der Siegesfeier eingeladen, »die meidlie mit de baumwollene ewwe so guet wie die mit de sidene Strümpfli«.

Polizei, die neuerdings durch unsere Straßen patrouillierte, Brükken bewachte und Verdächtige nach ihren Ausweisen fragte. Um den Flic auf unserem Brant-Platz machten wir zuerst weite Bögen. Da rief der uns an: »He, Hanneli, Freda, Ingelein, wie geht's euch denn?«

Unsere Namen kannte er, die Straßburger Mundart beherrschte er, seine Stimme klang wie die vom guten Schambertiss.

Wirklich war er's, der Schambertiss, wir konnten es gar nicht glauben. Da stand er auf dem gleichen Platz und tat dasselbe wie schon immer. Nur von der blauen Uniform mit der Pickelhaube und dem Säbel hatte man ihn befreit und ihn statt dessen mit der Flic-Uniform ausgestattet. Schambertiss war ja ein alter Wackes, und niemand verlangte von ihm einen Berufswechsel. Was er am Leibe trug, war nur äußerlich. Er lachte, drückte unsere Hände, strich uns über die Haare und meinte, er wolle uns auch in Zukunft gut beschützen.

Die Eisenbahner mit ihren furchteinflößenden Brechstangen hatten sich verabschiedet, von meiner Mutter mit zwei Silbervasen beschenkt.

Wie erhofft, war mit den Franzosen die Ordnung gekommen. Wie es aber weitergehen sollte, wußten wir nicht. Meine Mutter hatte Angst, daß wir Vaters Gehalt nicht mehr bekämen. Bisher hatte es allmonatlich die Kaiserliche Eisenbahn auf unser Konto bei der Deutschen Bank überwiesen. Reichsdeutsch war gar nichts mehr und Schluß war mit jeder Kaiserlichen Behörde. Von unserer Bank wußte man nur, daß sie unter Kontrolle der französischen Militärregierung stand. Wenn Mutter kein Geld mehr bekam, auch nichts vom Ersparten abheben durfte, was sollte aus uns werden? Da konnten wir ja nicht die Anna bezahlen, erst recht nicht das Kindermädchen Gerda.

Meinen Großeltern Meissner und den Hagenauer Großeltern ging es genauso. Sie mußten mit Ausweisung rechnen. Beide Großväter waren geborene Binnendeutsche, Boches, Opa Meissner sogar waschechter Preuße, Opa Roos Rheinländer, was wohl milder beurteilt würde. Vielleicht half es ihnen, daß sie mit elsässischen Frauen verheiratet waren.

Keine Nachricht von Vater, schon seit sieben Wochen nicht mehr.

Dazu ein Baby im Haus, das gerade sein erstes Jahr hinter sich hatte. Die Anna mußte bezahlt werden, Gerda mußte bezahlt werden, alle mußten bezahlt werden und alle wollten essen.
Als erster besuchte uns, trotz seiner siebzig Jahre den Aufstieg in den vierten Stock nicht scheuend, unser Nachbar, der Franzosenfreund Fritz Kiefer. Er brachte meiner Mutter einen Blumenstrauß und sicherte ihr seine Hilfe zu. Absolut nichts habe sie zu befürchten, meinte er, ganz im Gegenteil erwarte man die Heimkehr meines Vaters mit Ungeduld. Als geborener Elsässer und Nachkomme des General Kléber behalte er selbstverständlich sein Amt bei der Eisenbahndirektion. Man wisse, daß er sich den Elsässern gegenüber immer höchst anständig benommen habe. Auf keinen Fall werde man ihn ausweisen. Auch für Mutters Vater wollte sich Kiefer notfalls einsetzen. Aber der war noch im Dienst, im deutschen Staatsdienst, und deshalb brauchte er nur die Versetzung auf eine Post in Binnendeutschland. So war er für den Rest seines Lebens versorgt. Sicher könne er mit all seinen Sachen auf normale Weise umziehen. Beruhigende Nachrichten also, meine Mutter durfte aufatmen. Nur von Vater wußten wir nichts, vorläufig war er verschollen.

Einzug der Franzosen

Mutter konnte es nicht fassen. Sie las die Einladung zum zweiten und zum dritten Mal, besah die Rückseite und schaute auf den Absender, vermochte aber noch immer nicht zu begreifen, was das sollte. Es konnte jedoch kein Zweifel daran bestehen, daß die Karte an uns gerichtet war, an Mutter und Vater. Beide waren namentlich genannt. Es ging um den offiziellen, mit großem Klimbim aufgezogenen Einmarsch der französischen Truppen, um den Triumphzug des Siegers, die Besitzergreifung von Stadt und Land. Zwei Plätze waren für meinen verschollenen Vater und für Mutter reserviert, auf einem Balkon am Broglie-Platz. Um welches Gebäude es sich handelte, war gleichfalls vermerkt, nämlich um die Hauptverwaltung der bisherigen Reichsbank. Die Inschrift droben am Giebel auszumeißeln und durch »Banque de France« zu ersetzen, hatte man noch nicht die Zeit gefunden. Schon vor 1871 hatte das schöne, während des 18. Jahrhunderts von den Franzosen erbaute Palais dem gleichen Zweck gedient, sodann war die Reichsbank eingezogen, nun war wieder die »Banque de France« an der Reihe. Es konnte sich nur um ein Versehen handeln. Mein Vater war deutscher Beamter, deutscher Offizier und seit kurzem diplomatischer Vertreter des Deutschen Reiches in der Ukraine. Mutter sprach mit Kollegen Vaters, beriet sich mit ihren Freundinnen und fragte auch unseren Nachbarn. Fritz Kiefer, der einflußreiche Franzosenfreund, glaubte nicht an ein Versehen, die Einladung entsprach den eben erlassenen, für offizielle Einladungen geltenden Richtlinien. Selbstverständlich stand Vater auf der Liste, war er doch nach wie vor Regierungsrat bei der Eisenbahndirektion. Wenn sie nicht mehr deutsch und kaiserlich war, deshalb hatte man nicht das Personal gewechselt, mit Ausnahme der Binnendeut-

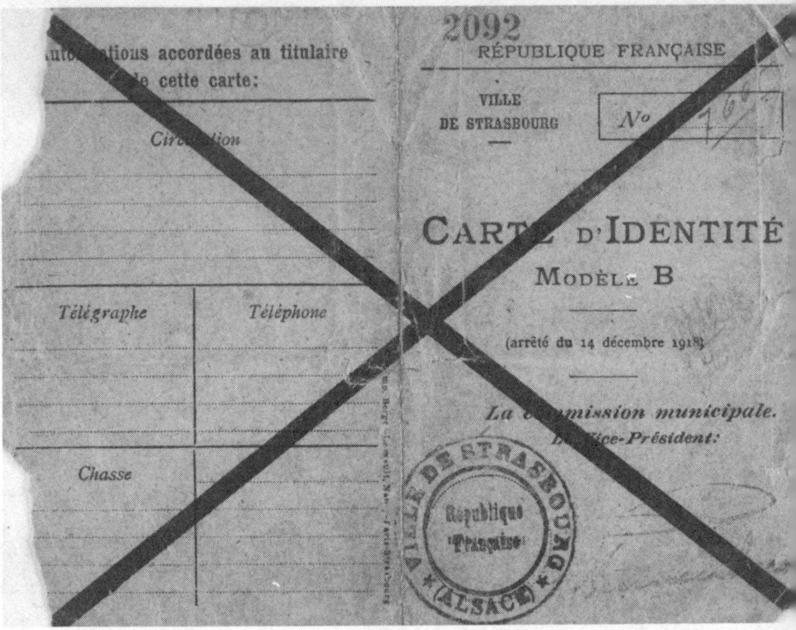

...ions accordées au titulaire
...e cette carte:

Télégraphe | Téléphone

Chasse

2092

RÉPUBLIQUE FRANÇAISE

VILLE
DE STRASBOURG

No

CART... D'IDENTITÉ

MODÈLE B

(arrêté du 14 décembre 1918)

La ...mission municipale.
...ice-Président:

VILLE DE STRASBOURG (ALSACE)
République Française

Die neue Ordnung. Einteilung der Bürger in vier Klassen, gemäß ihrer Abstammung.

schen. Mutter solle hingehen, mahnte unser Nachbar, wenn sie nicht erscheine, mache das einen schlechten Eindruck und könne der Karriere meines Vaters schaden.

Keine Frage war, daß ich Vater vertreten durfte. Mindestens eine Stunde zuvor machten wir uns auf den Weg. Alle Häuser waren beflaggt, ob es die Bewohner wollten oder nicht. Riesige Mengen von blau-weiß-roten Fahnen hatte man aus Paris herangeschafft, oder die Straßburger hatten die Fahnen zusammengenäht. Manche blau-weiß-roten Bänder reichten am Münster bis hinunter zur berühmten Rosette. Fensterbalkone und auch die Platanen auf dem Platz waren mit Girlanden behängt, Triumphtore hatte man errichtet. Mit Blumen und Girlanden geschmückt war auch das Statthalterpalais, die Militärkommandantur, das Offizierskasino, erst recht

Von einem zum anderen Tag sind wir Franzosen geworden.

das Rathaus, und selbst Vater Rhein hatte man inmitten seines Wasserbeckens festlich aufgeputzt.

Die Menge stand Kopf an Kopf, alle schienen frohgestimmt. Alle, so meine ich, genossen den Frieden. Man brauchte deshalb nicht Franzosenkopp zu sein, Hauptsache, es herrschte wieder Ordnung, und Blau-weiß-rot war auf jeden Fall besser als Rot alleine. Literflaschen mit französischem Wein gingen von Hand zu Hand, Weißbrot und sogar Apfelsinen wurden verteilt.

Schließlich gelangten wir auf unseren Balkon, wo uns Kollegen und Vorgesetzte meines Vaters begrüßten.

Mein zehnter Geburtstag stand bevor, und ich war ein Bub, der sich an Schauspielen berauschen konnte. Und hier gab es ein Schauspiel, wie man es im Verlauf eines langen Daseins auf Erden nur selten erlebt. Der Marschtritt von vielen tausend Männern, die geschlossenen Kolonnen der einziehenden Regimenter, die schmetternde Militärmusik mit Pauken, Trompeten und Trommeln, und gerade die französischen Märsche sind von hinreißendem Schmiß. Wissen konnten wir nicht, daß man nicht die abgekämpften Frontsoldaten aufmarschieren ließ. Die befanden sich zur Erholung irgendwo in der Etappe. Aber sie eigentlich waren es, denen der Jubel galt. Stattdessen zogen ausgeruhte Truppen in frischgereinigten Monturen an den Menschenmassen vorüber.

Nach dem offiziellen Einzug der Sieger, und nachdem ein französischer Staatssekretär die Verwaltung des Reichslandes übernommen hatte, tauchten aus dem Exil jene Leute wieder auf, die man sich bald angewöhnte, *Revenants* zu nennen. Ein Wort von doppelter Bedeutung, das einerseits Heimkehrer oder Wiederkehrer meint, andererseits Geister von Abgeschiedenen. In diesem Fall waren es Altelsässer, die entweder schon nach dem Siebziger Krieg aus Abneigung gegen die Deutschen ihre Heimat verlassen hatten, oder irgendwann während der Reichslandzeit, die meisten erst kurz vor dem Krieg und sogar erst nach Kriegsbeginn.

Kurz darauf formierte sich aus diesen Revenants ein Komitee besonderer Art. Es bestand auf der Vertreibung und Enteignung der Altdeutschen, nun allgemein »salesboches«, etwas freundlicher auch Schwowe oder Schweinsohren genannt. Wir alle wurden in vier Kategorien eingeteilt, je nachdem, wo unsere Großeltern, die Eltern und wir selbst geboren waren.

Hier nun, zum besseren Verständnis, die Gruppen:

Kennkarte A mit zwei blau-weiß-roten Querstreifen: Sie galt für Landeskinder, deren vier Großeltern in Frankreich oder im Elsaß geboren waren,

Kennkarte B mit zwei roten Querstreifen galt für alle, von denen ein Elternteil oder zwei Großeltern nicht in Elsaß-Lothringen das Licht der Welt erblickt hatten,

Kennkarte C mit zwei blauen Querstreifen erhielten Bewohner, von denen ein mütterlicher oder ein väterlicher Vorfahre aus einem damals mit Frankreich verbündeten oder neutral gebliebenen Lande stammten.

Kennkarte D ohne Querstreifen war das Verdammungsurteil für Landesbewohner, deren Vorfahren oder die vielleicht gar selbst aus Deutschland stammten oder aus Ländern, die während des Krieges mit Deutschland verbündet gewesen waren.
So begann nun im bisherigen Reichsland die fieberhafte Suche nach altelsässischen Vorfahren. Wer nicht so ohne weiteres seine »richtige Abstammung« nachweisen konnte, reiste im Land herum, studierte die Kirchenbücher, befragte ferne Verwandte und tat alles, um vier einwandreie Großeltern oder acht Urgroßeltern vorweisen zu können. Die Folgen der Bestimmungen waren erschreckend, jedenfalls für die Kategorie D. Sie verfiel der Austreibung, der Enteignung, der Entrechtung. Ihre Konten wurden gesperrt, Grund- und Hausbesitz und alles Mobiliar konfisziert. Für den Umtausch jener relativ geringen Geldsummen, dic man den Vcrtriebenen ließ, galt bei der Umwechslung in französische Franken ein Kurs, der sehr viel niedriger lag als der normale. Die Unglücklichen durften nur dreißig Kilogramm persönliches Gepäck mitnehmen, und die sollten sie eigenhändig bis zur Rheinbrücke und hinüber schleppen. Eine Anordnung, die auch für Mütter mit kleinen Kindern und alte Leute zutraf. Die Denunziation blühte. Persönliche Differenzen führten zur Verjagung und Beraubung. Man konnte auf solche Weise den Konkurrenten, den Gläubiger oder den mißliebigen Nachbarn auf Nimmerwiedersehen in die Ferne schicken.
Den Inhabern der B-Karte ging es besser. Ihr Besitz wurde nur teilweise, in vielen Fällen nur zeitweise konfisziert. Sie konnten mehr oder minder nach eigenem Ermessen ausreisen und auch ihren Haushalt mitnehmen. Darüber durfte mehr als ein Jahr vergehen.
Die Revenants jedoch gaben keine Ruhe. Sie stellten die Listen auf, bestimmten in den Kommissionen und enteigneten die Familien nach Richtlinien, die sie selber erließen. Die französische Militärverwaltung war im allgemeinen nicht daran beteiligt. Sie ließ jedoch die Revenants gewähren.
Auf der Straße, in Cafés und Restaurants wagte man nicht mehr, hochdeutsch zu sprechen. Inhaber der D-Karte durften ohne polizeiliche Genehmigung nicht ihren Wohnort verlassen, unterla-

gen der Briefzensur und der beständigen Aufsicht ihrer mißtrauischen Nachbarn. Alte Freundschaften zerfielen, Verwandtschaften schienen nicht mehr zu bestehen. Die Vier-Klassen-Einteilung hatte dazu geführt, daß innerhalb derselben Familien verschiedene Kategorien bestanden. Da konnte einer dem anderen ebenso helfen wie auch schaden.

Wir erhielten erst die B-Karte, aber schon bald danach die A-Karte mit blau-weiß-rotem Querstrich, obwohl beide Großväter erst nach 1871 ins Land gekommen waren. Es wurden bei uns »mildernde Umstände« gewürdigt. Schon möglich, daß wir einiges davon dem guten Onkel Kléber zu verdanken hatten.

Eine B-Karte bekam Großvater Meissner, weil er ja mit einer Altelsässerin verheiratet war. Sein Dienst war bald nach dem Einmarsch der Franzosen beendet, zumal er schon weit über die Altersgrenze hinaus war. Er war auch im neuen Reich pensionsberechtigt und durfte sich auf normale Weise über die Grenze hinweg nach Binnendeutschland begeben. Anders bei Großvater Roos, wegen seiner elsässischen Frau gleichfalls mit der B-Karte ausgerüstet. Er befand sich noch im Dienst, ihm fehlten noch vier Jahre zur Pensionierung. So war vorauszusehen, daß ihn die deutsche Zollbehörde auf einen Posten im Binnenland versetzen würde. Insofern brauchten wir keine Sorge zu haben. Tante Cilly, verheiratet mit einem Altelsässer und selbst im Elsaß geboren, konnte tun und lassen, was sie wollte. So war, was die nächste Verwandtschaft betraf, die Lage für uns nicht allzu schwierig. Aber wohin wir kamen, die Abstammung bildete den hauptsächlichen Gesprächsstoff.

Schon während der ersten Dezembertage waren die Sonnemanns an der Reihe, Straßburg zu verlassen, spätestens binnen drei Tagen. Mit dreißig Kilogramm Gepäck pro Person, aber so schwere Gewichte konnten die Kinder nicht tragen. Es mußten die Ausgewiesenen die etwa vierhundert Meter lange Brücke zu Fuß überqueren. Niemand, auch nicht für Geld und gute Worte, durfte ihnen dabei helfen. Die Mitnahme von Zahlungsmitteln über dreitausend Mark und von Wertsachen und Briefen war streng verboten.

Nun war allerdings Frau Sonnemann mitschuldig an ihrer frühen

Vertreibung. Sie hatte in der Trambahn zu einer guten Freundin gesagt, beim »nächsten Mal werden die Deutschen siegen und sich das Reichsland wiederholen«. Eine andere Frau hatte mitgehört, war ihr bis zur Rupprechtsauerallee gefolgt und im Treppenhaus so weit hinaufgestiegen, daß sie die Wohnungstür und den Namen feststellen konnte. Kaum war bei der zuständigen Stelle die Denunziation erfolgt, wurde Frau Sonnemann abgeholt und eingesperrt. Nach ein paar Tagen kam sie wieder heim und fand den größten Teil ihrer Möbel mit dem amtlichen Siegel »confisqué« beklebt. Dennoch konnte sie dies und jenes unter der Hand verkaufen, ihren Schmuck zuverlässigen Freunden übergeben und mithilfe des Hausmädchens ein paar hohe Geldnoten verbergen.
Natürlich begleitete ich meine Freundin Freda zur Rheinbrücke. Auch der Robert und der Emil waren dabei. Es war ein trauriger Abschied, alle Sonnemanns weinten bitterlich. Mit hinüber ins vorerst noch unbesetzte Kehl durften wir nicht, aber wir schauten bei der französischen Zollkontrolle auf der linken Rheinseite zu. Das war schon schlimm genug, stundenlanges Warten, sodann die peinliche Untersuchung aller Gepäckstücke, auch der Taschen und der Handtaschen. Den uniformierten Zollbeamten standen zivile Helfer zur Seite, die sich größte Mühe gaben, so unangenehm wie nur möglich zu sein. Alles wühlten sie durch, griffen in Hosentaschen und leerten die Handtaschen der Frauen. Sie stöberten im Mundvorrat und gossen den Inhalt von Thermosflaschen in einen großen Eimer, stets in der Hoffnung, es könnten Goldstücke oder ähnliches herausfallen. Es fehlte auch nicht an weiblichen Hilfskräften, die den Frauen in die Bluse griffen und die Schenkel abtasteten. Sie lösten Frisuren auf um vielleicht versteckte Briefe zu entdecken. Babies wurden aus den Windeln gerollt und peinlich visitiert.
Das aber war noch nicht das Schlimmste. Das geschah erst auf der Rheinbrücke selbst, im Niemandsland zwischen den französischen und deutschen Grenzposten. Dort hatten sich ein paar hundert Menschen versammelt, die sich die Bezeichnung »Abschiedskomitee« zugelegt hatten. Ihre Aufgabe war es, die Vertriebenen zu beschimpfen, zu bespucken, zu schlagen und an den Kleidern zu zerren. Wer einen Bart trug, wurde so heftig daran gerissen, daß

Blut durch die Haare rieselte. Ein Mann von über achtzig Jahren, so wurde in der Straßburger Presse berichtet, starb auf der Brücke an Herzversagen.

Darüber liest man unter anderem auch bei Pierre Zind*: »Unter Mißachtung des Waffenstillstandes und der elementarsten Rechtsbegriffe durften die ausgewiesenen Menschen nur dreißig Kilogramm ihres Eigentums mitnehmen, nur einen streng begrenzten Geldbetrag bei sich führen. In Straßburg mußten die unschuldigen Opfer in Kolonnen zu Fuß bis zum Kehler Brückenkopf gehen. Sogenannte ›Französische Patrioten‹, die sich ›Empfangskomitee‹ nannten (gemeint ist das Abschiedskomitee), erwarteten die Ausgewiesenen. Von hysterischen Frauen und Gaunern (Voyous) wurden die Ausgewiesenen beleidigt, ins Gesicht gespuckt, mit Pferdeäpfeln beworfen. In der ›Straßburger Neuen Zeitung‹ vom 3. Dezember 1918 hat Haniel, ein ebenso sadistischer und zynischer Zuschauer, seine perverse Freude an den abstoßenden Ereignissen geschildert.«

Andere jedoch, möchte ich hinzufügen, haben schon damals in der gleichen »Straßburger Zeitung« und in anderen Blättern dagegen protestiert und mit allen Zeichen der Empörung die Vorgänge verurteilt.

Ich sah selbst einiges von diesen Vorgängen, allerdings nur von weitem. Aber mir blieben die Gesichter jener Unglücklichen in Erinnerung, denen nach der französischen Zollkontrolle der Leidensweg über die Brücke bevorstand. Sie sahen ja und hörten, was sie in Kürze zu erwarten hatten. Mit dreißig Kilogramm Gepäck in den Händen schritten sie dem schreienden, johlenden und spuckenden Gesindel entgegen. Mutter Sonnemann wurden die Frisur und zum Teil auch die Bluse zerrissen. Meine Freundin Freda verlor ihre Haarschleife und Ingelein ihren Mundvorrat. Dafür wurden jedoch die Geldscheine in den Schuhen des Dienstmädchens nicht entdeckt.

Nun waren aber die Revenants mit der Vertreibung, Enteignung und Verhöhnung von 111 000 ihrer bisherigen Mitbürger nicht zufrieden, auch nicht mit der Umtaufe aller deutschen Straßenna-

* »Alsace Lorrain 1870–1940«, Editions Copernic Paris 1979

men und Zerstörung der deutschen Symbole. Auch unter den Altelsässern gab es noch Leute, die man um ihre Stellung, um ihr Einkommen, vielleicht sogar um ihre Freiheit bringen konnte: jene, die als Beamte, Offiziere oder Lieferanten der deutschen Fremdherrschaft gedient hatten. Da wurden Stellen frei, die man selber besetzen konnte.

Ein Gesetz zur Bestrafung jener Elsässer, die dem Deutschen Reich gedient hatten, gab es aber nicht. So kam es zur »Commission de Triage«, zu einer Art »Ausleseverfahren«. Dabei sollten die Kollaborateure je nach der Schwere ihres Vergehens bestraft werden. Die Beweislast wurde umgekehrt. Es war nicht der Staatsanwalt, der die Schuld des Angeklagten nachweisen mußte, im Gegenteil war es Sache des Angeklagten, seine Unschuld zu beweisen.

Die peinliche Untersuchung der »Commission de Triage« betraf so viele unserer Freunde und Bekannten, so viele Regimentskameraden und Eisenbahnkollegen meines Vaters, daß wir regelrecht von Schreckensnachrichten zugedeckt wurden. Verzweifelte Frauen, weinende Kinder, wir aber konnten nicht helfen, denn die Gefahr bestand, daß unsere A-Karte wieder in eine B-Karte verwandelt würde, wenn wir uns für jene Leute einsetzten. Meine Mutter versteckte ihren Schmuck im Zwischenraum einer Thermosflasche und ihre Ohrringe im Zahnpulver. Dann mußte auch mein ohnehin stark ramponiertes Bärchen daran glauben. Sein Rücken wurde aufgetrennt, und ein paar Goldstücke wurden hineingesteckt. Von allem mußte ich wissen, denn es konnte sein, daß wir getrennt würden. Jedoch, verglichen mit so vielen Menschen aus unserem Bekanntenkreis lebten wir keineswegs schlecht, ja eigentlich noch besser als zuvor. Dank unserer A-Karte konnten wir deutsches Geld zum Kurs von 125 Franken für 100 Mark umwechseln, während Inhaber der D-Karte nur 74 Franken für den gleichen Betrag erhielten. So weit war unter den obwaltenden Umständen für uns und unsere Verwandten die Lage einigermaßen günstig. Aber keine Nachricht von meinem Vater, nicht einmal Gerüchte.

Ich weiß nicht mehr, wann es war, aber bestimmt schon Ende November oder Anfang Dezember, da fragte mich an der Haustüre drunten ein französischer Offizier, in welcher Etage Madame Meissner wohne. Ich führte ihn hoch. Als er schnaufend im dritten

Stock innehielt, wollte ich wissen, welchen Rang er habe. Lächelnd gab er mir Bescheid, doch hatte ich keine Ahnung, was ein »Colonel du Génie« (Oberst der Pioniere) sein sollte. Ich wunderte mich nur, daß sich jemand selbst als Genie bezeichnete. Ich wäre ja nun ein Franzosenkind, stellte er fest und lächelte dazu. Da sei es sehr gut, daß mein Französisch fehlerfrei war. Ein Franzosenkind sollte ich sein? Mir selbst kam es nicht so vor.

Meine Mutter bat den Besucher in den nur selten benützten Salon. Mich wollte sie hinausschicken, aber eine Handbewegung des genialen Colonel gestattete mir, zu bleiben. Seine erste Frage galt meinem Vater, wo er sich zur Zeit befände und wann mit seiner Heimkehr zu rechnen sei. Es sei nämlich so, führte er aus, daß »Monsieur le Regierungsrat Docteur Meissner« für den Chefposten der Eisenbahnverwaltung vorgesehen sei, für den Teilbereich der »Chemins de Fer du Bas Rhin«, womit die Franzosen das eigentliche Elsaß bezeichneten. Er gelte als einer der besten Juristen, den man bei der Bahnverwaltung habe, sei geborener Elsässer und nach allem, was man höre, sei er bei den hiesigen Eisenbahnern ungemein beliebt. So sei er nach Meinung der Pariser Stellen »der bestmögliche Mann, um die Verwaltung vom alten ins neue Regime überzuleiten«.

Wenn meine Mutter aus allen Wolken fiel, so war es ihr nicht anzumerken. Contenance, gelassene Haltung in allen Lebenslagen, galt als Zeichen damenhaften Betragens. Sie freue sich gewiß über seine Beförderung, aber mit seinem Verbleiben im Eisenbahndienst habe sie ohnehin gerechnet. So war mein Vater, vielleicht noch immer Geschäftsträger des Deutschen Reichs in der Ukraine, zugleich, wenigstens auf dem Papier, Chef der Eisenbahndirektion in Straßburg.

Die Schule begann aufs neue. Es ging weiter wie gewohnt, im gleichen Raum und mit denselben Lehrern. Über den Wechsel im Land, über die neue Fahne auf dem Dach unserer Schule, wurde kaum gesprochen. Eben dort, wo nicht lange zuvor der gute, alte Professor Kapp mit uns die ersten Lateinversuche gemacht hatte, nahm er den Faden wieder auf. Aber immer noch war der größte Teil des Lyzeums ein Lazarett für Verwundete. So durften wir immer noch nicht in den eigentlichen Schulhof, sondern trieben

uns während der Pausen auf dem Münsterplatz herum. Manche der Mitschüler fehlten, zusammen mit ihren Eltern waren sie ausgewiesen worden oder hatten sich schon zuvor nach Binnendeutschland begeben.
So ging das ein paar Tage lang, vielleicht sogar über einen Monat hinweg, bis Ende Dezember. Dann, eines Tages, trat ohne Übergang ein Wechsel ein. Wir hatten gerade Erdkunde und sollten in der Reihenfolge ihrer Größe die fünf Kontinente aufzählen, da öffnete sich, ohne daß jemand angeklopft hätte, die Tür, und ins Klassenzimmer trat ein Mann in Uniform. Ein Hauptmann oder Major, aber im Hauptberuf, wie sich gleich herausstellte, erfahrener Lehrer an einem Gymnasium in Frankreich. Er ging zum Katheder, nahm dort sein Käppi ab und sprach halblaut mit unserem Dr. Gerlach. Erst glaubte der nicht recht zu hören, zuckte dann ergeben mit den Schultern, warf einen Blick auf die Klasse und sagte mit erhobener Stimme: »Auf Wiedersehen in einer besseren Zeit...!«
An seine Stelle trat der eben eingetretene Offizier, schob seine Mütze in das Fach unters Pult, blickte uns allen in die Augen, sagte dann in deutlich prononciertem Französisch: »Voilá, nous sommes dans une école française cependant on continue l'instruction en Français.«
Dann griff er zum Zeigestock und wiederholte die Namen der fünf Kontinente auf Französisch.
So ging der Unterricht weiter, vorerst nach deutschen Lehrplänen, einige Tage später nach dem französischem Programm. Bei den Schülern machte sich mehr und mehr Unruhe bemerkbar, besonders bei denen, die nicht so gut oder gar kein Französisch verstanden. Am dritten Tag stieß der Klassenlehrer den Zeigestock aufs Podium: »Wer nicht verstehen genug von mir, können nicht mehr lernen hier, sollen nach Hause gehen!«
Nach und nach, wenn auch nur zögernd, erhoben sich zehn oder zwölf der Mitschüler und packten ihre Schultaschen. Sie konnten sich aber nicht darüber klar werden, ob ein Abschied vom Nachbarn erlaubt war. Der eine tat es, der andere nicht. Alle strebten dem Ausgang zu.

Was mir der Präsident von Frankreich sagte

Unser letztes Weihnachten in Straßburg wurde von der Sorge um Vater verdüstert. Andererseits jedoch war es ein besseres Christfest als im Jahr zuvor. Sicher war es noch kein guter Friede, den wir Weihnachten 1918 erlebten, weil ja so viele Gefallene zu beklagen waren und zahllose Menschen unter schwerer Not litten. Trotz allem hatte sich die Lage verbessert. Es wurde nicht mehr geschossen und es gab ausreichend Lebensmittel auf Karten oder durch gute Beziehungen zu ständig sinkenden Schwarzmarktpreisen. Das von den Elsässern so lang entbehrte Weißbrot, auch Rosinen für Weihnachtskuchen, konnten sich tüchtige Hausfrauen beschaffen, ebenso französischen Rotwein. Sogar die guten Edelzwicker und andere elsässische Weine wurden von Händlern, die man gut kannte, unter dem Ladentisch hervorgeholt. Zum ersten Mal seit fünf Jahren gab es wieder einen Christkindlmarkt, nach altem Brauch und Sitte auf dem Broglie-Platz. Der Platz war erfüllt von Buden und Tannenbäumen mit festlichen Girlanden und brennenden Kerzen. Über allem wehten blau-weiß-rote Fahnen. Eine Menschenmenge, wie ich sie so quirlig und frohgemut bisher nicht gesehen hatte, drängte durch die Ladengassen. Dazu das Gefiedel und Gedudel von Musikanten, von Leierkastenmännern und aus Grammophontrichtern. Bitterkalt war es nicht, nur spärlich rieselte Schnee aus dem hellgrauen Himmel.

Natürlich waren wir dabei. Gerüche hüllten den Christkindlmarkt ein und schwebten darüber. Heiße Maroni, gebratene Mandeln, der Duft von Wachstropfen und versengten Tannennadeln. Konnte es irgendwo auf der weiten Welt etwas Schöneres geben als unseren Christmarkt, als unser weihnachtliches Gewimmel auf dem Straßburger Broglie?

Mutter kaufte Glitzerschmuck für den Baum, gab auch meinen Wünschen nach, als ich die von mir heißgeliebten Stehaufmännchen entdeckte. Es sei wie früher im Frieden, meinte Mutter. Wie wunderbar war es gewesen, als Vater damals den kleinen Hanneli auf seinen Schultern durchs Gewühl getragen hatte. Da sahen wir Frau Bredemann mit ihrem Jungen, in Gesellschaft der Frau Wack mit ihren Zwillingsmädchen. Alle drei waren vaterlos, die beiden Frauen Witwen. Wir dagegen hatten noch Hoffnung, daß Vater wiederkam.

Die Jungen aus meiner Klasse entdeckten uns, zwängten sich durch und berichteten, lebhaft erregt, eben sei der Weihnachtsmann persönlich erschienen. Er verteile Schokolade an brave Kinder. Natürlich wußten wir, daß es Weihnachtsmänner nur im Märchen gab, aber hier, der alte Mann verteilte allen Ernstes an Kinder Schokolade. Mit den anderen Buben drängte ich die Leute beiseite, schob mich durch Lücken, kroch unter Tischen hindurch, bis dahin, wo am Rathausgitter der Markt sein Ende fand. Dort sollte es sein.

Ein Weihnachtsmann, um ihn herum ein starkes Aufgebot von Polizei, alle in der neuen, aus Paris importierten Flic-Uniform. Sie hielten einen ziemlich großen Platz frei, auf dem sich ein blankpoliertes, schwarzlackiertes Automobil befand. Der Schokoladenmann stand im Auto, was nicht so recht zur Stimmung paßte. Auch trug er nicht die übliche Verkleidung, kein samtrotes, pelzbesetztes Gewand umschloß seine Gestalt, und es fehlte ihm die Mütze nach Art des Knecht Rupprecht. Weiße Kotteletten umrahmten sein Gesicht und er trug einen Schnurrbart von gleicher Farbe. Seltsam nur, und gar nicht schön zu sehen, war der vom Rauchen braungefärbte Haarkranz um den Mund des Mannes.

Die Polizei regelte den Verkehr. Eine Kinderschlange stand an, von den Flics in zwei oder drei Reihen aufgestellt. Wir mußten uns hinten anschließen. Immerhin, die Schlange rückte vor, und glücklicherweise schien der Vorrat an Schokolade kein Ende zu nehmen.

Ein ziemlich großer Mann war es, der im Auto stand, und er war gekleidet in einen langen, schwarzen Gehrock, wie er damals von allen höheren Beamten bei festlicher Gelegenheit getragen wurde.

Eine graue Weste war zu sehen, ein hoher, steifer Kragen trug das Kinn. In den Kragen war ein in Falten gelegter Schlips geschlungen, ein sogenanntes Plastron. Zwei Gehilfen reichten dem Greis die Schokolade zu. Sobald wieder ein Korb leer war, wurde er ausgewechselt.
Rascher als gedacht rückte ich vor und stand schon im nächsten Augenblick unter dem Weihnachtsmann in seinem Auto. Sein Gesicht schwebte hoch über meinem Kopf, und wie bei jedem anderen Kind mußte er sich ziemlich weit vorbeugen, als er mir die gute Gabe reichte. »Eh bien, mon petit, tu étais toujours brave, je comprends.« In meiner Verwirrung antwortete ich auf Deutsch: »Na ja, wie man's nimmt!« Der Gehilfe zur rechten Hand übersetzte dem Schokoladenmann: »Comme ci, comme ça.«
Damit hatte ich meine Schokolade, machte eine knappe Verbeugung und biß sofort ein Stück ab. Ein lang entbehrter Wohlgeschmack. Den wollte ich abseits vom Gedränge genießen. Ich schob mich also an Buden, Bäumen und Menschen vorüber bis zu den Treppenstufen vor dem Theater. Dort herrschte einigermaßen Ruhe, und ich genoß das Weihnachtsgeschenk mit größtem Behagen.
Weil ich langsam aß, war noch gut die Hälfte übrig, als ich plötzlich meinen Namen hörte.
Wer mich abseits der Menge entdeckt hatte, war kein anderer als Opa Meissner. Er trug seinen weiten, dunklen Paletot, hatte seinen breitrandigen Hut tief über die Stirn gezogen und stützte sich auf seinen altbekannten Knotenstock.
»Bist du deiner Mutter fortgelaufen, ungezogener Bub? Vielleicht ist das Mittagessen fertig, und sie wartet auf dich. Am besten, ich bring' dich nach Hause. An was kaust du da herum, Junge?
»Schokolade habe ich bekommen, ganz wunderbar gute Schokolade«, gab ich zur Antwort.
»Und deine Mutter hat dafür viel Geld bezahlt, wo doch Schokolade so selten ist!«
»Gar nichts hat Mutti bezahlt, das Schokolädle hab' ich vom Weihnachtsmann bekommen, von dem Mann dahinten im schwarzen Auto mit dem weißen Bart.«
Die Gestalt meines Großvaters straffte sich, er stieg zwei, drei

Stufen die Treppe hinauf, um deutlicher zu sehen. Er sprach mit einem Mann, der von droben kam, schüttelte erst ungläubig den Kopf, stieß dann mit seinem Stock so heftig auf die Treppe, daß ich schon glaubte, er werde zerbrechen. Gleich danach stand er vor mir und holte weit aus, um mir eine Ohrfeige zu verpassen, wie ich sie noch nie bekommen hatte. Jedoch sah ich die Pranke kommen und sprang beiseite. Zornesfalten auf seiner Sitrn verrieten seine Stimmung. Dabei war ich mir nicht der geringsten Schuld bewußt: »Schämst du dich nicht, ehrloser Wicht, Schokolädle anzunehmen von dem Poincaré, von diesem Deutschenhasser, dem Präsidenten der Französischen Republik!«

Auf Ehre und Gewissen kann ich beschwören, daß mir unbekannt gewesen war, wer hier vor den Kindern als Weihnachtsmann auftrat. Erst für den nächsten Tag wurde Poincaré offiziell erwartet. Hier, auf dem Christkindlmarkt, war er außer Programm erschienen.

Wenige Tage später, vermutlich schon am folgenden Tag, erschien Poincaré offiziell. Weil es noch kein Radio gab, mußten die Reden vom Balkon so laut wie nur möglich über den Platz gerufen werden. Dazu diente der Kléber-Platz, und zum weithin sichtbaren Standort des Präsidenten hatte man den Balkon der Aubette gewählt. Anzunehmen sei, so meinten viele der Versammelten, daß nun der Präsident den Tag der Volksabstimmung nennen würde und die Art ihrer Durchführung. Seit Ausbruch des Großen Krieges hatten die führenden Politiker Frankreichs immer wieder verkündet, daß man jede nur denkbare Rücksicht auf die Eigenarten der elsaß-lothringischen Bevölkerung nehmen wolle, wenn man erst die deutschen Zwingherren aus dem Land gejagt habe.

Aber es kam anders. Schulfrei hatten wir an diesem Tag. Früher war der Kaiser gekommen, nun der französische Präsident. Hatten wir damals mit schwarz-weiß-roten Fähnchen gewinkt und »Hoch der Kaiser« gerufen, so schwenkten wir nun blau-weiß-rote Fahnen und riefen »Vive Poincaré!« Einer von unseren neuen, französischen Lehrern führte die Klasse geschlossen zum Place Kléber. Dort wurden wir aufgebaut, der Größe nach und gut ausgerichtet, wie sich das gehörte. Als Präsident Poincaré den Balkon betrat, brandete der Jubel hoch. Ein bewegtes Meer von blau-weiß-roten

Fähnchen und Bändchen, dazu die jauchzenden Rufe »Vive la France! Vive Poincaré! Vive la France! Vive le Président!« Dann die Nationalhymne, die in Straßburg komponierte »Marseillaise«.
Als wieder einigermaßen Ruhe herrschte und Poincaré erkennen ließ, daß er zu sprechen wünsche, hörte die Versammlung den Brudergruß des französischen Präsidenten. Mit wohltuender, weithin hörbarer, gut geschulter Stimme versicherte er den zu Mutter Frankreich heimgekehrten Söhnen und Töchtern des Landes, wie herzlich willkommen sie seien. Die Jahre der Schmach und Schande seien endlich vorüber, der verhaßte Feind in den Staub geworfen. Ruhm und Sieg für die gerechte Sache!
Raymond Poincaré verstand es, die Emotion anzuheizen. Als aufs neue die Begeisterung hohe Wellen schlug, kam es zu einem unerhörten Augenblick. Mit energischer Geste gebot der Präsident der Masse Schweigen. Gleich danach, blitzschnell, brach er mit vier Worten das Versprechen einer Volksabstimmung. Mit weit ausgebreiteten Armen, als wolle er das gesamte Elsaß umfassen, rief der Präsident: »Le plèbiscité est fait!« Er meinte den lang anhaltenden Jubel. Damit hätten die Elsässer über ihre Zukunft entschieden, und das war die Volksabstimmung.

Aus Kiew kommt der Jakob

Wenn sich auch das öffentliche Leben nur langsam wieder einrenkte, so entwickelte die neue, durchgehend von Franzosen geleitete Verwaltung, eine verblüffende Schnelligkeit beim Auslöschen aller deutschen Namen für Straßen, Plätze, Gebäude, Institute usw. Alle Straßen und Plätze, die nach Ortschaften, Jahreszeiten, Tieren oder Pflanzen benannt waren, wurden einfach übersetzt. Die Kalbsgasse wurde zur »Rue de Veau«, die Rabenbrücke mußte sich »Pont de Corbeau« nennen, und aus dem Ferkelmarkt wurde »Marché de Petit Cochon«. Das war ganz einfach. Ebenso unsere Rupprechtsauer Allee, die man in »Allée de Robertsau« umtaufte, die Schwarzwaldstraße in »Rue de Forêt Noire«. Der Kaiserplatz verwandelte sich über Nacht in den »Place de la République« und der Kaiserpalast in das »Palais du Rhin«. Natürlich erhielten alle Schulen einen französischen Namen. Aus unserem Kaiserlichen Lyzeum wurde das »Lycée Fustel de Coulanges«.

Aber der Wunsch, auch sämtliche Ortsnamen des Landes zu französisieren, obwohl doch die altdeutschen Namen im Laufe einer mehr als tausendjährigen Geschichte gewachsen waren, ließ sich aus praktischen Gründen nicht in jedem Fall durchführen. Zwar konnte man aus Weißenburg schlicht Wissembourg, aus Schlettstadt ebenso einfach Sélestat machen. Aber Mülhausen, Hagenau und noch viele andere konnte man nicht verändern. Die Bevölkerung hätte nicht mitgemacht, und so mußte es bis zum heutigen Tag bei den bisherigen Namen bleiben, wenn auch mit der ohnehin üblichen, mundartlichen Betonung. Straßburg wird immer noch in der fast gleichen Weise ausgesprochen, hat aber das zweite »s« verloren, dafür ein »o« dazubekommen, »Strasbourg«.

Das Weihnachtsfest bei den Großeltern Meissner war das stimmungsvollste meiner Jugendzeit, gerade weil das Haus am Schiltigheimer Ring so altmodisch wirkte. Noch immer gab es in der großväterlichen Wohnung die Gaslampen, die gebuckelten Kachelöfen, die Wasserpumpe in der Küche und die bunten Glasfenster im Flur. Als die Lichter brannten, als Tannenduft und der Geruch von Lebkuchen und Wachskerzen den Raum erfüllte, als draußen die Glocken läuteten und Schnee auf die Bäume des Contades hinabrieselte, dachten wir mit Sehnsucht und mit Hoffnung an meinen Vater.

Gleich nach dem Fest wieder eine Anfrage der *Direction des Chemins de Fer*, wann denn nun mein Vater für seine neue Aufgabe verfügbar sei. Zwar warte man geduldig auf sein Erscheinen, aber endlos könne es so nicht weitergehen. Mutter ging selber zum »Colonel Génie«, der vorerst die Behörde leitete. Er trug nun Zivil, war überaus höflich und ließ es sich nicht nehmen, meiner Mutter und mir die für Vater freigehaltenen Diensträume zu zeigen. Da wir sie noch nicht kannten, waren wir überrascht von der Größe und Einrichtung des Raumes. Da gab es eine Sitzecke mit Sofa und zwei Sesseln, auf dem Boden ein dicker Teppich und zwei Bilder an der Wand. Eines davon zeigte das Straßburger Münster und das andere den Präsidenten Poincaré. Ein Vorzimmer gehörte dazu, dort standen zu meinem Erstaunen zwei Telefone auf dem Tisch des allerdings noch nicht vorhandenen Sekretärs.

Ich weiß nicht, ob sich meine Mutter im klaren darüber war, was Vaters künftige Stellung, nämlich Chef einer der wichtigsten Behörden in Straßburg, für sie bedeutete. Sicher würde auch das gesellschaftliche Leben weit übers gewohnte Maß hinausgehen. Mit der »Schubladengesellschaft«, wie sie bisher im Reichsland existiert hatte, war es bestimmt zu Ende. Welche Einteilung die Franzosen hatten, war uns noch unbekannt. Aber anders würde es sein. Wichtig war es auf jeden Fall, daß meine Eltern ebenso gut Französisch wie Deutsch sprachen, Vater außerdem noch die wichtigsten Mundarten des Landes.

Wir waren gerade beim Essen, die Wiege mit Hildchen stand neben Mutter, und ich freute mich aufs Dessert, als aus der Küche ein Schrei drang. Wir erstarrten vor Schreck. Mit beiden Händen griff

Der Jakob, Vaters fürsorglicher Betreuer während des ganzen Krieges.

sich Gerda in die Frisur. Da stürzte schon die gute Anna mit flatterndem Putztuch ins Eßzimmer, rang nach Atem und rief: »Der Jakob, der Jakob, der Jakob isch do!«
Mutter und ich konnten kein Wort herausbringen. Das Wiegenkind aber schrie aus Leibeskräften.
Sodann ging zuerst einmal alles durcheinander. Mutter sprang auf, Anna lief in die Küche, der Jakob erschien sekundenlang in der Tür, um gleich wieder zu verschwinden. Wegen seiner dreckigen Stiefel auf dem sauberen Parkett, wie er später erklärte. Ich hinter ihm her, meine Mutter hinter mir her. Die Gerda folgte mit Wiege und Brüllkind, alle prallten wir in der Küche aufeinander. Jeder redete laut und rasch mit jedem, ohne daß irgendeiner etwas verstand. Der Wirrwarr löste sich erst nach Minuten. Endlich war es soweit, daß man sich wenigstens ansehen konnte.
Der Jakob stand wie ein Turm in der Brandung, aber er mußte sich zusammenreißen. Er war seit Tagen und Wochen nicht rasiert. Zur Hälfte verdeckten die zu langen Brauen seine müden Augen. Die Haare verfilzt, die Lippen dünn und tief die Augenhöhlen, völlig unausgeschlafen. Der linke Handrücken aufgerissen und mit Heftpflastern bedeckt. Verstaubt die feldgraue Uniform und befleckt, an vielen Stellen geflickt, ganz offenbar von Männerhand. Die Schaftstiefel verkrustet, der ganze Mann rundherum aberissen und mitgenommen.
Hinter ihm ein Gepäckstück von unwahrscheinlicher Größe. Ein Riesenrucksack war das früher einmal gewesen, aber dann hatte man den Sack mit verschiedenfarbigem Segeltuch verlängert, hatte neue Riemen angebracht und Risse mit Leder verklebt. Als Neunjähriger konnte ich mir nicht vorstellen, daß irgendein Mensch dieses Ungetüm zu tragen vermochte, von Kiew in der Ukraine bis nach Straßburg im Elsaß, zumal aus der Öffnung noch alles mögliche ins Freie ragte.
»Wie geht's ihm denn?« wollte meine Mutter wissen.
»Dem Herrn Hauptmann, dem Herrn Gesandten, dem geht's gut, er ist wieder ganz gesund, läßt natürlich grüßen, auch das Kind, das er noch nicht kennt.«
Wo er denn sei, wann er wiederkäme, wieso er krank gewesen war, warum man nichts von ihm gehört habe. Die Fragen nahmen kein

Ende. Was mein Vater zur Zeit mache, konnte Jakob nicht wissen. Er hatte Kiew schon vor drei Wochen verlassen. Ausgerüstet mit deutschen Papieren, dazu noch mit einer von Vater verfaßten Erklärung in französischer Sprache, mußte er sich durchschlagen. Zum Glück stand in Jakobs Militärpapieren, daß er in Thann geboren, also gebürtiger Elsässer war mit Familie im Elsaß. Demgemäß mußte man ihn seit Kriegsende als Franzosen betrachten, auch in seiner Felduniform der deutschen Armee. Auf dem letzten Stück von Kehl über die lange Rheinbrücke, schließlich mit der Tram bis zum Brantplatz, hatte Jakob fast schlapp gemacht. Auf den letzten Metern hatte ihm Schambertiss vom Brant-Platz geholfen, den riesigen Rucksack zu tragen.

Endlich war Herr Jakob bei uns, aber baldmöglichst wollte er zu Frau und Kind. Ob er seine Jacke ablegen dürfe, fragte er, und ob er, bitte, eine Schere haben könne. Die Uniformjacke legte er sich über den linken Arm, griff alsdann zur Schere, fummelte eine Weile damit herum, bis er die richtige Stelle gefunden hatte, und setzte die Schere an. Er schnitt das Futter des Rockes auf, steckte zwei Finger hinein und zog eine Art Bandwurm heraus, ungefähr einen halben Meter lang. Diese Schnur hielt er mit der Linken in die Höhe und zupfte mit der Rechten am herabhängenden Ende. Es war eine Kette aus grauweiß schimmernden Kügelchen. Eine Perlenkette, eine schöne, kostbare Perlenkette.

»Der liebe Hauptmann«, sagte Jakob dazu, »schickt Ihnen das, weil Sie vielleicht Ihre liebe Not haben und kein Geld mehr bekommen, von der Bank oder von der Bahn. Damit Sie versorgt sind, hat mein lieber Herr Hauptmann die Perlenkette gekauft und mir gesagt, ich solle sie unbedingt bis nach Straßburg bringen.«

Vater und Jakob hatten sich in den Tagen vor dem Einmarsch Roter Truppen in Kiew getrennt. Die Gesandtschaft machte sich fertig, die ukrainische Regierung nach Winiza zu begleiten.

Zum Glück bestand keine Notwendigkeit, die kostbare Kette zu verkaufen. Den Wert schätzen zu lassen, lehnte Mutter rundweg ab. Als Beweis für Vaters unwandelbare Treue und Fürsorge hatte sie unschätzbaren Wert.

Noch etwas hatte der tüchtige Jakob mitgebracht, ein wertvolles, mit Gold eingelegtes und mit künstlerischen Gravuren versehenes

Jagdgewehr des Fürsten Radzywill. Wie eine am Gewehr angebrachte Signatur des Herstellers auswies, hatte es der seinerzeit beste Büchsenmacher in London angefertigt, nach Maß für Alexander Radzywill. Der hatte es meinem Vater schenken wollen, weil er annahm, der sei ein passionierter Jäger. Als Vater höflich ablehnte, hatte der Chef des Hauses Radzywill kurzerhand dem danebenstehenden Jakob das Gewehr in die Hand gedrückt. Er selber konnte es ja nicht mitnehmen, aber dem geschickten Jakob war es möglich gewesen, die Büchse in ihre Bestandteile zu zerlegen und sie derart in seinem Riesenrucksack zu verstauen, daß sie nicht zu sehen war.

Lange blieb Vater verschollen

Der 13. März, Vaters Geburtstag, kam und ging vorüber. Keiner wußte, was aus ihm geworden war. Das Leben ging weiter. Die Freunde mit der Karte D waren verschwunden. Die Halbelsässer versuchten alles mögliche, um bleiben zu können. Sie klammerten sich an Hoffnungen, suchten und fanden Fürsprache, forschten nach der Mutter der Großmutter, und siehe da, mitunter gelang es dank der oft unklaren Eintragungen in alten Kirchenbüchern. Es gab auch Menschenfreunde bei Ämtern und Behörden, die es nicht so ernst nahmen.

Wer eine regelrechte Umzugsgenehmigung erhielt, wie zum Beispiel meine Großeltern Roos und Meissner, durfte trotzdem keine Wertsachen, Familienschmuck, Lebensmittel und sonstige Vorräte mitnehmen. Eine strenge Kontrolle und die Drohung mit hohen Strafen sollten derartige Exporte verhindern. Dennoch ließ sich manches machen, und viel gelangte hinaus. Da gab es Mittelsmänner, die sich zahlen ließen, und hilfsbereite Elsässer, die gutmütig waren. Auch Franzosen machten mit.

Weil mein Großvater Roos noch drei Jahre Dienst tun mußte, wurde er ans Hauptzollamt in Bad Kreuznach versetzt. Anders stand es um die Eltern meines Vaters. Wegen des Krieges war Opa Meissner länger im Amt geblieben. So hatte er längst die Altersgrenze überschritten und wurde bei Kriegsende pensioniert. So mußte das alte Ehepaar selber sehen, wo es unterkam. Ihr jüngster Sohn, Onkel Erich, löste das Problem. Er konnte in Nollingen bei Rheinfelden am Oberrhein eine Praxis eröffnen. Sie florierte so gut, daß er schon bald ein relativ großes Haus mieten konnte. Auf jeden Fall bot es genügend Raum auch für die alten Herrschaften. Ihre Töchter, meine zahlreichen Tanten aus dem Meissner-Haus, sorgten für sich selbst.

Wir aber saßen weiter in unserer Straßburger Wohnung. Einerseits bezogen wir meines Vaters Gehalt von der nun französischen Staatsbahn, andererseits von der deutschen Reichsbahn. Diese Beträge verbrauchte aber meine Mutter nur je zur Hälfte, denn ihr war klar geworden, daß eine von beiden Zahlungen auf einem Fehler beruhen mußte.
Während es vielen Leuten schlecht und immer schlechter ging, hatten wir keine finanziellen Sorgen.
Einer von Vaters alten Freunden, ein Bundesbruder der »Germania«, hatte es fertiggebracht, seine Flucht und seine Stellensuche schon in Kehl zu beenden. Sogleich hatte man ihm den vakant gewordenen Schreibtisch des Landrats angeboten. Natürlich gab es in Kehl eine Reihe von Leuten, die aus irgendwelchen Gründen täglich die Grenze passierten. Durch sie stand er auch mit meiner Mutter in Verbindung. Als wir am 14. März 1919 von Besorgungen in der Stadt heimkehrten, stand unsere Anna vor der Tür und reichte meiner Mutter ein Telegramm. An den Freund in Kehl war es adressiert, versehen mit der Bitte, es so rasch wie möglich meiner Mutter zu übermitteln:
»Gestern wohlbehalten in Berlin eingetroffen. In treuer Liebe, Otto!«
Statt in Freudenrufe auszubrechen, lief meine Mutter ins Schlafzimmer, warf sich der Länge nach aufs Bett und heulte.

Im Sonderzug durch sieben Revolutionen

Als sich die Aufregung legte, als die gewaltige Freude über Vaters Rettung in ruhigere Bahnen geriet, hätten wir gerne gewußt, wie denn Vater von Kiew nach Berlin gelangt war, durch alle Gefahren und Regionen hindurch, in denen ganz verschiedene Parteien sich heftig bekämpften. Jeder unserer noch in Straßburg gebliebenen Freunde und Bekannten wollte es wissen. Jedoch, so unglaublich es klingt, meine Mutter und ich haben von meinem Vater selbst über den Verlauf dieser Reise nichts erfahren. Weshalb er darüber schwieg, weshalb er keinen Bericht für seine Nachkommen hinterließ, ist für Menschen unserer Zeit nicht zu verstehen.

Auch ich selbst kann es nicht begreifen, obwohl ich das letzte Jahrzehnt der alten Welt noch selbst erlebt habe. Es hat durchaus meine Entwicklung mitbestimmt. Aber dennoch waren das nur Kinderjahre, während mein Vater und seine Generation noch ganz in jene Epoche gehört haben, die mit dem Zeitenwechsel am Ende des Ersten Weltkriegs zu Ende ging.

Es herrschte bei ihnen eine Haltung, eine Grundhaltung der gebildeten, vor allem der akademischen Welt, die besonders kraß und deutlich erkennen läßt, wie radikal sich seitdem die Anschauungen verändert haben. Bei dieser Generation gehörten aufregende Erlebnisse, gehörten Abenteuer nicht zum guten Ton. Darüber las man in den Werken phantasievoller Autoren, so noch zu Anfang des Jahrhunderts bei Karl May, Jules Verne, Friedrich Gerstäcker und anderen, aber nur zum Zeitvertreib und zum Vergnügen. Dergleichen selber mitzumachen, vielleicht gar aus eigenem Antrieb Abenteuer sich zu wünschen, gehörte sich nicht für Beamte (der alten Schule). Solche Leute taten ihre Pflicht unter allen Umständen, ohne darüber zu reden. Wenn es sich irgendwelcher Ursachen wegen nicht vermeiden ließ, daß man zum Zweck der Pflichterfüllung auch Abenteuer zu bestehen hatte, wurden sie selbst in amtlichen Berichten nur so weit erwähnt als unbedingt notwendig war. Mit Verwandten, Freunden und Bekannten sprach man darüber nicht. Ganz im Gegenteil waren seriöse Menschen peinlich berührt, wenn direkte Fragen danach gestellt wurden, was im übrigen nur taktlose Menschen taten.

So war es ja auch bei meinem Großvater Meissner. Über seine legendäre, aber zweifellos geleistete Heldentat bei den Spicherer Höhen im Siebziger Krieg hat er mit niemandem gesprochen.

Ebenso dachte und handelte mein Vater, was ich ebenso bedauere wie bewundere. Nur einmal, aber nicht im Kreise der Familie und der Freunde, hat er über einige Aspekte seiner Reise von Kiew, genauer gesagt von Winiza nach Berlin, erzählt. Das geschah während eines lockeren Gesprächs mit dem Schriftsteller Ernst von Salomon, dem Verfasser des »Fragebogens« und Teilnehmer an der Ermordung Walther von Rathenaus.

Danach, und hierbei folge ich den Schilderungen Salomons, ist die Reise wie folgt verlaufen:

Das Ende der freien Ukraine war abzusehen, schon hatte sich die Regierung des Präsidenten Petelyura nach Winiza abgesetzt und die Roten rückten näher. Weiteren Widerstand konnten die Ukrainer kaum noch leisten, zumal nach dem Umsturz in Berlin auf deutsche Hilfe nicht mehr zu rechnen war. Zwar bemühte sich die von Friedrich Ebert geführte neue Regierung nach Kräften, alle deutschen Truppen heimzuführen. Bis zu den Ufern des Schwarzen Meeres, auf der Halbinsel Krim, gab es noch einige wenige geschlossene Verbände, mehr noch versprengte Einheiten des deutschen Heeres, die alles daran setzten, in die Heimat zu gelangen. Ihr bevorzugtes Ziel war Kiew, dann Winiza, die provisorische Hauptstadt der Ukraine, weil das auf Tatsachen beruhende Gerücht verbreitet war, von dort aus existiere noch eine Bahnverbindung nach Westen. Mein Vater als Reichsvertreter, nach wie vor mit dem Titel eines Geschäftsträgers, war auch dafür verantwortlich. Im übrigen hatte er in jenen Wochen alle noch in der Ukraine vorhandenen Schulden des deutschen Reiches bezahlt, aus jenen Beständen gemünzten Goldes, die ihm knapp vor Toresschluß zugegangen waren. Anerkennenswert auch die Leistung, unter so schwierigen Umständen den Abtransport der letzten Truppen zu ermöglichen, und zwar mit allen erreichbaren deutschen Verwundeten, einer Anzahl ziviler Flüchtlinge und ganz am Ende noch mit prominenten Russen und Polen, denen die Flucht nach Kiew und Winiza gelungen war. Am Ende bestand kaum noch die Möglichkeit, die Gesandtschaft zu verteidigen. Auf sich selber waren Vater und sein Stab angewiesen, ein Sonderzug sollte sie zurück ins Reich bringen.

Zum Stab gehörten zwei bis drei höhere, sowie einige jüngere Beamte, dann der Chiffreur, zwei Dolmetscher und ein Registraturbeamter. Außerdem hatten sich noch ein Dutzend Soldaten mit zwei Maschinengewehren wenige Tage vor der Abreise im Gebäude der Reichsvertretung eingefunden. Dorthin geflüchtet waren auch zwei oder drei Krankenschwestern, die man beim Abtransport über See in der Krim vergessen hatte. Erst im buchstäblich letzten Augenblick hinkten noch ein paar Verwundete auf den Bahnhof, die man selbstverständlich in den Sonderzug hob. Sie alle mußte nun Vater sicher in die Heimat bringen. Was unter gegebenen Umständen kaum jemand für möglich hielt, er traute sich das zu. Aus den noch vorhandenen Beständen oder aus dem für diesen Zweck zurückgestellten rollenden Material hatte Vater den Sonderzug zusammengestellt. Er bestand aus Personenwagen, einigen Güterwagen und einer Dampflokomotive. Vor der Lokomotive sowie am Ende des Zuges rollte ein offener Güterwagen, der auf den Seiten mit Sandsäcken gesichert war. Auf jedem befanden sich sechs Mann mit Maschinengewehr, mit reichem Vorrat an Munition, mit Handgranaten und ausreichender Verpflegung. Sehr wahrscheinlich wurden auch Scheinwerfer mitgeführt. Die Wagen stammten aus Beständen der Deutschen Reichsbahn, sollen aber an vielen Stellen schadhaft gewesen sein. Was ich nicht weiß, ist, wie man das Problem der Spurweite gelöst hat. Um wenige Zentimeter ist bekanntlich die russische Spur breiter als in Mitteleuropa. Entweder hatte man schon zuvor die Hauptstrecke in den von deutschen Truppen okkupierten Landesteilen auf unsere Weite umgenagelt oder es gab entsprechende Vorrichtungen an den Fahrgestellen.

Wichtig, sogar lebenswichtig bei der Ausrüstung des Sonderzugs war ein großer Vorrat an Wodkaflaschen. Damit soll ein ganzer Wagen vollbeladen gewesen sein. Wenn es mir auch schwerfällt, das zu glauben, so waren jedenfalls die Wodkapullen sehr gute und fast immer passende Schlüssel für viele der Sperren unterwegs. Ein anderer Wagen, war mit Lebensmitteln für viele Wochen vollgefüllt.

Nun begann die Fahrt von annähernd sechs Wochen durch sieben Länder. Allenthalben zogen militärisch organisierte Verbände durchs Land. Einige waren Reste der freien ukrainischen Armee, andere Weißrussen, die noch dem Zaren anhingen. Wieder andere standen unter revolutionärem, aber immerhin noch regulärem Kommando. Außerdem gab es Banden verschiedenster Art, die raubten, plünderten und brannten, die Bevölkerung terrorisierten, absolut rechtlose Räuberbanden, die nichts weiter wollten, als vom Unglück ihrer Mitmenschen gut leben. Nicht ganz so brutal und radikal waren weitere Gruppen, die auf unendlich langen Wegen nach Hause strebten und während des anstrengenden Marsches irgendwie leben mußten. So blieb auch ihnen nichts anderes übrig, als zu plündern, zu stehlen und das Vieh der Bauern zu schlachten.

Wer beim Umherziehen eine Bahnstation erreichte, ließ sich dort nieder, zerschlug die Schuppen, um wärmendes Feuer zu haben, und holte sich aus Wohnungen dringend benötigte Kleider. Erster Gedanke der Leute war es natürlich, einen Zug anzuhalten, ihn zu besteigen und sich damit möglichst weit in die gewünschte Richtung bringen zu lassen. Wer schon an Bord war, wurde entweder hinausgeworfen oder kurzerhand erschossen. Natürlich wurden noch alle Züge mit Kohlen beheizt, man brauchte Wasser und mußte die Maschine verschnaufen lassen. Welche Probleme in so unruhiger Ziet damit verbunden waren, können wir Heutigen kaum noch ermessen: Reparaturen, Ersatzteile, aufgerissene Schienen und fehlende Schwellen. Den Ersatz für solches Material, die Hebebalken, das schwere Werkzeug und entsprechende Muskelkraft mußte man mitführen. Auch daran hatte die Gesandtschaft gedacht, auch Vaters Sonderzug war damit ausgestattet.

Wie oft sein Zug angehalten wurde, darüber hat Vater später mit niemandem gesprochen. Aber der Verlauf war jedesmal ungefähr derselbe. Weil Vater sehr gut Russisch sprach, auch die ukrainische Art der russischen Sprache beherrschte, rief er jeweils durch ein Megaphon den vor der Sperre postierten Leuten zu: »Was habt ihr lieber… ein paar Pullen Wodka, oder blaue Bohnen aus den Maschinengewehren?«

Alkohol war damals eines der seltensten, eines der kostbarsten und meistbegehrten Güter in dem vom Bürgerkrieg geschüttelten Russenreich. Fast immer war nach kurzem Hin und Her die Lage klar. Während die schußfertigen MG's für Absicherung sorgten, wechselten ein paar Wodkaflaschen, in ernster Situation auch eine gefüllte Wodkakiste, den Besitzer. Eine MG-Salve über die Köpfe hinweg soll in einigen Fällen die Prozedur beschleunigt haben. Häufig war es beim erzwungenen Aufenthalt noch gelungen, den Kohlentender zu füllen und Wasser zu tanken.

Gelegentlich war die Strecke unterbrochen, der Zug mußte zurück und versuchte auf großen Umwegen, wieder seine Richtung zu finden. Hier und dort konnte man herausgerissene oder gesprengte Gleise mit Hilfe einheimischer Bahnarbeiter und mit Hilfe der deutschen Soldaten reparieren. Der Wodka tat in vielen Fällen wahre Wunder. Wenn Kohlen nicht zu haben waren, wurden Bäume gefällt und Zäune niedergerissen, auch die Schwellen eines Nebengleises mußten als Heizmaterial dienen. Oft war die Stimmung im Sonderzug, vor allem während der Dunkelheit, aufs äußerste gespannt. Meist wurde während der Nacht überhaupt nicht gefahren, sondern an möglichst sicherer Stelle gehalten. Fast immer wurde die Verpflegung kalt genossen, weil nur ein kleiner Kanonenofen zur Verfügung stand. Die Mitnahme eines Speisewagens hätte zu viel Aufsehen erregt, im übrigen den Zug unnötig belastet.

Alle Mitreisenden, natürlich auch der Chef des Unternehmens, hatten gehofft, es würden in Bulgarien relativ normale Zustände herrschen und die Weiterfahrt glatt verlaufen. Aber leider war das ein Irrtum. Auch in Bulgarien hatte es einen Umsturz gegeben, wenn auch nicht so weitgehend wie im alten Rußland. Der betagte König Ferdinand aus dem Hause Coburg war von den Siegermächten zum Verzicht auf den Thron gedrängt worden. Sein Sohn,

König Boris, hatte Mühe, sich Krone und Herrschaft zu erhalten. Auch im Lande selbst gab es revolutionäre Kräfte, die den Sturz der Monarchie wollten und mit den Sowjets sympathisierten. Jedenfalls schien es notwendig zu sein, so Vaters Eindruck, vorübergehend in die Türkei auszuweichen. Jedoch an der Grenzstation Swinogrod erlaubte man dem Zug nur für wenige Tage im Land zu bleiben. Dieser Teil der europäischen Türkei war von französischen Truppen besetzt, und die hatten nicht übel Lust, den ganzen Zug mit allen Menschen an Bord zu konfiszieren. Also wieder zurück nach Bulgarien und nach Überwindung mancher Schwierigkeiten hinein ins Königreich Rumänien. Politische Wirren gab es auch dort an vielen Stellen, und in manchen Bahnhöfen wurde der Zug festgehalten. Es war ja schließlich »ein deutscher Zug« mit deutschen Beamten und Soldaten an Bord. Mehrmals rollten die Wagen annähernd hundert Kilometer zurück, Vater konnte noch froh sein, daß ihm solche Rückzüge gelangen. Endlich ging es nach Ungarn hinein: Vom Regen in die Traufe, so als hätten die Mächte des Unheils sich verschworen, den Zug überall dorthin zu schikken, wo gerade wieder revolutionäre Auseinandersetzungen im Gang waren. Gerade war in Ungarn der offene Bürgerkrieg ausgebrochen. Auf der einen Seite führte der Admiral von Horthy weiß-ungarische Truppen gegen revolutionäre Verbände, andererseits hatte der Erzkommunist Béla Kun weitgehend die Macht ergriffen. Ihm wird nachgesagt, daß er kaum Gefangene machte, sondern kurzerhand alle Gegner erschießen ließ. Durch all diesen Wirrwarr, in dem es keine klaren Fronten gab, hat der Sonderzug trotz allem seinen Weg gefunden. Vielleicht war noch genügend Wodka vorhanden, es imponierten wohl auch die zwölf entschlossenen Soldaten mit ihren beiden Maschinengewehren. Andererseits stellte ja die Wagenkolonne mit all ihren Passagieren keine Gefahr für irgendeine der sich bekämpfenden Parteien dar. Es waren nur Flüchtlinge an Bord, die nach Hause wollten und sich nirgendwo einmischten. Zwar wurde man immer wieder festgehalten, aber jedesmal gelang es doch, ein Stück weiter nach Westen zu kommen.

Früher oder später, ich vermag das Datum nicht zu nennen, fuhr der Sonderzug langsam aber wohlbehalten über die Grenze nach

Österreich. Nur ein kleiner Rest war es noch, die neue Republik Österreich, verglichen mit dem weiträumigen und seinerzeit mächtigen Österreich-Ungarischen Kaiserreich. Aber ruhig war es auch hier nicht. Streikende Eisenbahner und Funktionäre des Soldatenrates stoppten den Zug, wollten ihn zumindest genau durchsuchen. Auch die zwölf Soldaten an Bord wollte man entwaffnen und ihnen die MG's wegnehmen.

Schließlich aber konnte der Sonderzug, vermutlich durch die Fortgabe der letzten Wodkapullen, Wien umfahrend, bei Freilassing die deutsche Grenze erreichen. In München herrschte ausgerechnet in diesen Tagen die rote Räteregierung. Regierungstruppen und Männer der ehemals königlich-bayerischen Garderegimenter rückten heran. Im Oberland, in der weiteren Umgebung von München, hatten Bauern zu den Waffen gegriffen, sich auch mit Vorderladern und Sensen bewaffnet, um – wie sie sagten – in München Ordnung zu schaffen. So ging auch in der Heimat nicht alles glatt: Zwangsaufenthalt in Rosenheim, dann noch einmal in der Nähe von München. Irgendwie aber kamen die Heimkehrer durch. Nach Würzburg wurde es einfacher und hindernisfrei fuhr man in Richtung Berlin.

Endlich... genau am 13. März 1919, an Vaters 39. Geburtstag, erreichte der weitgereiste Sonderzug der Deutschen Reichsvertretung den Anhalter Bahnhof in Berlin.

Weil aber den Mitreisenden nichts erspart bleiben sollte, war zur Zeit der Anhalter Bahnhof von meuternden Matrosen besetzt. Gerade im März des Jahres 1919 hatte sich die radikale Linke aufs neue erhoben, und war nach erregten Straßenkämpfen bis nahe zum Sitz der vorläufigen Regierung in der Wilhelmstraße vorgestoßen. In der Stadt herrschte Unruhe, Verwirrung, und an vielen Stellen wurde geschossen.

Vater ließ den Zug unter Bewachung der zwölf Mann mit ihren beiden MG's, ließ auch alle seine Gefährten vorläufig auf einem Abstellgleis zurück. Allein, nur mit seiner Aktentasche unterm Arm, machte er sich auf den Weg ins Auswärtige Amt, Wilhelmstraße 75 und 76. Dabei, und das hat er mir selber berichtet, mußte er von einem Hauseingang zum nächsten springen, damit ihn keine herumirrende Kugel traf.

Letzten Endes konnte er zwischen den beiden Lampen am Portal 75 hindurchschreiten und erkundigte sich bei einem jungen, kriegsversehrten Portier, dem heute noch lebenden (94) Mühlenhaupt, nach dem Dienstraum seines Freundes Rudolph Nadolny. Der war inzwischen Geheimrat geworden und Leiter der Ostabteilung im Außenministerium. Als solcher war er der unmittelbare Vorgesetzte von Vater, und die Herren waren sich bereits Ende des Krieges in Bukarest und Kiew begegnet. Bei ihm ließ sich Vater melden.

Nadolny traute seinen Augen nicht. Er stand nicht auf, sondern sprang in die Höhe.

Wie es denn möglich sei, daß Vater den Weg nach Berlin gefunden hatte... unter solch turbulenten Zuständen! Wenn man es sich recht überlegt, *durch sieben Revolutionen* hindurch!

Knapp und sachlich, wie sich das für einen Beamten alter Schule gehörte, erstattete Vater den notwendigen Bericht. Alle Verpflichtungen, die deutscherseits bestanden, hatte er in Kiew abgewickelt. Den Stab seiner Behörde, dazu noch einige Krankenschwestern, zwölf Soldaten, eine Reihe von Verwundeten hatte er nach Berlin gebracht. Am Schluß erwähnte er noch: »Meine Kasse enthält den Restbetrag von sieben Millionen Mark in Gold. Die beiden Blechkisten befinden sich im Zug... hier die Schlüssel, Herr Geheimrat.«

Das große Packen

Wir hatten die Nachricht von Vaters Ankunft in Berlin noch nicht recht begriffen, da kam von Vater die zweite Nachricht, wieder über den guten Freund in Kehl. Obwohl nur kurz gefaßt, versetzte sie uns in höchste Aufregung.

Seine künftige Stellung bedeutete Wohnsitz in Berlin. Wir sollten den Umzug vorbereiten. Für die neue Wohnung wollte Vater sorgen. Was seine künftige Tätigkeit betraf – darüber kein einziges Wort. Nur am Ende die schlichte Bemerkung: »Übrigens bin ich gestern weiter befördert worden.«

Als erstes eilte Mutter in die Generaldirektion der Eisenbahn zu dem Colonel.

»Haben Sie endlich Nachricht vom neuen Chef unseres Hauses?«

»Ja, ein Telegramm aus Berlin, er ist gut angekommen.«

»C'est merveilleux, Madame. C'est donc que je pourrais bientôt rejoindre ma famille à Paris.« (Das ist wunderbar, Madame, dann kann ich bald zu meiner Familie nach Paris heimkehren.)

Sie bedaure sehr, mußte Mutter bekennen, aber allem Anschein nach bleibe Vater im deutschen Staatsdienst.

Dem uns wirklich wohlgesonnenen Colonel verschlug es die Sprache. Er fluchte. Fast drei Monate habe man auf den Otto Meissner gewartet, habe ihm den Posten freigehalten. Die Suche nach einem anderen Mann werde bestimmt nicht einfach sein. Am Ende müsse er selber die Stellung übernehmen, hier in Straßburg, weit entfernt von Paris. Was seine Frau und die beiden Töchter dazu sagten, wolle er sich lieber nicht vorstellen. »Merde alors!«

Dann ging es los. Meine Mutter entwickelte Talente, von denen bisher nichts bekannt war. Sie organisierte zwei Möbelwagen, große Kisten und viele Packer. Alles das war damals sehr schwierig.

Sie hamsterte haltbare Lebensmittel, besorgte Papiere und Genehmigungen, die nur hintenherum erteilt wurden. Alles, was wir besaßen, sollte mitgehen nach Berlin und noch manches mehr. Denn es gab in dem besiegten Deutschland sehr viele Sachen nur auf Karten oder zu Schwarzmarktpreisen. Sie beschaffte Küchengeräte, Wäsche für Tisch und Betten und kaufte Kinderkleider für Hildchen, die man erst in zwei bis drei Jahren brauchen würde. Die Koffer und Kisten stapelten sich im Flur. Nähzeug für jede nur mögliche Arbeit, sogar Puppen für die allmählich heranwachsende Schwester wurden besorgt. Selbst an Reifen und Schläuche für mein Minifahrrad wurde gedacht...

Unnötig, zu sagen, daß diese Hamsterei streng verboten war, erst recht die Ausfuhr in »La Bocherie«. Ein Dutzend Flaschen Cognac verschwand im Klavier, das Silbergeschirr in einer Matratze, andere Wertsachen in den Zwischenräumen des Kühlschranks. Es ging ja nicht allein darum, die Ausfuhrkontrolle zu bestehen, sondern auch darum, gemeine Räuber, die Möbelwagen aufbrachen, zu behindern. Weil die Transporte oft wochenlang ohne Aufsicht herumstanden, machte sich dunkles Gesindel daran zu schaffen.

Mutters Tüchtigkeit, ihr selbständiges Handeln, veränderte ihr Wesen. Mit ihrer anerzogenen Auffassung, im Ehemann den Gebieter zu sehen, war es vorbei. Sie war seitdem nicht mehr die gehorsame Gattin, der alle wichtigen Entscheidungen vom Ehemann abgenommen wurden. Bis dahin war es noch allgemein üblich, daß der Familienvater auch die Kontrolle über den Haushalt ausübte. Bei Mutter war das von nun an nicht mehr selbstverständlich.

Leider mußten wir uns von der guten, treuen Anna trennen. Sie war bei Bischweiler zu Hause und wollte ihren Karli heiraten.

Allmählich verschwanden unsere Möbel in den Wagen. Sämtliche Abschiedsbesuche bei Freunden, Bekannten und Verwandten waren erledigt. Am Ende verließen wir unsere Wohnung, was mich sehr traurig stimmte. Hatte ich doch fast mein ganzes bisheriges Leben im vierten Stock des dritten Hauses der Rupprechtsauer Allee verbracht. Die Wohnung, die Nummer 3, die ganze Allee, ebenso der Brantplatz, das Ill-Ufer, die breite Brücke und dazu die

Orangerie, das war meine Heimat, war der Rahmen meines Lebens gewesen. Noch konnte ich mir nicht vorstellen, daß es überhaupt eine andere Heimat geben könnte. Immerhin ein Trost: Uns hatte man nicht vertrieben, wir gingen freiwillig über den Rhein.

Die letzten drei Tage zogen Mutter und ich in die Pension »Stella« auf der anderen Seite des Brantplatzes. Von dort aus konnten wir die Fenster sehen, hinter denen wir neun Jahre lang zu Hause gewesen waren. An unseren Balkonen hingen noch die Blumenkästen. Von dort aus hatte ich vielhundertmal über Straßburgs Dächer hinweggeschaut und mir dabei gewünscht, oft und lange in die Ferne zu reisen.

Über den Rhein

Unser langer Zug, nur aus Wagen der Dritten Klasse bestehend und vollbesetzt mit Familien, die ihre bisherige Heimat verließen, rollte nur zögernd aus der Bahnhofshalle. Zu den Vertriebenen gehörten wir nicht, die waren schon seit drei oder vier Monaten fort. Wir gehörten zu den Freiwilligen. Doch hat auch bei den meisten von uns ein Zwang der Verhältnisse mitgespielt. Die Tricolore auf dem Münster, die Sicherung des täglichen Lebens auf der anderen Seite oder sonst ein Umstand. Viele der Mitreisenden hatten feuchte Augen oder weinten ganz offen. Anderen war es gelungen, ihre trübe Stimmung zu überwinden. Sie schauten nicht zurück, sondern nach vorn, fest entschlossen, einen neuen Anfang zu machen.

Wir fuhren, so hatte man den Eindruck, erst mal um die ganze Stadt herum, wobei wir das ehrwürdige Münster von zumindest drei Seiten sahen. Jene strenge Kontrolle, die jeder befürchtet hatte, fiel vollkommen aus. Der Zug hielt weder vor der Rheinbrücke noch danach. In der gleichen ruhigen Fahrt überquerte er den vielbesungenen, den für beide Völker so schicksalhaften Strom. Selbst die Stadt Kehl konnte uns nicht aufhalten, ohne weiteres rollte die lange Wagenfolge hindurch. Erst in Offenburg gab es Aufenthalt, und von draußen öffnete man die Türen. Die bisher in Straßburg wohnhaften Passagiere verteilten sich auf andere Züge.

Einige Male stiegen wir um, doch weiß ich nicht mehr, wo und wann es gewesen ist. Es war jedesmal eine mühsame Angelegenheit mit so vielem Gepäck und dem erst anderthalb Jahre alten Kind. Spät abends erreichten wir Heidelberg und wurden trotz des Menschengewimmels gleich von Vater entdeckt.

Wie später meine Mutter sagte, war dieser Augenblick ihr glück-

Die während der deutschen Zeit neugebaute Brücke über den Rhein, von Kehl nach Straßburg. Zu Beginn des Zweiten Weltkrieges wurde sie gesprengt, aber schon bald danach neu erbaut.

lichster seit Ausbruch des Großen Krieges. Von mir kann ich das nicht behaupten, weil ich fürs erste von Vater vernachlässigt wurde. Richtig überflüssig kam ich mir vor. Für ihn war Hildchen die Hauptperson, hatte er doch seine Tochter, den angeblich so süßen Fratz, bisher noch nicht gesehen. Aber statt liebevoll lächelnd die Zärtlichkeit zu erwidern, kreischte das Gör und wehrte sich kratzend gegen die Umarmung seines Erzeugers. Der völlig fremde Mann mit den blitzenden Augengläsern erschien dem Kleinkind unheimlich. Nun ja, schließlich kam auch ich an die Reihe und wurde wegen meiner tüchtigen Hilfe beim Umzug gelobt.

Die angestammte Heimat hätten wir verloren, meinte Vater später im Hotel, aber wir sollten, ja wir müßten in die Zukunft blicken. Die sah für uns nicht schlecht aus, im Gegenteil konnten wir uns dazu gratulieren. Wichtige Aufgaben standen Vater bevor, das Büro beim Reichspräsidenten sollte er aufbauen. Er war zum engsten Mitarbeiter von Friedrich Ebert geworden, dem neugewählten Staatsoberhaupt des Deutschen Reiches.

Das Elsaß hat er zeitlebens nicht vergessen, sondern sich stets dem Land und seinen Menschen verbunden gefühlt. Dies aber nicht, wie die meisten der vertriebenen Elsässer jener Zeit, in antifranzösischer Verbitterung, vielmehr im Bestreben nach Verständigung, womöglich sogar einer echten Freundschaft mit Frankreich. Hatte er doch die kulturelle Nähe des Nachbarlandes, wie sie allenthalben im Elsaß zu spüren war, weitgehend in sich aufgenommen. Was damals weder von den Franzosen noch von uns begriffen wurde, ihm war zutiefst bewußt, daß trotz allem die beiden Völker gut zusammenpaßten, ja daß sie durch gemeinsame Herkunft miteinander verbunden waren, wenn man nur weit genug zurückdachte.

Die *verlorene Heimat*, es stimmt schon lang nicht mehr! Ich habe sie noch, was mich betrifft, kann von Verlust keine Rede sein. Nach zwei so schrecklichen Kriegen und nachdem seit dem letzten so viele Jahre vergangen sind, ist längst aller Haß erloschen, sogar in Vergessenheit geraten. Endlich sind wir beisammen, Gott sei es gedankt, wir Deutschen und die Franzosen.

Meine Heimat ist ebenso drüben wie hier. Niemand fragt nach

Das Münster mit dem Rohan Schloß. In der Mitte rechts ist die linke Ecke meiner Schule zu sehen, das Kaiserliche Lyzeum, heute Collège Fustel Coulanges.

meinem Paß oder Wagenpapieren, wenn ich über den Rhein nach Straßburg fahre. Kaum merkt man noch die Grenze, steil nach oben zeigen die Schlagbäume. Mich stört es nicht, daß diesseits und jenseits die Fahnen verschieden sind. Die Vogesen und der Schwarzwald, der Rhein und seine beiden gottgesegneten Ufer, wo gibt es merkenswerte Unterschiede? Auch wir Menschen sind eng verwandt miteinander. Gute Weine und gekonnte Küche auf beiden Seiten, dazu all die ehrwürdigen Zeugen gemeinsamer Vergangenheit. Oft fahre ich hin und her zu alten Erinnerungen, weitgehend durch neue Erlebnisse ergänzt. Am nächsten Sonntag steht mir ein Ereignis besonderer Art bevor. Da werde ich dem Elsaß-Lothringischen Schriftstellerverband, der Société des Ecrivains d'ALSACE ET DE LA LORRAINE als neues Mitglied vorgestellt. Eine hohe Ehre wurde mir erwiesen, als man über meine Aufnahme abgestimmt hat. Sie erfolgte einstimmig.

Meinen Dank möchte ich sagen . .

Herrn G. Foessel, Conservateur des Archives de la Ville Strasbourg. Er und seine Mitarbeiter haben mir freundlicherweise eine Reihe von historischen Aufnahmen zur Verfügung gestellt.
Herrn Dr. Klein, Conservateur du Musée de la Ville de Strasbourg für so manchen wichtigen Hinweis auf bestimmte Ereignisse der Vergangenheit. Durch seine Vermittlung konnte ich die Verbindung aufnehmen mit dem leider bald danach verstorbenen Robert Heitz, ehemals Kultursenator von Straßburg. Erst durch diesen vielseitigen Schriftsteller und Maler habe ich von den zahlreichen, großenteils lebensrettenden Hilfen erfahren, die mein Vater während des Zweiten Weltkrieges verfolgten Elsässern leisten konnte.
Herrn Prof. Dr. Henri Ulrich, der sich in Sachen des Umweltschutzes so bedeutende Verdienste erworben hat, danke ich für die Erlaubnis, sein Bild aus dem »Romantischen Rheinwald« zu verwenden.
In ganz besonderer Weise möchte ich danken S. E. Pierre Pflimlin, dem Präsidenten des Europäischen Parlaments, dem langjährigen Oberbürgermeister von Straßburg, für sein tiefempfundenes Vorwort zu diesem Buch. Was dieser hervorragende Staatsmann für die Versöhnung, für die nun allenthalben spürbare Gemeinschaft zwischen unseren Völkern getan hat, auch für die Belebung des gesamteuropäischen Geistes, werden wohl erst kommende Generationen so recht verstehen.

Bibliographie

Bütow, Wolf, J.: »Hindenburg«, Bastei-Lübbe, Bergisch Gladbach, 1984

Champigneulle, Bernard: »Jugendstil«, Editions Aimery Somogy, Paris

Doehle, Heinrich: »Lebenserinnerungen«, nicht veröffentlicht

Dollinger, Philippe: »Strasbourg, du Passé au Présent«, Éditions des Dernières Nouvelles, Strasbourg, 1972

Ernst, Dr. Robert: »Rechenschaftsbericht eines Elsässers«, Bernard & Grafe, Berlin, 1954

Euting, Dr. Julius: »Stadt Strassburg« (Stadtführer), Trübner Verlag, 1913

Feder, Pierre et Gidoni: »Strasbourg Naguère, 1855–1945«, Éditions Payot, Paris, 1979

Fischer-Fabian, S.: »Herrliche Zeiten, die Deutschen und ihr Kaiserreich«, Droemer-Knaur-Verlag, München, 1983

Fauth, Gertrud: »Jörg Wickram«, Straßburg, 1917

Fauth, Gertrud: »Dichtung der Gegenwart«, Langensalza, 1920

Hallays, André: »A travers l'alsace«, Librairie Académique Perrin, 1910

Hamm, Patrick: »Strasbourg en 1900...«, Éditions de Saint-Seine-l'Abbaye, 1983

Heckendorn, Heinrich: »Wandel des Anstands im französischen und deutschen Sprachgebiet«, Bern, 1970

Heitz, Robert: »A mort«, Éditions de Minuit, Paris, 1946

Heitz, Robert: »Vues cavalières«, Éditions des Dernières Nouvelles, Straßburg, 1972

Heitz, Robert: »Souvenirs de jadis et de naguère«, Edition de Woerth, Straßburg, 1964

Heuss-Knapp, Elly: »Ausblick vom Münsterturm«, Wunderlich Verlag, Tübingen, 1952

Hochhuth, Rolf u. Koch, H. H.: »Die Kaiserzeit« (Fotoband), Mahnert Lueg Verlag, München, 1985

Hünenburg, Friedrich: »Tausend Brücken«, Hünenburg Verlag, Heilbronn, 1972

Keil, Dietmar: »Erlebte Wildnis Taubergiessen«, Schillinger Verlag, Freiburg, 1978

Kempner, Prof. Robert M.W.: »Das Dritte Reich im Kreuzverhör«, Bechtle Verlag, Stuttgart, 1969

Klein, Jean-Pierre: »Le musée historique de Strasbourg«, Musée de Strasbourg, 1980

Krause, Peter: »O alte Burschenherrlichkeit«, Styria-Verlag, Graz-Wien-Köln, 1979

Leprohon, Pierre: »Das Elsass und die Vogesen« (Bildband), Éditions Minerva, 1983

Meissner, Dr. Otto: »Deutsches Elsass, Deutsches Lothringen«, Stolberg, Berlin, 1941

Recht, R. u. Klein, J. P. u. Foessel, G.: »Begegnung mit Strassburg«, Éditions Alsatia, 1977

Rémy, Mylène: »Elsass, in Farbe« (Reiseführer), Éditions j.a., Paris, 1980

Rothenberger, Karl-Heinz: »Die Elsass-Lothringische Heimat und Autonomiebewegung zwischen den beiden Weltkriegen«, Lang, H. (Bern) u. Lang, P. (Frankfurt), 1975

Schnieder, Camille: »Strassburg« (Stadtführer), Andermann Verlag, München, 1961
»Cahiers de l'association française des amis d'Albert Schweitzer«, Paris, 1976, Numéro 33, Numéro 34
Weckmann, André: »Wie die Würfel fallen«, Morstadt-Verlag, Kehl, 1981
Zind, Pierre: »Breve histoire de l'alsace«, Éditions Albatros, Paris, 1977
Zind, Pierre: »Elsass-Lothringen/Alsace-Lorraine«, Éditions Copernic, 1979

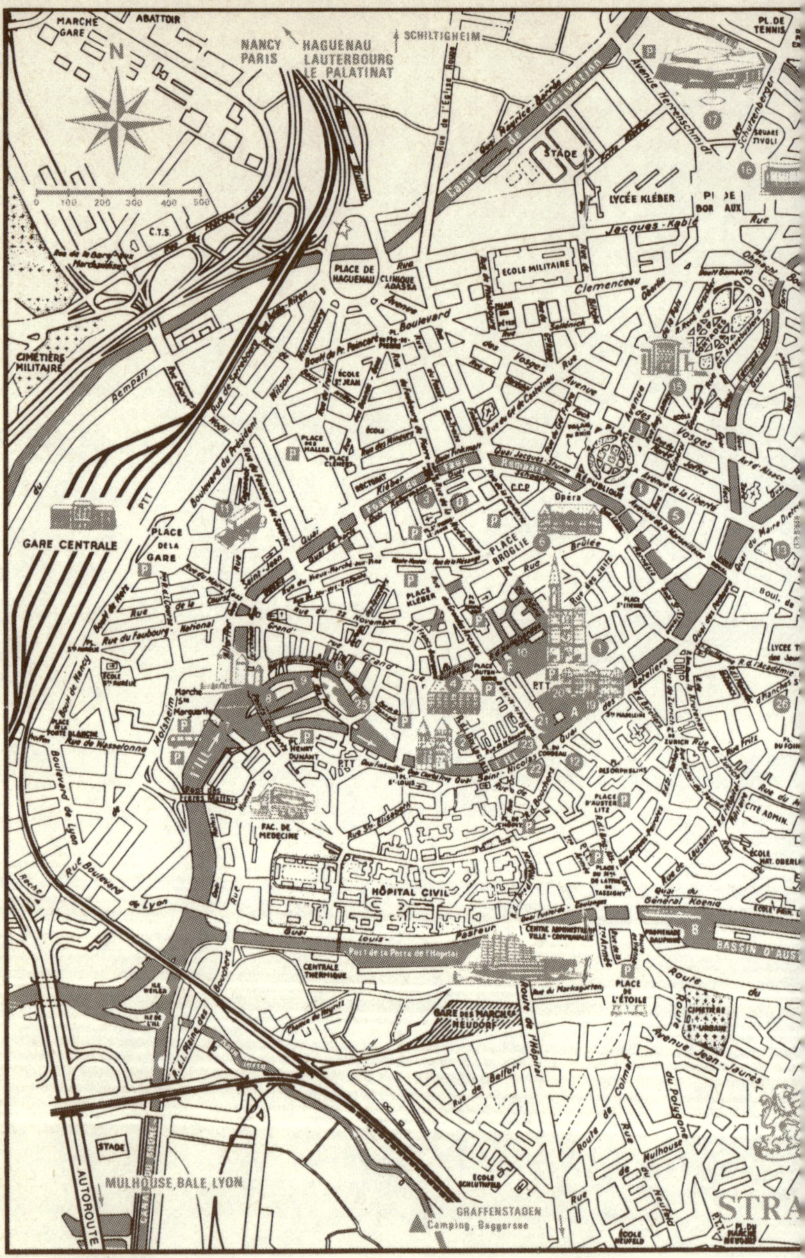

Straßburg 1983